식물 도감

세밀화로 그린 보리 큰도감
식물 도감

1판 1쇄 펴낸 날 2017년 2월 15일
1판 7쇄 펴낸 날 2024년 11월 13일

그림 권혁도, 박신영, 백남호, 손경희, 송인선, 안경자, 윤은주, 이원우, 이제호, 이주용, 임병국, 장순일
글 김창석, 석순자, 보리
감수 강병화, 김창석, 박상진, 안완식

편집 전광진, 김소영, 김수연, 김용란
디자인 이안디자인

제작 심준엽
영업마케팅 김현정, 심규완, 양병희
영업관리 안명선
새사업부 조서연
경영지원실 노명아, 신종호, 차수민
분해와 출력, 인쇄 (주)로얄프로세스
제본 과성제책

펴낸이 유문숙
펴낸 곳 (주) 도서출판 보리
출판등록 1991년 8월 6일 제 9-279호
주소 경기도 파주시 직지길 492 (우편번호 10881)
전화 (031)955-3535 / **전송** (031)950-9501
누리집 www.boribook.com **전자우편** bori@boribook.com

값 80,000원
보리는 나무 한 그루를 베어 낼 가치가 있는지 생각하며 책을 만듭니다.

ISBN 978-89-8428-952-9 06480 978-89-8428-832-4 (세트)
이 도서의 국립중앙도서관 출판시도서목록(CIP)은 서지정보유통지원시스템(http://seoji.nl.go.kr)과 국가자료공동목록시스템(http://www.nl.go.kr/kolisnet)에
서 이용하실 수 있습니다. (CIP 제어번호 : CIP2017000757)

식물 도감

세밀화로 그린 보리 큰도감

우리나라에 나는 식물 366종

그림 권혁도 외 / 글 김창석 외 / 감수 강병화 외

보리

일러두기

1. 이 책에는 우리나라에서 나는 식물 가운데 흔히 볼 수 있는 366종이 실려 있다. 식물은 모두 네 갈래로 나누고 버섯과 해조류에 드는 바다나물을 이 책에 함께 실었다. 버섯과 해조류는 동물이나 식물이 아닌 미생물에 들지만, 세밀화로 그린 보리 큰도감 시리즈에서 흔하고 대표적인 생물체를 가려 뽑은 책이 《동물 도감》과 《식물 도감》 두 권이므로, 이 가운데 《식물 도감》에 싣는 것이 어울린다고 판단했다.

2. 갈래마다 특징과 살아가는 모습, 사람은 그것과 어떤 관계를 맺고 살아가는가 하는 것을 갈래 앞부분에 따로 풀어 썼다.

3. 여섯 갈래로 나눈 것은 살림살이와 어떤 관계가 있는가 하는 것과 흔히 식물을 나누는 통념에 따랐다. 갈래 안에서는 분류학의 순서를 따랐다. 분류와 싣는 순서, 우리말 이름, 학명은 저자, 감수자의 의견과 《국가표준식물목록》(산림청 국립수목원), 《국가생물종목록집》(환경부 국립생물자원관)을 따랐다.

4. 맞춤법과 띄어쓰기는 국립 국어원 누리집에 있는 《표준국어대사전》을 따랐으나, '벼과' 처럼 몇 가지 예외를 두었다.

5. 설명 글 아래에는 한눈에 쉽게 알 수 있도록 정보 상자를 따로 묶었다. 정보 상자에 쓰인 기호의 뜻은 아래와 같다.

♠	늘푸른큰키나무	♠	늘푸른작은키나무	♠	늘푸른떨기나무
♠	갈잎큰키나무	♠	갈잎작은키나무	♠	갈잎떨기나무
♫	갈잎덩굴나무	♈	늘푸른나무	❶	키
✿	꽃 피는 때	◐	열매 맺는 때	∅	잎차례
✤	한해살이	✱	한두해살이	✻	두해살이
✾	여러해살이	⌇	심는 때	⛏	거두는 때
◉	대형이나 중대형	◎	중형	⊙	소형
⛑	갓 지름	⥮	대 길이	◑	버섯 분류

6. 갈래마다 꼭 필요하다고 판단되는 부속 정보를 넣고, 표제종과 유사하거나 참고할 만한 생물종을 함께 실어서 한눈에 견주어 볼 수 있게 했다.

1) 나무 : 나무의 전체 모습인 수형을 따로 그려 넣었다. 여름 수형과 겨울 수형을 따로 넣은 것도 있다.

2) 곡식과 채소 : 곡식과 채소는 살림살이에 없어서는 안 될 식물이다. 농사를 짓는 동안 곡식과 채소가 어떻게 자라는지 그 과정을 따로 살펴서 하나씩 그려 넣었다.

3) 들풀과 들나물 : 산과 들에서 절로 자라는 들풀과 들나물은 비슷한 종류가 여럿일 때가 많다. 비슷한 식물을 많이 실어서 풀과 나물을 가려내기 쉽도록 했다.

4) 약초 : 사람은 많은 약을 식물한테서 얻는다. 우리나라에서도 그 지혜가 오랫동안 이어져 왔다. 약초에서는 약으로 만드는 방법과 약재로 쓰이는 그림을 따로 그렸다.

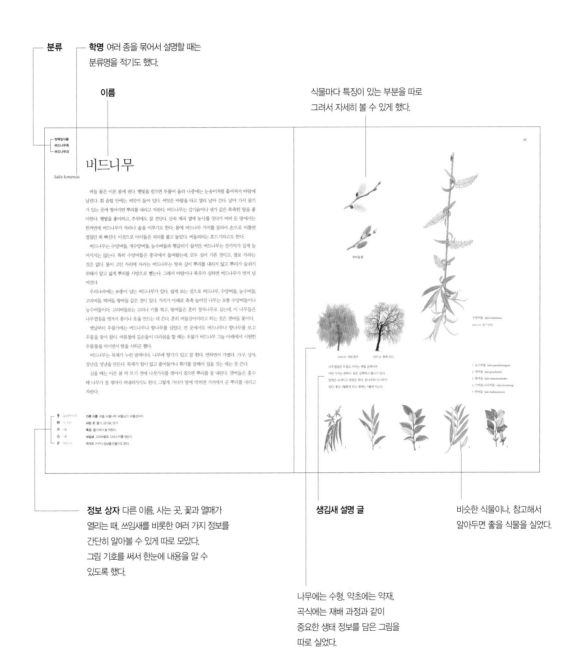

분류

학명 여러 종을 묶어서 설명할 때는 분류명을 적기도 했다.

이름

식물마다 특징이 있는 부분을 따로 그려서 자세히 볼 수 있게 했다.

정보 상자 **다른 이름, 사는 곳, 꽃과 열매가 열리는 때, 쓰임새를 비롯한 여러 가지 정보를 간단히 알아볼 수 있게 따로 모았다. 그림 기호를 써서 한눈에 내용을 알 수 있도록 했다.**

생김새 설명 글

비슷한 식물이나, 참고해서 알아두면 좋을 식물을 실었다.

나무에는 수형, 약초에는 약재, 곡식에는 재배 과정과 같이 중요한 생태 정보를 담은 그림을 따로 실었다.

차례

식물의 세계

우리와 함께 사는 식물

우리가 쉽게 보는 생명체 가운데 동물이 아닌 풀과 나무가 식물이다. 버섯이나 해조류는 식물처럼 보이지만, 다른 무리로 묶는다.

식물은 스스로 자라고, 자신과 더불어 다른 생명이 살아갈 수 있는 양분을 만든다. 땅으로는 뿌리를 뻗고 하늘로는 잎을 내민다. 뿌리로 물과 무기물을 얻고, 잎으로 햇볕과 공기를 받는다. 그렇게 식물은 저 스스로 자란다. 흙이 있고, 햇볕이 있으면 스스로 제 몸을 자라게 하고, 살아갈 양분을 만든다. 동물은 온전히 식물이 만드는 양분에 기대어 살아간다.

식물은 저마다 좋아하는 땅이 있다. 온도에 따라, 땅이 머금은 물기에 따라, 바람과 흙에 섞인 무기물에 따라, 사는 식물이 다르고, 또 저마다 자기가 사는 곳에 적응할 수 있도록 노력한다. 소나무나 박달나무는 물기가 적고 메마른 흙에서 자란다. 이 나무들은 물기가 많은 흙을 싫어한다. 소나무는 사람들이 산기슭에서 자라는 다른 나무를 베어 냈기 때문에 아래로 내려와서 자라게 되었다. 이제는 마을 뒷산이나 개울가 모래땅에서도 잘 자란다.

물이 흐르는 산골짜기 가까이에는 물기를 좋아하는 나무가 자란다. 버드나무, 오리나무, 느티나무, 물푸레나무 같은 나무다. 겉으로 보기에는 물기가 없는 것처럼 보이는 곳도 물푸레나무 밑을 파 보면 물이 나온다.

물을 많이 좋아하는 나무도 있다. 개울

가나 습지에서 자라는 버드나무나 오리나무는 물을 무척 좋아한다. 이 나무들은 다른 나무가 살지 못하는 질퍽한 땅에서도 잘 자란다. 이렇게 나무는 저마다 살기에 알맞은 곳에서만 뿌리를 내리고 자란다.

우리는 둘레에서 흔하게 풀을 볼 수 있다. 산이나 들에도 많고, 집 둘레나 길가에도 흔하다. 돌담 밑이나 보도블록 사이에서도 고개를 내밀고 있다. 손바닥만 한 작은 풀에서 사람 키보다 큰 풀까지 저마다 생김새가 다른 풀들이 어울려 자란다.

우리나라는 계절이 뚜렷해서 철마다 나는 풀이 다르다. 봄부터 가을까지 많은 풀들이 피고 지고, 꿋꿋하게 추위를 견디면서 한겨울을 나는 풀도 있다. 우리 땅에 사는 풀은 봄에서 여름 사이에 잘 자라는데, 비가 많이 오고 날씨가 더운 여름에는 하루가 다르게 쑥쑥 자란다. 또 높은 산등성이나 추운 북쪽보다 따뜻한 남쪽 들판에서 더 잘 자란다.

다른 나라에서 들어와 우리 땅에 살게 된 풀도 있다. 먹을거리나 물건을 다른 나라에 팔거나 사 오는 일이 많아지면서 수많은 풀씨가 우리 나라에 들어오기도 하고 다른 나라로 퍼져 나가기도 한다. 이렇게 들어와 살게 된 풀이 어림잡아 300종쯤 된다. 나라마다 사는 풀이 다르지만 이렇게 섞이면서 퍼지고 있다.

1.1 식물의 갈래

흔히 식물을 나눌 때 풀과 나무로 나누거나, 작물과 잡초로 나누거나 하는 여러 가지 방법이 있다. 식물과 가까운 삶을 사는 사람들일수록 식물을 나누는 기준은 좀 더 자세하고 분명해진다. 식물을 학문의 대상으로 삼고 연구하는 사람들은 식물분류학이라는 학문 성과에 따라 식물을 나눈다. 이 분류 방식은 식물을 풀과 나무로 나누지도 않고, 곡식이나 채소, 잡초로 나누지도 않는다. 무엇보다 식물의 겉모습을 중심으로 분류를 한다. 아래에 이어지는 글은 이런 분류학의 방식이 어떤 것인지 간단하게 설명했다. 그러나 이 책은 한 가지 분류 방식을 따르지는 않았다. 나무와 풀, 곡식과 잡초와 같은 분류 방식은 살림살이를 하면서 자연스레 오랜 기간 동안 쌓아 온 지혜이다. 그래서 크게는 그런 방식에 따라 묶은 다음, 그 안에서는 분류학의 방식을 따랐다. 그렇게 하면 비슷하게 생긴 식물들을 가까이 두고 비교해 가며 보기가 쉬워진다.

식물은 크게 꽃을 피우는가 아닌가를 두고 민꽃식물과 꽃식물로 나눈다. 민꽃식물은 고사리나 이끼처럼 꽃을 피우지 않는 것들이다. 열매를 맺지 않고 홀씨로 수를 늘리고 퍼진다. 그 다음에 꽃을 피우는 식물은 밑씨가 씨방 겉에 드러나 있는가, 감춰져 있는가로 나눈다. 밑씨가 드러나 있는 것은 겉씨식물이라고 하고, 감춰져 있는 것은 속씨식물이라고 한다. 겉씨식물은 밑씨가 씨방에 싸여 있지 않고 겉으로 드러나 있어서 가루받이를 할 때, 꽃가루가 밑씨에 곧바로 들어간다. 거의 나무들 뿐인데, 은행나무, 소나무, 소철 들이 있다.

밑씨가 감춰져 있는 속씨식물은 위에 적은 민꽃식물이나 겉씨식물을 뺀 나머지 식물들이 속씨식물이다. 속씨식물은 밑씨가 씨방에 싸여서 감춰져 있다. 꽃이 보인다고 해서 '현화식물'이라고도 한다. 우리가 흔히 식물이라고 생각하는 대부분이 여기에 든다. 속씨식물은 다시 외떡잎식물과 쌍떡잎식물로 나뉜다. 외떡잎식물은 씨앗에서 싹이 틀 때 떡잎이 한 장 나오는 식물이고, 쌍떡잎식물은 두 장이 나온다. 외떡잎식물과 쌍떡잎식물은 자라면서 생김새가 더욱 뚜렷하게 달라진다. 뿌리, 줄기, 잎, 꽃이 서로 많이 다르다.

외떡잎식물은 뿌리가 수염뿌리이고, 줄기 속 관다발이 흩어져 있다. 잎은 가늘고 긴데 나란히맥이고 잎자루가 없다. 꽃은 꽃잎과 꽃받침이 없고 수술이 암술에 견주어 세 배쯤 많다.

쌍떡잎식물은 뿌리가 굵은 원뿌리이고 곁뿌리가 달린다. 줄기 속 관다발은 고리 모양으로 가지런히 모여 있고 부름켜(형성층)가 있어서 굵어진다. 잎은 잎자루가 있고 잎맥은 얼기설기 뻗은 그물맥이다. 꽃은 꽃잎과 꽃받침이 모두 있고 암술과 수술이 뚜렷하게 잘 보인다.

식물의 갈래

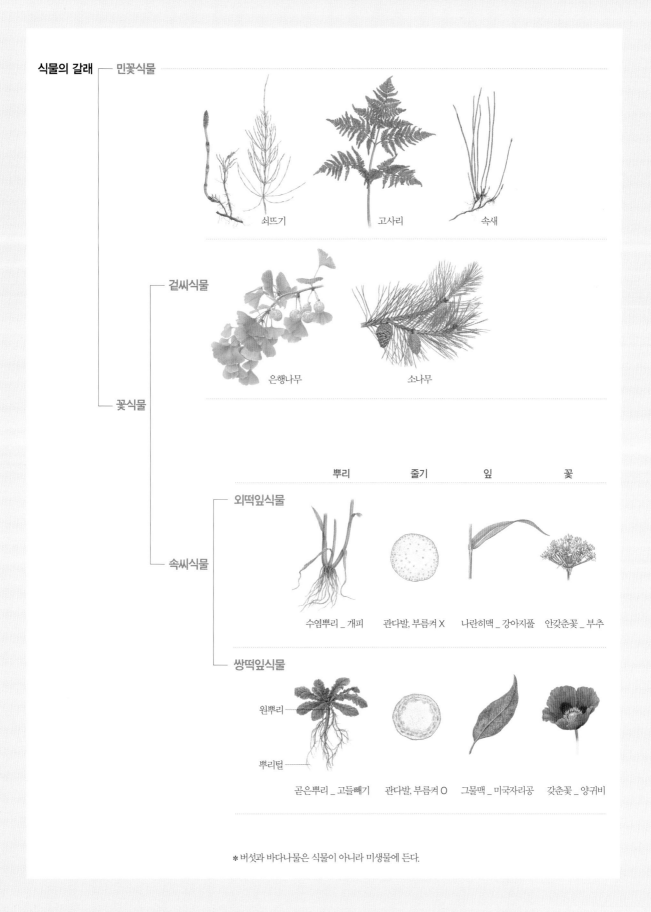

민꽃식물

쇠뜨기　　고사리　　속새

겉씨식물

은행나무　　소나무

꽃식물

　　　　뿌리　　　　줄기　　　　잎　　　　꽃

속씨식물

외떡잎식물

수염뿌리 _ 개피　　관다발, 부름켜 X　　나란히맥 _ 강아지풀　　안갖춘꽃 _ 부추

쌍떡잎식물

원뿌리

뿌리털

곧은뿌리 _ 고들빼기　　관다발, 부름켜 O　　그물맥 _ 미국자리공　　갖춘꽃 _ 양귀비

＊버섯과 바다나물은 식물이 아니라 미생물에 든다.

1_2 식물의 몸

식물은 땅에 뿌리를 박고 땅 위로는 줄기와 잎을 내놓고 산다. 뿌리는 땅속으로 뻗으며 흙 속에 있는 물과 양분을 빨아 들인다. 줄기는 뿌리와 잎을 이어 주고 잎이 광합성을 하는데 필요한 물과 양분을 보내 준다. 줄기는 꼿꼿이 서서 자라거나 옆으로 기면서 잎이 매달릴 수 있게 해 준다. 잎은 뿌리에서 올라온 양분과 물로 빛을 받아 광합성을 해서 살아가는데 필요한 영양분을 만든다. 식물은 자손을 남기려고 꽃을 피운다. 꽃은 줄기에 달리는데 뿌리에서 바로 나오기도 한다. 꽃이 지면 열매를 맺고, 열매가 익으면 여러 방법으로 씨앗이 퍼진다.

뿌리는 땅속으로 뻗어서 흙 속에 있는 물과 양분을 빨아들이고 줄기가 쓰러지지 않게 떠받친다. 잎에서 광합성으로 만들어 낸 영양분을 뿌리에 갈무리해 두기도 한다. 또 흙 속에 있는 공기로 숨쉬기를 한다. 뿌리는 크게 곧은뿌리와 수염뿌리로 나뉜다. 곧은뿌리는 굵고 튼튼한 원뿌리에 곁뿌리가 나와 얼기설기 엉켜 있다. 대개 쌍떡잎식물은 곧은뿌리를 내린다. 수염뿌리는 가는 뿌리들이 수염처럼 난다. 벼나 보리, 강아지풀이나 뚝새풀, 개피 같은 외떡잎식물은 수염뿌리를 내린다. 식물마다 뿌리 모양이 다른 것은 사는 꼴이 조금씩 다르기 때문이다. 쌍떡잎식물은 여러해살이가 많지만 외떡잎식물은 한해살이가 많다. 여러해살이풀은 뿌리를 땅속 깊이 내리고 굵게 자란다. 뿌리를 굵게 살찌워서 영양분을 갈무리하고 이듬해에 싹이 나서 다시 자란다. 한해살이풀은 한 해를 살고는 씨앗을 맺고 죽기 때문에 뿌리를 깊게 내리는 것보다는 얕고 넓게 내리는 것이 더 이롭다. 물과 양분을 짧은 기간에 많이 빨아들이느라 뿌리를 여러 개 한꺼번에 내린다. 그래서 뿌리가 수염처럼 생겼다.

줄기는 땅속에 있는 뿌리에서 나와서 땅 밖으로 뻗는다. 줄기는 기둥 구실을 하면서 뿌리와 잎을 이어준다. 또 줄기에는 꽃과 열매가 매달린다. 뿌리에서 빨아들인 물과 양분은 줄기를 거쳐 잎으로 가고, 잎에서 광합성으로 만든 영양분이 뿌리로 가기도 한다. 줄기는 잎이 광합성을 잘 할 수 있게 키를 키우고 가지를 쳐서 넓게 퍼진다.

식물은 저마다 생김새가 다른 줄기를 가지고 있다. 곧은줄기는 줄기가 위로 꼿꼿하게 자란다. 혼자서 서야 하기 때문에 굵고 단단하다. 위로 자라면서 가지를 치고 잎을 낸다. 거의 모든 나무들과 풀 가운데에도 똑바로 서 있는 풀은 모두 곧은줄기이다. 식물이 우거진 곳에서는 햇빛을 더 많이 받으려고 줄기가 더 높게 자라기도 한다.

감는줄기는 둘레에 있는 나무나 풀을 감으면서 자란다. 줄기가 가늘고 부드러워서 이리저리 잘 휜다. 혼자서야 하는 곧은줄기처럼 줄기가 굵어야 할 필요가 없어서 빨리 자란다. 둘레에 있는 기댈 것을 감으면서 높이 올라가고, 기댈 것이 없으면 땅 위로 뻗는다. 으름, 칡, 메꽃, 돌콩, 박주가리 따위가 감는줄기 식물들이다.

기는줄기는 위로 자라지 않고 옆으로 자라면서 새로운 줄기와 뿌리를 내린다. 기는줄기로 사는 식물은 줄기가 끊어져도 새 뿌리를 내려서 산다. 너른 들판에 사는 뱀딸기나 토끼풀, 잔디 같은 작은 풀들이 기는줄기를 뻗으면서 산다.

뿌리

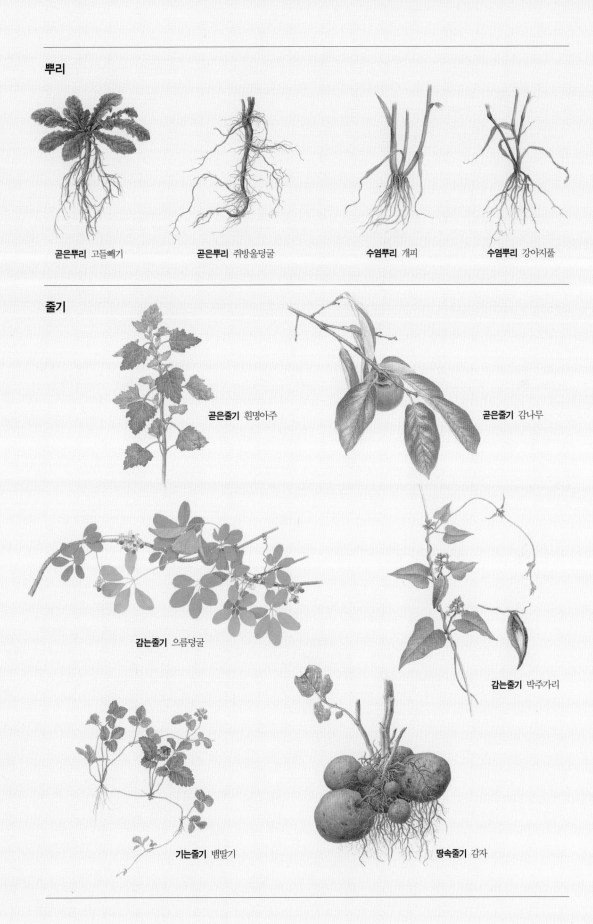

곧은뿌리 고들빼기　　**곧은뿌리** 쥐방울덩굴　　**수염뿌리** 개피　　**수염뿌리** 강아지풀

줄기

곧은줄기 흰명아주

곧은줄기 감나무

감는줄기 으름덩굴

감는줄기 박주가리

기는줄기 뱀딸기

땅속줄기 감자

잎은 식물이 사는데 필요한 영양분을 만들고 또 숨쉬기와 김내기 같은 중요한 일을 한다. 잎은 뿌리에서 올라온 물과 양분으로 광합성을 해서 영양분을 만든다. 잎은 풀마다 서로 다르게 생겼는데 잎모양을 보고 쌍떡잎식물인지 외떡잎식물인지 쉽게 알 수 있다.

잎은 보통 잎몸, 잎자루, 턱잎으로 이루어져 있다. 잎자루는 잎몸을 줄기나 가지에 붙게 하는 꼭지다. 턱잎은 잎자루 밑에 붙어 있는데 어린눈이나 잎을 보호한다. 턱잎은 외떡잎식물에는 없고 쌍떡잎식물에서 흔히 볼 수 있다. 잎몸은 껍질과 잎살, 잎맥으로 되어 있다. 껍질은 잎살과 잎맥을 보호한다. 숨구멍(기공)이 있어서 공기를 빨아들이거나 내보내고 물을 내보낸다. 잎살에는 광합성을 하는 엽록체가 있다. 잎맥은 물관과 체관으로 되어 있는데 줄기와 뿌리로 이어져 있다.

쌍떡잎식물은 잎자루가 있고 잎맥이 그물처럼 뻗어 있다. 잎 뒷면을 보면 잎맥이 뻗은 모양을 더 자세히 볼 수 있다. 외떡잎식물 잎은 끈처럼 길쭉한데 잎자루가 없는 대신 잎집이 줄기를 감싸면서 난다. 잎맥이 나란히 줄을 지어 길게 뻗어 있다.

잎자루에는 잎이 한 개가 달리기도 하고 여러 개 달리기도 한다. 하나만 달리는 것을 '홑잎'이라고 하고 여러 개가 달리는 것을 '겹잎'이라고 한다 자귀풀 잎은 겹잎인데 잎자루 하나에 작은 잎들이 줄지어서 달려 있다. 냉이나 쑥, 지칭개 잎은 홑잎이지만 깊게 패여 있어서 여러 장이 모여 있는 겹잎처럼 보인다. 이렇게 생긴 잎을 새의 깃 모양을 닮았다고 '깃꼴잎'이라고 한다.

잎이나 잎자루가 줄기에 달리는 모양을 '잎차례'라고 한다. 잎차례는 풀마다 조금씩 다르다. 밭둑외풀이나 가막사리는 잎이 마디에서 마주난다. 개망초는 잎이 조금씩 어긋나게 달리고, 갈퀴덩굴이나 돌나물은 여러 잎이 마디에서 둥글게 돌려서 난다. 질경이나 고들빼기 뿌리잎은 뿌리에서 잎이 뭉쳐난다.

꽃은 꽃잎, 꽃받침, 암술, 수술 이렇게 네 부분으로 되어 있다. 네 가지가 다 있는 꽃도 있고 그렇지 않은 꽃도 있다. 꽃받침은 꽃잎을 받치고 꽃을 보호한다. 꽃잎은 암술과 수술을 보호한다. 수술은 수술대와 수술머리로 되어 있다. 수술머리에 있는 꽃가루주머니에서 꽃가루가 만들어진다. 암술은 암술대와 암술머리, 씨방으로 되어 있다. 암술대 아래에는 씨방이 있고, 암술대 위에는 암술머리가 있다. 수술에 있는 꽃가루가 암술머리에 붙으면 대롱을 만들면서 암술대 속으로 점점 파고 들어간다. 씨방까지 들어가서 밑씨를 만나 씨앗을 맺는다.

꽃은 색깔이 알록달록해서 눈에 잘 띄고 좋은 냄새가 난다. 또 꿀샘을 가지고 있다. 그래서 꽃가루받이를 도와줄 온갖 벌과 나비들이 꼬여 든다.

꽃은 꽃잎 모양에 따라 통꽃과 갈래꽃으로 나뉜다. 메꽃이나 잔대처럼 꽃잎이 하나로 둥글게 붙어 있는 꽃을 '통꽃'이라고 한다. 물질경이나 가락지나물처럼 꽃잎이 여러 장으로 되어 있는 꽃을 '갈래꽃'이라고 한다. 갈래꽃은 꽃잎을 뽑아 보면 한 장씩 쏙쏙 빠진다. 통꽃 가운데에는 꽃잎 가장자리가 조금씩 갈라져 있어서 갈래꽃처럼 보이는 것도 있다. 큰개불알풀은 꽃잎이 네 갈래로 갈라져 있어서 갈래꽃처럼 보이지만 꽃잎 아래쪽이 붙어 있는 통꽃이다. 또 민들레나 엉겅퀴, 쑥부쟁이 같은 국화과 꽃도 갈래꽃으로 잘못 알기 쉽지만 꽃잎처럼 보이는 것 하나하나가 모두 암술과 수술이 있는 완전한 꽃이다. 국화과 꽃들은 작은 통꽃들이 수없이 뭉쳐 있어서 꽃 한 개처럼 보이는 것이다.

잎 모양

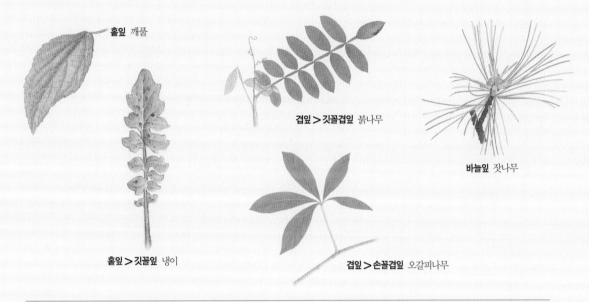

홑잎 깨풀

겹잎 > 깃꼴겹잎 붉나무

바늘잎 잣나무

홑잎 > 깃꼴잎 냉이

겹잎 > 손꼴겹잎 오갈피나무

잎차례

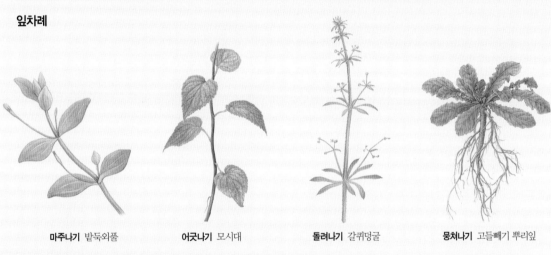

마주나기 밭둑외풀

어긋나기 모시대

돌려나기 갈퀴덩굴

뭉쳐나기 고들빼기 뿌리잎

꽃잎 모양

통꽃 도라지

통꽃 호박꽃

갈래꽃 가락지나물

갈래꽃 목련

1_3 식물의 한살이

식물은 저마다 알맞은 철에 나고 자란다. 꽃을 피우고 열매를 맺고 씨앗을 남겨 널리 퍼진다. 나무는 저마다 수명이 있어서 몇 백 년 넘게 오래 사는 나무도 있고, 십수 년을 사는 나무도 있다. 풀은 사는 꼴에 따라서 한해살이풀과 여러해살이풀로 나뉜다. 한해살이풀에는 여름을 나는 한해살이풀과 겨울을 나는 한해살이풀이 있다. 여름을 나는 한해살이풀은 봄에 싹이 터서 여름부터 가을까지 꽃이 피고 열매를 맺는다. 추위를 피하려고 봄에 싹이 나는 것이다. 우리 땅에 사는 한해살이풀은 거의 다 여름을 나는 한해살이풀이다. 겨울을 나는 풀은 두해살이풀이라고도 하는데 가을에 싹이 터서 겨울을 난 뒤에 이듬해에 꽃이 핀다.

봄이 되어 햇볕이 따스해지면 씨앗은 싹 틀 준비를 한다. 싹이 트는 데 필요한 영양분은 씨앗 속에 들어 있다. 씨앗을 채우고 있는 씨젖이나 떡잎에 탄수화물이나 단백질 같은 여러가지 영양분이 들어 있다.

씨앗은 싹이 트려면 알맞은 습도와 온도, 산소와 빛이 있어야 한다. 씨앗은 메말라 있을 때는 잠을 자지만 알맞은 습도가 되면 물기를 머금어 싹이 틀 준비를 한다. 껍질은 부드러워지고 안에서는 싹이 생겨난다. 씨앗이 겨울보다 봄이나 가을에 싹이 트는 것은 온도 때문이다. 또 햇빛을 충분히 받아야 싹이 트는 풀씨도 많다. 싹이 트려면 공기도 필요하다. 씨앗은 산소를 마시고 이산화탄소를 내보내는 숨쉬기를 하는데, 산소와 씨젖에 있는 여러가지 영양분이 만나면 씨앗 속에 싹트는 힘이 생긴다.

싹이 트면서 나온 뿌리와 줄기, 어린잎은 씨젖에 있는 영양분으로 얼마 동안 자란다. 그러다가 씨젖에 있는 영양분을 다 쓰면 뿌리가 빨아들인 물과 햇빛으로 광합성을 해서 살아갈 영양분을 만들어 낸다. 풀과 나무는 자라면서 뿌리를 점점 더 깊이 내리고 곁뿌리도 여러 갈래로 뻗는다. 줄기는 가늘고 길게 뻗다가 점점 굵어진다. 줄기가 여러 개 더 나오기도 하고, 자라면서 가지를 치기도 한다. 잎은 커지고 새잎이 더 돋는다. 잎 빛깔도 조금씩 짙어진다. 식물은 뿌리끝과 줄기끝에 생장점이 있다. 이곳에서 세포를 만들어 내면서 뿌리는 점점 더 아래로 내려가고, 줄기는 위로 뻗어 올라간다. 쌍떡잎식물은 뿌리나 줄기 속 관다발 둘레에도 세포가 만들어지는 부름켜가 있어서 뿌리와 줄기를 더 굵게 키울 수 있다. 여러 해를 사는 풀이나 나무들이 굵은 것은 부름켜가 있기 때문이다.

서양민들레 씨앗에서 싹이 트고 자라는 모습

민꽃식물은 홀씨로 퍼지고, 꽃식물은 자손을 남기려고 꽃을 피우고 열매를 맺는다. 꽃은 줄기 끝에 달리거나 꽃자루 끝에 달린다. 꽃이 피고 안에 있던 암술과 수술이 드러난다. 씨앗을 맺으려면 수술에 있는 꽃가루가 암술머리에 묻어야 한다. 이것을 '꽃가루받이'라고 한다. 꽃가루받이는 스스로 하기 어렵기 때문에 바람이나 곤충, 동물의 도움을 받는다. 벌이나 나비 같은 곤충의 도움을 받는 꽃들을 '충매화'라고 하는데, 이런 꽃들은 알록달록 빛깔이 곱고 좋은 냄새가 나고, 꿀샘이 있어서 곤충들이 좋아한다. 바람이 옮겨 주는 꽃은 '풍매화'라고 하는데, 꽃가루를 아주 많이 만든다. 또 새나 동물이 꽃가루를 옮겨 주기도 하고 물에 떠다니다가 꽃가루가 암술에 붙기도 한다.

꽃가루받이가 끝나면 꽃잎은 지고 열매를 맺는다. 암술대 밑에 있는 씨방 속에서 씨앗이 될 밑씨가 점점 자란다. 씨방은 자라서 열매가 되고 씨를 품는다. 열매는 씨앗을 보호하거나 씨앗이 널리 퍼지게 돕는다. 식물은 저마다 다르게 생긴 열매를 맺는다.

식물은 여기저기 옮겨 다니는 동물과 달리 스스로 움직일 수 없다. 그래서 씨앗을 퍼뜨리려면 바람이나 곤충, 동물, 사람의 도움을 받아야 한다. 풀들은 씨앗이 다 익으면 여러 가지 방법으로 씨앗을 널리 퍼뜨린다. 씨앗 가운데 가벼운 것은 바람에 쉽게 날려서 멀리 퍼진다. 단풍나무 열매는 바람을 타기 좋게 생겼다. 서양민들레, 고들빼기, 부들 씨앗은 가볍기도 하고 털이 있어서 바람을 타고 멀리 날아간다. 또 물에서 사는 물질경이 같은 물풀은 씨앗이 가벼워서 물에 동동 뜨는데 빗물이나 냇물에 떠서 멀리까지 퍼진다. 씨앗에 갈고리나 가시가 있거나 끈끈한 물이 나와서 짐승 털이나 사람 옷에 붙어서 멀리 옮겨지는 것도 있다. 도둑놈의갈고리, 도깨비바늘, 도꼬마리, 가막사리, 쇠무릎 씨앗이 그렇다. 콩, 봉선화, 냉이, 이질풀은 열매가 바짝 말라서 갈라지거나 뒤틀려 터지면서 씨가 여러 곳으로 뿌려진다. 또 곤충이나 짐승의 먹이가 되어 퍼지는 것들도 있다. 도토리는 땅바닥에 떨어져서 여기저기 굴러가기도 하고, 짐승 도움을 받기도 한다. 제비꽃 씨앗에는 단맛이 도는 부분이 있는데 개미가 가져다가 단 것만 먹고 버리기 때문에 멀리까지 퍼진다.

서양민들레 꽃이 피고 씨를 맺는 모습

우리나라의 식물

나무

2.1 우리나라의 나무

지구 위의 모든 나라에 숲이 있지는 않다. 숲이 생기려면 비가 넉넉해야 하고, 적당한 온도가 되어야 한다. 흙의 성질도 중요하다. 모든 조건이 조화롭게 갖춰진 곳에서라야 숲이 생긴다. 우리나라는 여러 조건이 잘 맞아서 사람이 나무를 베어버린 곳이 아니라면 거의 어디나 숲이 우거진다.

우리나라는 땅이 남북으로 길게 놓여 있다. 북쪽 지방은 남쪽 지방보다 겨울에 더 춥고, 남쪽 지방은 북쪽 지방보다 여름에 더 덥다. 추운 백두산 기슭에는 가문비나무, 잎갈나무, 전나무 같은 바늘잎나무가 자란다. 이곳은 한대에 가깝다. 제주도나 남해안 섬에는 동백나무, 유자나무, 차나무, 치자나무 같은 늘푸른나무가 많이 자란다. 이 나무들이 자라는 곳을 난대라고 한다. 난대는 온대보다 조금 더 따뜻하고 열대보다는 더 서늘한 곳이다. 북쪽 지방과 남쪽 지방 사이에 있는 중부 지방에는 겨울에 잎이 지는 갈잎나무들이 자란다. 갈잎나무로 이루어진 숲을 온대림이라고 한다. 온대림에는 굴참나무, 상수리나무, 갈참나무, 졸참나무, 신갈나무, 떡갈나무 같은 참나무가 많이 자란다. 이처럼 참나무가 많아서 우리나라 식물대를 참나무대라고도 한다. 참나무대는 북쪽으로 길게 뻗어서 중국 동북부 만주에 이르기까지 넓게 퍼져 있다. 우리나라에 사는 참나무는 병에 걸리지 않고 잘 자란다. 우리나라의 기후와 풍토가 참나무가 자라기에 알맞기 때문이다.

우리나라에는 높은 산이 많다. 산은 높이 올라갈수록 기온이 낮아진다. 보통 100m를 오를 때마다 0.5℃쯤 낮아진다. 기차를 타고 북쪽으로 110km 달렸을 때만큼이다. 따라서 산기슭보다 높은 산꼭대기는 무척 기온이 낮다. 높은 산 위에서 자라는 식물은 따로 있다. 구상나무나 주목 같은 나무들이다. 추위에도 버텨야 하고, 바람이 많이 부는 것도 견뎌야 한다. 이런 바늘잎나무는 지리산이나 설악산이나 한라산 같은 큰 산의 높은 곳에서 자라는데 아한대 지방에서도 자란다.

숲에서 자라는 식물들은 저마다 키가 다 다르다. 숲을 이루는 맨 위층은 큰키나무들이 차지하고 있다. 키가 보통 20~30m 되는 나무들이다. 갈참나무, 떡갈나무, 상수리나무, 주목, 가문비나무, 전나무, 비자나무 같은 키가 큰나무는 어느 것이나 맨 위층을 이룬다. 이렇게 큰 나무들은 모두 햇빛을 좋아한다.

큰키나무 아래에는 작은키나무들로 이루어진 층이 있다. 보통 키가 7~8m쯤 자라는 나무들이다. 단풍나무, 쪽동백나무, 함박꽃나무 들이다. 작은키나무 밑에는 떨기나무가 층을 이룬다. 떨기나무 층은 사람키만큼 자라는 작은 나무들로 이루어진다. 높이가 2m쯤 된다. 개암나무, 국수나무, 싸리나무, 진달래들이다.

떨기나무 아래는 풀이 있다. 풀은 큰키나무나 떨기나무가 엉성할수록 무성하게 나고 나무가 빽빽하면 풀은 잘 자라기 어렵다. 풀 아래는 이끼가 있다. 이끼는 키가 작아서 땅에 찰싹 붙어 있다. 숲을 이루는 식물들은 저마다 층을 이루며 질서 있게 자라고 있다. 맨 위에서 땅바닥까지 공간을 사이 좋게 나눠 가진다. 가장 위층을 이루는 큰키나무가 가장 햇빛을 많이 받고, 맨 아래층에 사는 이끼는 가장 적게 받는다.

숲속에는 덩굴나무도 자란다. 칡이나 오미자나 인동덩굴은 줄기가 곧게 서지 않고 무엇을 감으면서 자란다. 가느다란 줄기로 햇빛을 찾아서 키가 큰 나무나 바위를 감고 기어오른다. 덩굴식물들은 숲 가장자리에 많이 자란다. 그래서 덩굴식물 때문에 숲이 안과 밖으로 나뉜다. 숲 속은 바깥보다 햇빛이 약하고 습도가 높고 바람이 적다. 덩굴식물들은 숲 가장자리에 자라면서 장막을 치는 셈이다.

추운 북쪽 지방에 사는 나무　가문비나무　　　전나무　　　잣나무

중부 지방에 사는 나무　개암나무　　　상수리나무　　　**따뜻한 남쪽 지방에 사는 나무**　동백나무　　　차나무

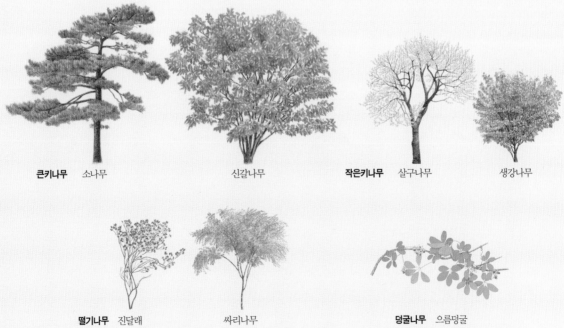

큰키나무　소나무　　　신갈나무　　　**작은키나무**　살구나무　　　생강나무

떨기나무　진달래　　　싸리나무　　　**덩굴나무**　으름덩굴

2_2 철 따라 달라지는 나무

우리나라는 봄, 여름, 가을, 겨울, 사철이 뚜렷해서, 나무는 철 따라 모습이 달라진다. 봄에는 꽃을 피우고 잎을 펼친다. 이른 봄에 꽃 피는 나무는 잎이 나기에 앞서 꽃이 먼저 핀다. 산에서 가장 먼저 꽃이 피는 나무는 생강나무다. 3월 중순 쯤에 양지바른 산기슭에서 노란꽃을 피운다. 이때는 바람 끝이 아직 찰 때라서 추우면 꽃잎을 오므리고 따뜻하면 펴기를 몇 번이고 되풀이한다. 농사꾼들은 생강나무 꽃을 보고 농사 채비를 서두른다. 볍씨를 담그고, 보리밭에 김을 매고 거름주기에 바빠진다.

생강나무는 꽃이 피고 나서 한 달이나 지나야 잎이 나온다. 이어서 마을 가까이에서 산수유 꽃이 핀다. 산수유도 꽃이 잎보다 먼저 핀다. 산수유 꽃은 생강나무 꽃보다 더 다닥다닥 붙는다. 더 화려하다. 산수유 꽃이 핀 지 다시 열흘쯤 지나면 울타리에서 개나리꽃이 핀다. 이때가 4월 초순이다. 봄이 빠른 제주에서는 더 빨리 핀다. 개나리꽃이 질 무렵이 되면 뜰에서 목련이 핀다. 4월 중순이 되면 진달래가 핀다. 진달래꽃이 질 때가 되면 동네마다 여기저기서 과일나무 꽃이 피어난다. 앵두나무, 살구나무, 복숭아나무, 벚나무가 앞서거니 뒤서거니 하면서 꽃이 핀다. 들에는 아지랑이가 끼고 버드나무는 가느다란 가지에 연한 잎이 나온다.

이제 나무마다 나뭇잎이 돋아나기 시작한다. 겨울 동안 비늘잎 속에 꼬깃꼬깃 접혀서 웅크리고 있던 어린싹이 두껍고 딱딱한 비늘잎을 헤치고 돋아난다. 이 무렵에 산에 가면 산나물이 한창 난다. 오갈피나무나 고추나무나 화살나무 어린잎을 따서 먹는다. 끓는 물에 데쳐서 무쳐 먹으면 아주 맛있다. 어지간한 산나물은 삶아 말려서 묵나물을 해 두고 먹는다.

5월로 접어들면 나뭇잎이 푸르게 우거지기 시작한다. 멀리서 신갈나무 숲을 바라보면 빛깔이 날마다 달라진다. 참나무 잎이 푸르게 될 때쯤이면 뒤늦게 산벚나무 꽃이 핀다. 산벚나무 꽃은 연한 분홍색이다. 푸른 산속에서 군데군데 보이는 벚꽃은 참 보기 좋다.

살구꽃　　　　사과꽃　　　　벚꽃

봄에 피는 꽃　　　산수유 꽃　　　진달래꽃　　　개나리꽃

초여름에 접어들면 철쭉꽃이 핀다. 철쭉은 꽃이 피면서 잎도 함께 핀다. 철쭉꽃이 질 때가 되면 아까시꽃이 활짝 핀다. 아까시꽃은 남쪽 지방에서 5월 초순에 피기 시작하여 점점 북쪽으로 올라온다. 대추나무는 이제서야 잎이 피기 시작한다. 다른 나무가 잎이 한창 푸르게 자라도록 죽은 듯이 있다가 뒤늦게 새싹이 나오는 것이다. 대밭에서는 죽순이 올라온다. 죽순대(맹종죽) 죽순이 4월 말에 가장 먼저 올라오고, 솜대 죽순이 5월, 왕대 죽순이 6월에 올라온다.

6월 중순이 되면 밤꽃이 핀다. 밤나무는 꽃이 나무를 덮어서 온 나무가 하얗게 보인다. 밤꽃에는 꿀이 많아서 벌도 많이 모여든다. 소나무에서는 새순이 올라온다. 묵은 가지의 바늘잎은 우중충한데 새순은 산뜻한 연두색이다.

7월에는 싸리꽃이 핀다. 싸리는 키가 작아서 꽃이 피어도 다른 나무에 가려서 잘 보이지 않는다. 하지만 양지 바른 곳에 외따로 서 있는 싸리는 꽃이 무척 화려해 보인다. 싸리꽃에도 꿀이 많다. 아까시꽃, 밤꽃, 싸리꽃에는 꿀이 많아서 벌을 치는 사람들이 좋아한다. 감꽃도 핀다. 감꽃은 오목한 단지 모양이다. 꽃잎은 매끄럽고 도톰하다. 색은 젖빛인데 떨어진 뒤에는 점점 누래진다. 감꽃을 아삭아삭 씹으면 처음에는 떫어도 자꾸 씹다 보면 단맛이 우러난다. 실에 꿰어 목에 걸고 다니기도 한다.

여름에는 열매가 익는 나무도 많다. 초여름이 되면 뽕나무에 오디가 검게 익고 벚나무 열매인 버찌가 익는다. 앵두, 살구, 자두, 매실도 초여름에 난다. 이어서 복숭아가 익기 시작한다. 산에서는 산딸기가 익는다.

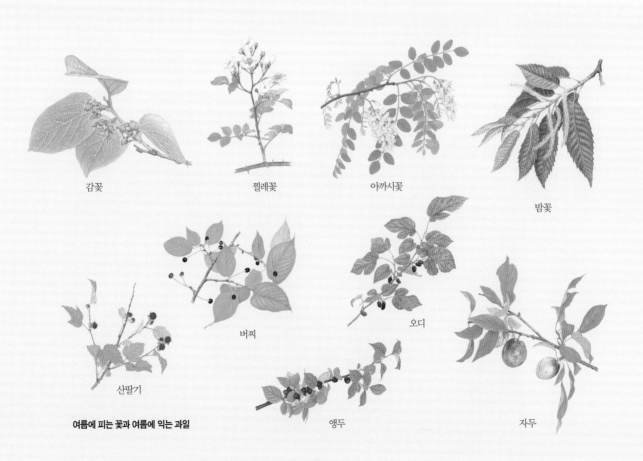

감꽃　　찔레꽃　　아까시꽃　　밤꽃　　산딸기　　버찌　　오디　　앵두　　자두

여름에 피는 꽃과 여름에 익는 과일

가을에는 나무 열매가 풍성하게 여문다. 먼저 개암나무 열매가 여문다. 종지에 반쯤 묻혀 있는 도토리 같다. 가을이 깊어지면 개암이 익어서 저절로 떨어진다. 밤에는 보늬가 있어 떫지만 개암은 고소하다.

가을이 무르익어 9월 하순이 되면 머루가 익는다. 머루는 포도와 비슷한데 포도보다 알이 작고 송이가 성기게 붙는다. 잘 익은 머루는 물이 많고 달다. 깊은 산속에서 나는 다래는 서리가 내려야만 익는다. 먹으면 단맛이 물씬 난다. 다래가 익을 무렵에는 으름도 익는다.

가을에는 산에 가서 밤이나 감을 딸 수 있다. 밤은 여물면 저절로 떨어진다. 가시투성이 밤송이가 벌어지고 그 속에 있던 알밤이 떨어진다. 감은 붉게 익어도 떨어지지 않고 가지에 붙어 있는다. 감은 햇가지에서 열리기 때문에 가지를 꺾어서 딴다. 감을 딸 때는 모조리 따지 않고 몇 알을 남겨 놓는다. 까치밥이다.

가을이 깊어지면 푸른 잎은 붉은색이나 노란색으로 바뀐다. 단풍나무나 붉나무, 감나무, 담쟁이덩굴 잎은 붉은색으로 바뀐다. 은행나무나 미루나무, 팽나무, 낙엽송 잎은 노란색으로 바뀐다.

이제 날씨가 제법 쌀쌀해졌다. 된서리가 오고 나면 울긋불긋 물들었던 잎들은 바람이 불지 않아도 힘없이 떨어진다. 잎이 지는 나무들은 가지만 앙상하게 남는다. 잎이 떨어진 자리에는 자국이 남는다. 나무는 이 자리에 물과 병균이 들어가지 못하고, 추위에도 얼지 않도록 말끔히 마무리한다. 잎이 떨어진 가지에는 이듬해에 싹 틀 눈이 남아 있다. 떨어진 잎은 땅 위에 수북이 쌓인다. 밟으면 신발이 파묻히고 와삭와삭 소리가 난다. 가랑잎은 썩어서 그 나무의 거름이 된다. 우리 겨레는 가을에 가랑잎을 긁어 모아 구들방을 따뜻하게 데웠다. 또 두엄을 만들어 논밭을 기름지게 가꾸어 왔다.

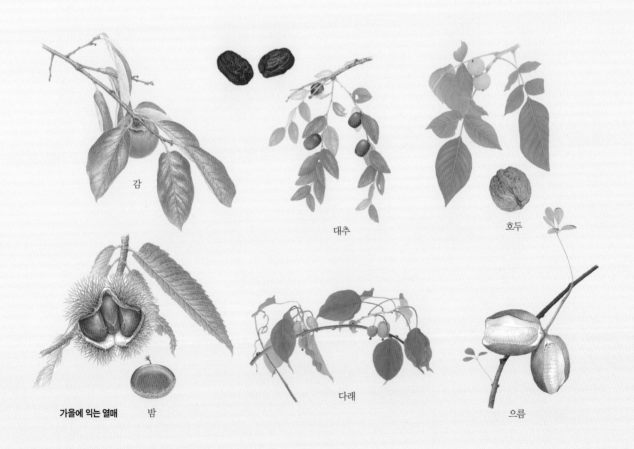

가을에 익는 열매

감

대추

호두

밤

다래

으름

나무들은 잎을 훌훌 떼어내고 몸을 줄여서 겨우살이에 들어간다. 여름에는 우거진 잎 때문에 가지가 잘 보이지 않지만 겨울에는 나무마다 가지 생김새가 잘 드러난다. 참나무들은 시들어서 갈색이 된 잎을 매단 채 겨울을 난다. 봄이 되어 새잎이 돋아나야만 묵은 잎이 떨어진다. 추운 곳에 사는 나무들은 가지에 겨울눈이 있다. 겨울눈은 생긴 그해에는 자라지 않고 겨울을 지나 이듬해에야 싹이 나 꽃으로 자란다. 겨울눈은 수많은 딱딱한 비늘잎으로 싸여 있다. 비늘잎은 기왓장처럼 겹겹이 겹쳐져서 속에 있는 어린 싹을 감싸고 있다. 나무들은 매서운 추위에서 살아남으려고 겨울눈에 여러가지 보호 장치를 곁들인다. 치자나무 겨울눈은 비늘잎의 겉에 밀랍을 덮어쓰고, 철쭉의 겨울눈은 끈적끈적한 물질을 덮어쓰고 있다. 목련의 겨울눈은 포송포송한 잔털을 뒤집어쓰고 있다.

어떻게 하여 겨울눈은 추운 겨울에도 끄떡없이 살아남을까? 완전히 자란 겨울눈은 곧 싹트지 않고 얼마 동안 깊은 겨울잠에 빠진다. 잠자는 기간은 나무마다 다르다. 가을에서 겨울로 접어들면 나무의 세포들은 물을 밖으로 내보내고 물에 녹는 당분도 많이 만들어 놓는다. 그러면 세포 속에서 물이 얼지 않는다. 봄이 되어 날씨가 따뜻해지면 물이 세포속으로 다시 들어가서 새싹이 돋아난다.

상수리나무와 굴참나무는 가지에 설익은 작은 열매를 단 채로 겨울을 난다. 이 어린 도토리는 이듬해 가을에 익는다. 봄에 가루받이를 끝낸 소나무도 겨울 동안 작은 열매를 달고 있다가 이듬해 가을에 솔방울을 만든다.

겨울에도 꽃이 피는 나무들이 있다. 매실나무는 겨울에 꽃이 핀다. 눈이 채 녹지 않았을 때부터 꽃이 핀다. 동백나무도 겨울에 꽃을 피운다. 동백나무가 자라는 남쪽 지방에서는 차나무와 보리장나무도 겨울에 꽃이 핀다.

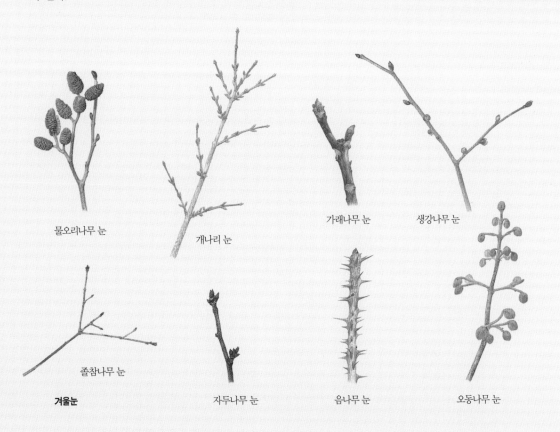

물오리나무 눈

개나리 눈

가래나무 눈

생강나무 눈

졸참나무 눈

겨울눈

자두나무 눈

음나무 눈

오동나무 눈

2_3 나무와 살림살이

우리나라에는 먹을 수 있는 나무 열매가 많다. 초여름이면 뽕나무에 오디가 검게 익고, 벚나무에는 버찌가 빨갛게 익는다. 이어서 앵두, 살구, 자두, 복숭아가 여름 과일로 나온다. 한여름이 지나면 포도가 익고 가을이 되면 사과나 배가 나온다. 또 대추, 밤, 호두 같이 여문 과일을 따고 늦가을이 되면 감을 딴다.

과일을 딸 때는 조심해야 할 것이 많다. 나무가 상하지 않도록 하고, 낮은 가지에 달린 것부터 따서 위로 올라가는 것이 좋다. 과일은 꼭지가 뽑히거나 부러지지 않게 따야 한다. 과일이 다 익으면 꼭지가 나무에서 쉽게 떨어진다. 딴 과일은 바람이 잘 통하고 습기가 없는 곳에 두고 먹는다. 신맛이 나는 과일은 쇠로 만든 그릇에 담지 말고 나무 그릇이나 바구니에 담아 두는 것이 좋다. 옛날에는 밤을 헛간 바닥을 파서 그 속에 묻어 두고 겨우내 먹기도 했다. 사과나 배는 상자에 왕겨를 담고 파묻어 두었다. 대추나 살구처럼 그냥 말리기도 하고 밤이나 곶감처럼 껍질을 벗겨서 말려두기도 했다.

술이나 식초나 통조림이나 잼을 만들어서 먹기도 한다. 무엇보다 과일 술은 몸에 좋아서 집집이 조금씩 담가 두고 노인이나 몸이 약한 사람이 마시도록 했다. 감이나 사과는 식초를 만들어서 음식에도 넣고 약으로도 마신다. 유자나 모과나 매실도 약으로 쓴다.

나무 열매에 있는 씨앗에서는 기름도 짠다. 기름을 음식에도 넣고 약으로도 썼다. 등잔불을 켜기도 하고 머리에 바르기도 했다. 동백나무 씨와 차나무 씨에는 맑은 기름이 들어 있다. 씨를 모아서 절구에 넣고 빻아 가루로 만든다. 이것을 채반에 담아 찐 다음 기름 주머니에 넣고 기름틀에 걸어서 눌러 짠다. 산초나무 씨, 호두, 노간주나무 씨, 생강나무 씨, 비자나무 씨에서도 기름이 나온다.

옛날에는 봄에 나는 나무순은 다 먹었다고 할 정도로 온갖 나뭇잎을 뜯어 먹고 살았다. 요즘은 산나물이라고 하면 반찬으로만 먹지만 옛날에는 나물로 끼니를 때웠다. 산골에 사는 사람들은 봄이면 나물을 많이 뜯어다가 삶아서 말려 둔다. 그리고 겨우내 이 묵나물을 곡식에 섞어 밥을 해 먹거나 죽을 끓여 먹었다. 지금도 강원도에서는 이렇게 먹는 나물을 밥나물이라고 한다.

나무순 가운데서도 두릅나무나 음나무 순은 맛이 아주 좋다. 두릅나무 순은 두릅이라고 하고 음나무순은 개두릅이라고 한다. 둘 다 살짝 데쳐서 초고추장에 찍어 먹는데 향긋하면서도 쌉싸름한 맛이 난다. 두릅이나 개두릅은 순을 따도 또 돋아난다. 나물을 한다고 가지나 줄기를 해쳐서는 안 된다.

화살나무 어린잎은 홑잎나물이라고 한다. 홑잎나물은 삶아서 우려낸 뒤에 무쳐 먹는다. 생강나무 어린잎은 쌀가루를 묻혀서 기름에 튀겨 먹는다. 참죽나무 어린순은 날로 고추장에 찍어먹기도 하고, 말렸다가 쌀가루를 묻혀서 기름에 튀겨 먹기도 한다. 다래순은 삶아 무치면 부드럽고 맛이 구수하다.

　옛날부터 우리 겨레는 나무로 집을 짓고 살았다. 나무가 많은 산골 마을에서는 통나무로 귀틀집을 짓고 살았다. 귀틀집은 통나무를 뿌리와 가지를 치고 가운데만 추려 쌓아서 벽채를 만들어 올라간다. 귀틀집뿐 아니라 초가집이나 기와집도 뼈대는 다 나무로 지었다. 큰 궁궐이나 절도 마찬가지였다. 집을 지을 때는 바늘잎나무를 많이 쓴다. 바늘잎나무중에서도 소나무를 많이 쓴다. 남쪽 바닷가 지방에서는 곰솔로 집을 많이 짓고, 중북부 지방에서는 소나무로 짓는다. 집을 지으려면 미리 나무를 베어 놓아야 한다. 적어도 2~3년 전에는 나무를 베어 둔다. 나무는 늦가을에서 늦겨울 사이에 벤다. 이 무렵에 베어야 재목에 벌레가 타지 않는다. 벤 나무는 껍질을 벗겨서 그늘에 말린다. 다음으로 지으려는 집의 크기와 높이를 가늠하여 미리 나무를 토막낸다. 크고 높은 집은 길게, 작고 낮은 집은 짧게 끊는다. 이렇게 손질한 나무를 이삼 년 동안 빗물에 젖지 않도록 하여 쌓아 둔다. 재목은 오래 쌓아 두어 잘 말린 것을 좋은 것으로 친다. 재목이 잘 말라야 집을 짓고 나서도 오랫동안 재목이 뒤틀리거나 터지지 않기 때문이다. 나무로 지붕을 덮기도 한다. 잣나무나 가문비나무처럼 결이 곧은 나무를 켜서 널판을 만들어 덮는다. 이런 집을 너와집이나 너새집이라고 한다. 문짝은 전나무나 잣나무로 많이 짰다. 잣나무는 속이 붉다고 홍송이라고도 한다. 이 나무들은 가볍고 연한 데다가 나뭇결이 곱고 뒤틀리지 않는다. 또 곧게 자라서 마디가 거의 드러나지 않기 때문에 문짝으로 알맞다.

　살림살이나 농기구도 나무로 만든 물건이 많다. 쌀을 이는 조리는 대나무로 만들었다. 조릿대를 잘게 오려서 결은 것이다. 주걱도 나무를 깎아서 만들었다. 피나무 도마는 김치를 썰고 물에 씻어서 기울여 놓으면 잠깐만에 물기가 깨끗이 빠진다. 도마에 김치물도 잘 안 든다.

　소반은 물을 빨아들이지 않으면서 가벼운 나무로 만든다. 소반에 딱 맞는 나무는 은행나무다. 곡괭이나 도끼처럼 무거운 연장은 자루도 무거운 참나무로 만든다. 밤나무, 벚나무도 자주 쓴다. 그렇지만 낫이나 호미처럼 가벼운 연장 자루는 미루나무나 오동나무를 쓴다. 버드나무는 나뭇결이 곱고 빛깔도 희고 깨끗한데다가 가볍다. 버들가지를 삼 노끈으로 엮어서 키도 만들고 고리도 짠다. 장롱, 반닫이, 뒤주는 느티나무를 으뜸으로 친다. 오동나무는 가볍고, 물기를 잘 안 먹는다. 나뭇결도 아름답다. 장롱이나 반닫이의 안쪽 재목으로 쓴다.

　악기도 나무로 만들고, 종이도 나무로 만든다. 닥종이는 닥나무 껍질을 벗겨서 만들고, 꾸지나무 껍질로도 종이를 만들었다. 치자나 감, 고욤으로는 옷감에 물을 들인다. 나무 줄기나 껍질에서도 물감을 낸다. 옻나무에서는 옻을 뽑는다. 뽕나무 잎으로는 누에를 쳐서 명주를 짰다.

은행나무

Ginkgo biloba

은행나무는 아주 오래전부터 지금과 같은 모습으로 살아서 '살아 있는 화석'으로 불린다. 은행나무와 비슷한 식물들은 오래전에 다 사라졌고, 지금은 닮거나 친척뻘이 되는 식물도 하나 없다. 우리나라에서는 오래전부터 집 가까이나 절에 심어 길러서 익숙하고 친근한 나무 대접을 받는다. 길가나 공원에도 많이 심는다. 나무 모양이 좋고 가을에 노랗게 단풍이 들어 보기에 좋다. 은행나무는 먼지가 많은 곳이나 공기 오염이 심한 곳에서도 잘 자란다. 키가 너무 크게 자라지도 않고, 다른 나무보다 병도 덜 들고 벌레도 잘 안 먹어서 가꾸기가 쉽다. 은행나무는 오래 산다. 경기도 양평 용문사에 있는 은행나무는 1,100년쯤 살았다. 키가 42m로 우리나라에서 가장 크다.

암나무에서는 은행을 딴다. 가을에 따는데, 노란 열매 껍질은 냄새가 나고 독이 있다. 잘못 만지면 가렵고 두드러기가 나면서 은행 옻이 오른다. 열매 껍질을 벗기려면 은행을 따서 한데 모아 놓고 거적을 덮어 둔다. 이렇게 며칠 지나면 열매 껍질이 썩는다. 이것을 물에 씻으면 흰 씨앗을 얻을 수 있다. 소금물에 담가 두었다가 구워 먹거나 삶아 먹는다. 날로 먹거나 익은 것이라도 너무 많이 먹으면 탈이 나기 쉽다. 어지럽고 토하거나 설사를 할 수 있다.

은행나무 목재는 붉은빛이 도는 누런색이고 윤기가 난다. 가벼우면서도 다듬기가 쉽고 마른 뒤에도 잘 뒤틀리지 않는다. 가구에 들어가는 널판이나 밥상, 그릇, 바둑판, 불상을 만든다. 은행나무로 만든 작은 밥상은 행자반이라고 한다. 전라도 나주에서는 옛날부터 은행나무로 밥상을 많이 만들었다. 나주반이라고 하는데 찍어도 자국이 잘 안 나고 옻칠도 잘 벗겨지지 않는다.

열매는 오래전부터 약으로 썼고, 요즘은 잎도 귀한 약으로 쓴다. 은행은 기침이 나면서 숨이 차고 가래가 많을 때 쓴다. 오줌이 잦을 때도 먹는다. 잎은 여름에 따서 그늘에 말려 두었다가 쓴다. 심장을 튼튼하게 하고 피를 맑게 해 준다. 손발이 저릴 때도 먹는다.

나무를 심을 때는 씨앗을 심거나 가지를 심는다. 양지바른 곳에서 잘 자라고 뿌리를 깊이 뻗는다. 메마른 곳에서는 그럭저럭 버티지만, 물기가 많은 땅은 싫어한다. 씨앗으로 키워도 제법 빨리 자라서 10년이 지나면 꽃이 피고 열매를 맺는다.

갈잎큰키나무

25~30m

4~5월

10월

어긋나기, 모여나기

사는 곳 마을, 공원, 길가

특징 오염이 심한 곳에서도 잘 버틴다.

쓰임새 목재는 가볍고 단단하다.

잎과 열매를 약으로 쓴다.

은행

2011.04 인천 강화

줄기 껍질은 잿빛이고 세로로 갈라진다. 긴
가지와 짧은 가지가 있다. 가을에 단풍이 노랗게
든다. 긴 가지에는 잎이 어긋나게 붙고 짧은
가지에는 여러 개가 모여난다. 잎은 부채꼴이고 끝이
갈라졌다. 4~5월쯤에 꽃이 피며 암나무와 수나무가
따로 있다. 둥근 열매가 가을에 누렇게 익는다.
열매는 물렁물렁하고 독한 냄새가 난다. 속에 씨앗이
들어 있다. 씨앗 껍질은 단단하다.

암꽃

수꽃

2000.08 강원 원주

1997.02 충북 충주

소나무

Pinus densiflora

소나무는 우리나라 어디에서나 자란다. 모래땅이든 진흙땅이든 땅을 가리지 않고 잘 자란다. 다만 햇빛이 잘 드는 곳이어야 한다. 소나무 잎은 가늘고 길다. 이런 잎을 바늘잎이라고 한다. 소나무라고 하면 흔히 소나무과에 드는 나무를 두루 이르는 말이지만, 더 나누어 보면 바늘잎이 다섯 장이 한데 모여 붙는 잣나무, 세 장이 모여 붙는 리기다소나무, 두 장이 붙는 소나무와 곰솔(해송)이 있다. 비슷한 바늘잎나무인 전나무와 주목은 잎이 한 장씩 붙는다.

봄이 되면 소나무에 물이 오른다. 물 오른 소나무 껍질을 벗기면 연한 속껍질이 나온다. 이것을 송기라고 한다. 옛날에는 송기를 씹어서 단물을 빨아 먹었다. 5월이 되면 수꽃의 꽃가루인 송화가 바람에 날린다. 송화를 모아 꿀과 설탕을 넣어 다식을 만든다. 솔잎도 먹는데 그냥 먹기도 하고 가루를 내서 먹기도 한다. 요즘은 솔순을 설탕에 재서 발효액을 담가 먹기도 한다. 추석에는 솔잎을 따다가 시루에 깔고 송편을 찐다.

소나무는 나무가 단단하고 잘 썩지 않는다. 벌레가 생기거나 휘거나 잘 갈라지지 않는다. 그래서 궁궐을 짓는 데에도 소나무를 썼다.

솔잎과 송진은 약으로 쓴다. 잎은 아무때나 싱싱할 때 따서 그대로 쓴다. 솔잎은 잇몸에서 피가 나고 상처가 잘 아물지 않을 때 쓰고, 신경통, 관절염, 신경쇠약증에도 쓴다. 송진은 고약이나 반창고를 만들 때 쓰는데 염증을 빨리 곪게 하고 고름을 빨아 낸다.

곰솔은 바닷가에서 잘 자라는 소나무다. 해송이라고 하고, 줄기 빛깔이 검다고 흑송이라고도 한다. 바닷가에서는 곰솔 숲을 가꿔서 바람이 마을로 들이치는 것을 막는다.

리기다소나무는 척박한 땅에서도 잘 자란다. 추위에도 잘 견디고 병충해에 견디는 힘도 세다. 소나무 가운데 송진이 아주 많기 때문이다. 리기다소나무를 조림한 지역에는 벌레나 다른 생물이 그리 다양하지 않다. 바늘잎은 진한 풀색인데 빽빽하게 붙어서 더 진해 보인다. 일본잎갈나무는 낙엽송이라고도 하는데. 20세기 초에 일본에서 들여왔다. 무척 빨리 자라서 나무가 없는 산에 가장 많이 심어 왔다. 줄기가 곧게 자라고 단단해서 집을 짓는 재목으로도 좋다. 소나무 종류 가운데 겨울에 잎이 지는 나무라서 이런 이름이 붙었다.

🌲 늘푸른큰키나무

ℹ 20~40m

✻ 4~5월

⚲ 10월

∅ 2개씩 뭉쳐나기

다른 이름 적송, 육송, 솔, 솔나무, 암솔

사는 곳 햇빛이 잘 드는 땅

특징 우리나라 어디에서나 흔히 볼 수 있다.

쓰임새 집을 짓는 데 쓴다. 솔잎과 송진을 약으로 쓴다.

솔씨

1996.07 경기 광릉

바늘잎은 보통 두 개씩 모여서 난다.
줄기는 구불구불하기도 하고, 곧게 자라기도 한다.
나무껍질은 붉은 밤색이고 거북 등처럼 갈라지면서
떨어진다. 5월 중순에 한 나무에서 암꽃과 수꽃이
햇가지에 핀다. 솔방울은 꽃이 핀 뒤 이듬해 가을에
여문다. 솔방울이 여물면 벌어지면서 씨앗이
떨어진다. 씨에는 날개가 있어서 바람에 날아간다.

2001.01 충북 충주

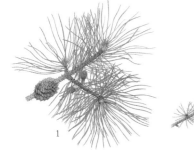

1

2

3

1. 리기다소나무 *Pinus rigida*

2. 낙엽송 *Larix kaempferi*

3. 곰솔 *Pinus thunbergii*

잣나무

Pinus koraiensis

옛부터 문짝은 전나무나 잣나무로 많이 짰다. 잣나무는 속이 붉다고 홍송이라고도 한다. 이 나무들은 가볍고 연한 데다가 나뭇결이 곱고 뒤틀리지 않는다. 특이한 향이 있고 기름기가 있으며 대패질을 하면 윤이 난다. 또 곧게 자라서 마디가 거의 드러나지 않기 때문에 아주 귀한 목재로 쓰인다. 특히 문짝을 짜기에 알맞다.

잣나무는 높은 산이나 추운 곳에서 많이 자란다. 산에서도 흙이 많고 축축한 골짜기에서 잘 자란다. 북녘에서는 압록강 가까이에 가장 많다. 남녘에서는 경기도 가평, 양평, 강원도 홍천에 잣나무가 많다. 잣은 보통 9~10월에 딴다. 나무 꼭대기 가까이에 열매가 달리기 때문에 잣을 따려면 나무에 올라가야 한다.

잣송이를 무더기로 쌓아 두고 며칠이 지나면 송진이 없어지고 잣송이가 삭아서 허벅허벅해 진다. 이 때 잣송이를 낫등으로 두드리거나 발로 비비면 잣이 송이에서 잘 빠져나온다. 갓 까낸 잣은 하얗고 투명한 빛이 돈다. 다만 기름이 금방 산화되어서 껍질을 벗겨 놓으면 누래진다. 그래서 잣이나 호두처럼 기름이 많고 단단한 껍질에 둘러싸여 있는 열매는 껍질에 싸여 있는 것을 사서 까는 대로 곧 먹는 게 좋다. 잣은 기름이 많아서 고소하다. 기름이 맑다. 음식에 곁들이기도 하고 죽도 끓여 먹는다. 잣죽은 잣과 찹쌀 가루를 섞어서 끓이는데 양분이 많고 소화가 잘 된다. 병든 사람이나 노인에게 좋다.

잣나무는 산에 저절로 나서 자라지만 많이 심기도 한다. 가을에 거둔 잣을 땅에 묻어 두었다가 봄에 심어서 나무모를 길러서 심는다. 두세 해 기른 것을 옮겨 심는다. 오래될수록 키가 커지고 가장 아래에 달린 가지 높이도 높아진다. 20년은 자라야 열매가 제대로 달린다. 소나무보다는 기름진 땅을 좋아한다.

전나무는 나무 질이 연하고 부드러우며 흰빛을 띤다. 기둥이나 대들보로도 쓰고 반닫이나 상자, 이남박으로도 만들었다. 가볍고 결이 고운데다 뒤틀리지 않아서 창틀이나 문살을 짜는 데 아주 좋다. 바늘잎은 뾰족하고 솔잎보다 짧다. 앞면은 짙은 풀색이고 뒷면은 좀 희다.

눈잣나무는 높은 산에서 많이 자란다. 옆으로 자라서 키가 작고 관상용으로 가져다가 기른다. 섬잣나무도 키가 작은데 절로 자라는 것은 울릉도에서만 자란다.

🌲 늘푸른큰키나무

🜨 20~30m

❋ 4~5월

⬡ 10월

∅ 5개씩 뭉쳐나기

다른 이름 오엽송

사는 곳 추운 지방. 흙이 많고 축축한 골짜기

특징 곧게 자라고 키가 크다.

쓰임새 문짝을 짠다. 잣을 먹는다.

수꽃

잣

1997.06 강원 원주

줄기는 굽는 일이 거의 없이 곧게 자라고 곁가지를
고루 사방으로 뻗는다. 줄기 껍질은 잿빛이 도는
밤색이며 비늘 조각처럼 떨어진다.
잎은 다섯 개씩 뭉쳐 나고 뒷면은 흰색을 띤다.
새로 난 잎은 3~4년 동안 붙어 있다가 떨어진다.
봄에 노란빛이 도는 분홍빛 수꽃이 새로난 가지
밑에 피고, 암꽃은 새로 난 가지 끝에 핀다. 꽃이 핀
이듬해 가을에 잣송이가 여문다.

1997.02 강원 원주

1

2

3

1. 전나무 *Abies holophylla*
2. 눈잣나무 *Pinus pumila*
3. 섬잣나무 *Pinus parviflora*

향나무

Juniperus chinensis

향나무는 온 나무에서 향기가 난다. 그래서 이름도 향나무다. 향나무를 태우면 향긋한 냄새가 퍼진다. 제사 때 화로에 피우는 향은 이 나무를 깎아서 만들었다. 향나무는 목재로도 무척 좋다. 나무속이 붉고 윤기가 나서 아름다울 뿐만 아니라 연해서 다루기가 쉽다. 가지를 그대로 말렸다가 가루를 내어 모기향으로 쓴다.

옛날부터 우물가에 향나무나 버드나무, 구기자나무를 심는 풍습이 있다. 향나무는 모기 같은 날벌레가 가까이 못 오게 하고 우물가에 신선한 향내를 풍긴다. 길을 가다가도 향나무를 보면 그곳에 우물이 있다는 것을 바로 알 수 있었다.

향나무는 오래 산다. 울릉도에는 향나무가 많은데 천 년이 넘은 것도 있다. 향나무는 섬이나 바닷가에서 저절로 자라기도 하지만, 냄새가 좋고 겨울에도 잎이 지지 않고 모양이 아름다워서 뜰이나 절이나 공원에도 많이 심는다. 씨를 심어서 싹을 틔우기는 어렵다. 새가 열매를 먹고 똥으로 나온 씨가 싹이 잘 난다.

향나무는 냄새가 좋은데다 결이 곧고 윤이 나서 좋은 목재로 꼽는다. 절에서 바리때와 수저를 만들고 불상을 만든다. 연필향나무로는 연필을 만들고, 향나무로 상자를 만들어 책이나 옷을 넣어 두면 벌레가 생기지 않는다. 잎과 줄기에서 약을 얻기도 한다.

측백나무는 향나무와 비슷한데 향이 나지는 않는다. 공원이나 뜰에 많이 심는다. 측백나무는 추위와 가뭄, 공해에도 끄떡없을 만큼 튼튼해서 기르기가 쉽다. 가지치기도 쉽고 새 가지도 잘 돋아나서 생울타리로 꾸미기에 좋다. '신선이 되는 나무'라고 해서 절이나 정자나 무덤 옆에도 많이 심었다. 측백나무 잎과 열매가 몸에 아주 좋기 때문이다.

편백은 얼핏 봐서는 측백나무와 구별하기 어렵다. 잎 모양새를 보고 구분하고, 사는 곳이 다르다. 좀 더 따뜻한 곳에서 자란다. 일본에서는 큰 건물을 짓는 데에 많이 쓴다. 요즘은 우리나라에서도 집을 짓는 데에 많이 쓴다. 눈향나무는 관상용으로 많이 기르지만 절로 자라는 것은 높은 산 바위틈에서 자란다. 향나무와 비슷하지만 옆으로 자라고 가지가 꾸불꾸불하다.

♣ 늘푸른큰키나무	**다른 이름** 상나무, 상낭구, 향낭그, 노송나무	
◑ 25~30m	**사는 곳** 공원	
✿ 4~5월	**특징** 온 나무에서 좋은 향이 난다.	
◐ 10월	**쓰임새** 목재로 쓴다.	
∅ 촘촘히 나기		

1997.02 충북 청원

어린 가지에는 보통 바늘잎이 달리는데 만지면
따갑다. 그러나 오래된 가지에는 비늘잎이 더 많이
난다. 만지면 부드럽다. 줄기가 곧게 자란다.
자라면서 줄기가 비틀어지고 구부러지는 것이 많다.
오래된 나무는 껍질이 세로로 터지면서 얇게
벗겨진다. 4월쯤 꽃이 피는데 작아서 눈에 잘 띄지
않는다. 열매는 이듬해에 짙은 자주색으로 여물면서
벌어진다. 열매 속에는 씨앗이 두세 개 들어 있다.

1997.03 강원 원주

1

2

3

1. 측백나무 *Platycladus orientalis*

2. 편백 *Chamaecyparis obtusa*

3. 눈향나무 *Juniperus chinensis* var. *sargentii*

대나무

Phyllostachys

대나무는 모여서 자라 밭을 이룬다. 가운데 줄기가 굵고 큰 데다가 사철 푸르고 수십 년 살기 때문에 흔히 나무로 생각하지만, 풀처럼 꽃이 피면 죽어버리고 부름켜도 나이테도 없어서 식물 분류학 기준으로는 풀에 든다. 대나무는 물기가 많은 땅을 좋아하고, 높은 산등성이보다는 평지나 낮은 산자락을 좋아한다. 그래서 강을 따라 대밭이 생기기도 한다. 섬진강이나 영산강을 따라 가다 보면 대밭이 많이 있다. 한 번 자라기 시작하면 땅속줄기로 번지면서 퍼져 나간다. 대밭이 자리 잡으면 다른 식물은 살기 어렵다. 오래된 대밭은 나무를 헤치고 사람이 들어가기도 어려울 만큼 빽빽하게 자란다. 따뜻한 곳에 잘 자라서 좋은 대밭은 남쪽 지방에 많다. 하동, 담양, 구례가 이름난 곳이다.

봄이면 대밭에 죽순이 뾰족뾰족 올라온다. 죽순은 땅 위로 올라와서 두 뼘이 되기 전에 캐 먹는다. 죽순이 너무 자라면 굳어져서 먹지 못한다. 죽순에는 독이 있어서 날로 먹지 않고 꼭 익혀서 먹는다. 구워서 껍질을 벗기고 소금에 찍어 먹거나, 삶아서 나물로 무쳐 먹는다. 소금에 절여 두면 일년 내내 두고 먹을 수 있다. 향긋하고 아작아작 씹히는 맛이 좋다.

대나무로는 온갖 살림살이를 만들고 집을 짓는데 쓴다. 집을 지을 때 대를 엮어 넣고 흙을 발라서 벽을 친다. 울타리를 만들고 대문도 단다. 줄기는 쓰임새가 아주 많다. 가볍고 질긴데다가 잘 휘고 잘 갈라지기 때문이다. 줄기를 길고 얇게 찢어서 소쿠리나 채반이나 돗자리도 엮는다. 솜대는 질겨서 가늘게 찢어서 바구니 같은 것을 만든다. 곡식을 까부는 키도 만든다. 남쪽 지방에서는 흔히 뒤뜰에 대나무를 심어 울타리로 삼고, 겨울에 북쪽에서 부는 찬바람을 막았다.

대나무를 옮겨 심을 때는 밑으로 세 가지만 남기고 윗줄기를 잘라 준다. 땅속줄기도 양 옆으로 조금씩 남기고 잘라서 옮겨 심는다. 이렇게 옮겨 심은 뒤 이삼 년 지나면 죽순이 올라온다.

왕대는 대나무 가운데 가장 키가 크다. 줄기가 시퍼렇고 거뭇거뭇한 점이 있다. 죽순대(맹종죽)는 밭에서 기른다. 죽순이 굵고 사람들이 즐겨 먹는다. 조릿대는 산에서 자라는데, 아주 흔하고 겨울에 잎이 푸르러서 산에 눈이 오면 눈에 더 잘 띈다. 조리를 만드는 대나무라고 이름도 조릿대다. 채반이나 바구니도 만든다. 열매를 죽미라고 했는데, 먹을것이 떨어졌을 때 먹었다. 댓잎은 달여서 약으로도 먹는다. 열을 내리고, 독을 풀어 주고, 피를 멎게 한다.

늘푸른나무

25~30m

4~5월

10월

사는 곳 따뜻한 남부 지방

특징 오래 살고 줄기가 딱딱하여 나무라는 이름이 붙었지만, 풀로 분류한다.

쓰임새 살림살이를 만들고 집짓기에 쓴다. 죽순을 먹는다.

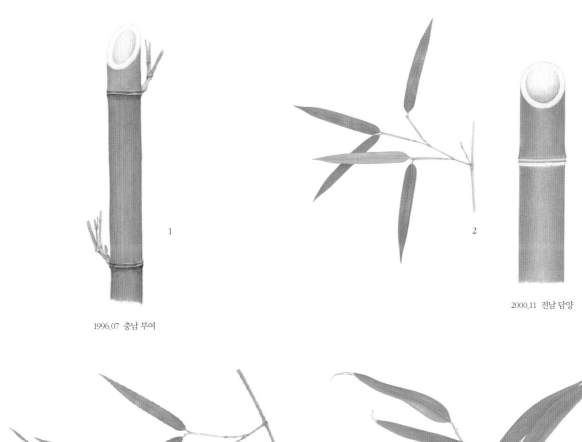

1

1996.07 충남 부여

2

2000.11 전남 담양

3

2000.04 전남 담양

4

2000.11 강원 치악산

왕대, 솜대, 죽순대(맹종죽)는 10~20m쯤 자라고
둘레가 10~30cm쯤 자란다. 솜대는 키가 작아서
10m를 조금 넘는다. 길고 가느다란 잎이 4~5장씩
붙는다. 죽순대(맹종죽)는 잎이 가지 끝에 2~8장
붙는다. 조릿대는 1~2m쯤 높이로 떨기나무처럼
자란다. 잎은 어긋나게 붙고 길쭉하다. 잎
가장자리에 가시 같은 톱니가 있다. 왕대는 줄기가
매끈하고 곧게 자란다. 잎은 가늘고 길쭉하고 얇다.
뒷면은 연한 흰빛을 띤다. 잎은 2-5장씩 붙는다.

1. 솜대(분죽) *Phyllostachys nigra* var. *henonis*

2. 왕대 *Phyllostachys bambusoides*

3. 죽순대(맹종죽) *Phyllostachys pubescens*

4. 조릿대 *Sasa borealis*

미루나무

Populus deltoides

미루나무는 뽀뿌라 또는 포플러라고 한다. 키가 크고 홀쭉하게 자란다. 바람이 불면 잎이 바람 개비처럼 팔랑거린다. 미국에서 들어온 나무다. 백 년쯤 전부터 신작로를 내면서 길가에 많이 심 었다. 미루나무를 닮은 우리나라 나무로 사시나무가 있다. 사시나무는 봄에 가지를 꺾어 심으면 뿌리를 내리지 않는데 미루나무는 무척 잘 내린다. 사시나무는 줄기가 연한 풀빛이고 미루나무 는 검고 거칠다. 사시나무는 추운 북쪽 지방 산에서 흔하게 자라고, 미루나무는 따뜻한 곳을 좋 아한다.

미루나무를 비롯한 여러 가지 포플러 나무들은 나무가 금세 자라는 대신 단단하지 않고 무르 다. 나무상자, 성냥, 젓가락을 만드는 데 좋다. 섬유질이 많아서 종이와 옷감을 만드는 데도 쓴다. 나무가 물르니까 줄기에 구멍을 내고 둥지를 삼는 동물들이 좋아한다.

미루나무뿐 아니라 양버들도 포플러라고 한다. 양버들은 유럽에서 들어왔다. 양버들은 잎이 작고, 가는 가지가 줄기를 따라 자라서 멀리서 보면 길쭉한 빗자루를 거꾸로 세워 둔 것 같다. 미 루나무는 잎이 더 크고, 줄기에 굵은 가지도 나서 옆으로 퍼져 보인다. 멀리서 보아도 양버들과 미루나무는 쉽게 알아 볼 수 있다. 미루나무와 양버들 암나무는 봄철이면 털이 많이 달린 씨를 바람에 날린다. 이 씨앗이 눈병이나 피부병을 일으킨다고도 하는 말이 있어서 요즘은 암나무는 별로 안 심는다. 두 나무 모두 빨리 자라는데 양버들이 미루나무보다 많이 퍼져 있다.

미루나무는 한 해 묵은 가지를 겨울눈이 트기 전, 이른 봄에 심는다. 땅심이 좋고 물기가 많은 땅에서 잘 자란다. 나무를 심은 뒤 횟가루를 뿌려 준다. 옮겨 심는 것도 이른 봄이 좋다. 겨울에 도 물이 잘 빠지고 바람이 심하지 않은 곳을 골라서 심는다.

사시나무도 빨리 자라고 섬유질이 많아서 섬유 원료로 쓰이기도 하고, 펄프 재료로 쓰기도 한 다. 은사시나무는 우리나라 고유종은 아니다. 미국에서 온 은백양과 수원사시나무 사이에서 생 긴 자연 잡종이다.

갈잎큰키나무

30m쯤

3~4월

5월

어긋나기

다른 이름 미류나무, 뽀뿌라, 포플러

사는 곳 길가에 많이 심었다. 땅심이 좋고 물이 잘 빠지는 곳이 좋다.

특징 곧고 높게 자란다.

쓰임새 상자나 젓가락을 만든다. 종이나 옷감에도 쓰인다.

1997.08 강원 원주

줄기에 굵은 가지가 나서 옆으로 퍼진다. 나무껍질은
갈라지고 검은 갈색이다. 잎은 세모나고 길이가
너비보다 길다. 끝이 뾰족하고 가장자리에 톱니가
있다. 3~4월에 꽃이 피는데 암수딴그루다. 열매는
서너 갈래로 갈라진다.

2000.09 충북 충주　　　　1999.03 충북 제천

1　　　　　　　　2

1. 사시나무 *Populus davidiana*
2. 은사시나무 *Populus × tomentiglandulosa*

버드나무

Salix koreensis

버들 꽃은 이른 봄에 핀다. 햇빛을 받으면 부풀어 올라 나중에는 눈송이처럼 흩어져서 바람에 날린다. 흰 솜털 안에는 씨앗이 들어 있다. 씨앗은 바람을 타고 멀리 날아 간다. 날아 가서 물기가 있는 곳에 떨어지면 뿌리를 내리고 자란다. 버드나무는 강기슭이나 냇가 같은 축축한 땅을 좋아한다. 햇볕을 좋아하고, 추위에도 잘 견딘다. 산속 계곡 옆에 농사를 짓다가 버려 둔 땅에서는 한꺼번에 버드나무가 자라나 숲을 이루기도 한다. 봄에 버드나무 가지를 잘라서 손으로 비틀면 껍질만 쏙 빠진다. 이것으로 아이들은 피리를 불고 놀았다. 버들피리는 호드기라고도 한다.

버드나무는 수양버들, 개수양버들, 능수버들과 헷갈리기 쉽지만, 버드나무는 잔가지가 길게 늘어지지는 않는다. 특히 수양버들은 중국에서 들여왔는데, 모두 심어 기른 것이고, 절로 자라는 것은 없다. 물이 고인 자리에 자라는 버드나무는 땅속 깊이 뿌리를 내리지 않고 뿌리가 숨쉬기 위해서 얕고 넓게 뿌리를 사방으로 뻗는다. 그래서 바람이나 폭우가 심하면 버드나무가 먼저 넘어진다.

우리나라에는 30종이 넘는 버드나무가 있다. 쉽게 보는 것으로 버드나무, 수양버들, 능수버들, 고리버들, 떡버들, 왕버들 같은 것이 있다. 가지가 아래로 축축 늘어진 나무는 보통 수양버들이나 능수버들이다. 고리버들로는 고리나 키를 엮고, 왕버들은 흔히 정자나무로 심는데, 이 나무들은 나무껍질을 벗겨서 종이나 옷을 만드는 데 쓴다. 흔히 버들강아지라고 하는 것은 갯버들 꽃이다.

옛날부터 우물가에는 버드나무나 향나무를 심었다. 먼 곳에서도 버드나무나 향나무를 보고 우물을 찾아왔다. 여름철에 길손들이 다리쉼을 할 때는 우물가 버드나무 그늘 아래에서 시원한 우물물을 마시면서 땀을 식히곤 했다.

버드나무는 목재가 누런 밤색이다. 나무에 향기가 있고 잘 휜다. 연하면서 가볍다. 가구, 상자, 장난감, 성냥을 만든다. 목재가 힘이 없고 줄어들거나 휘기를 잘해서 집을 짓는 데는 못 쓴다.

심을 때는 이른 봄 싹 트기 전에 나뭇가지를 꺾어서 꽂으면 뿌리를 잘 내린다. 갯버들은 홍수 때 나무가 잘 꺾여서 떠내려가기도 한다. 그렇게 가다가 땅에 박히면 가지에서 곧 뿌리를 내리고 자란다.

갈잎큰키나무

10~20m

4월

5월

어긋나기

다른 이름 버들, 버들나무, 버들낭기, 버들강아지

사는 곳 물가, 강기슭, 냇가

특징 물가에서 잘 자란다.

쓰임새 고리버들로 고리나 키를 엮는다.

목재로 가구나 성냥을 만들기도 한다.

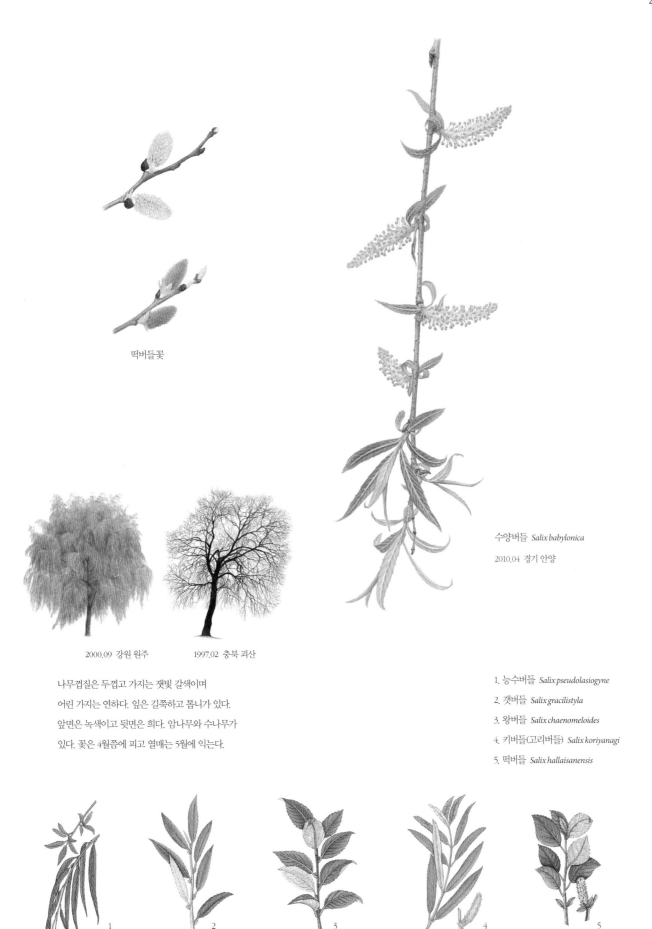

떡버들꽃

2000.09 강원 원주   1997.02 충북 괴산

나무껍질은 두껍고 가지는 잿빛 갈색이며
어린 가지는 연하다. 잎은 길쭉하고 톱니가 있다.
앞면은 녹색이고 뒷면은 희다. 암나무와 수나무가
있다. 꽃은 4월쯤에 피고 열매는 5월에 익는다.

수양버들 *Salix babylonica*

2010.04 경기 안양

1. 능수버들 *Salix pseudolasiogyne*

2. 갯버들 *Salix gracilistyla*

3. 왕버들 *Salix chaenomeloides*

4. 키버들(고리버들) *Salix koriyanagi*

5. 떡버들 *Salix hallaisanensis*

1   2   3   4   5

호두나무

Juglans regia

호두는 고소하고 맛이 좋다. 나무에 달린 열매는 푸른 겉껍질에 싸여 있다. 잘 익으면 벌어지면서 씨앗이 나온다. 다 익기 전에 푸른 껍질을 손으로 까면 손이 검게 물드는데, 일부러 이것을 모아서 물을 들이는 데에도 쓴다. 호두 씨앗은 딱딱한 껍질을 깨뜨리고 안에 든 속살을 먹는다. 호두 속에는 몸에 좋은 기름이 많아서 많이 먹으면 얼굴이 반질반질해진다. 호두 두 알을 한 손에 쥐고 굴리면 머리가 맑아진다.

호두는 다람쥐나 청설모도 좋아한다. 한여름이 지나서 풋호두가 떨어지면 아이들은 떨어진 호두를 주워다 돌에 갈아서 속살을 빼 먹는다. 아직 덜 여문 하얀 속살이 풋풋하고 맛있다.

호두나무는 뜰이나 밭둑, 산비탈에 심어 기른다. 흙이 깊고 물이 잘 빠지는 땅에 심으면 잘 자란다. 뜰에 호두나무를 한 그루 심어 두면 그늘도 시원하고 호두도 먹을 수 있어 좋다. 정월 대보름날 아침에는 호두나 땅콩이나 잣, 밤 같은 딱딱한 씨앗을 먹는다. '부럼'이라고 한다. 모두 깨물면 '딱' 하고 소리가 날 만큼 단단한 씨앗들이다. 대보름날에 부럼을 먹으면 이가 튼튼해지고 일 년 내내 건강하다고 한다.

호두는 날로 깨 먹거나 기름을 짜서 먹는다. 호두 기름은 노랗고 향이 좋다. 그냥 먹기도 하고 약으로도 쓴다. 기침을 멎게 하고, 가래를 삭이며, 변비에도 좋다. 잎, 호두 껍질, 나뭇가지, 뿌리도 약으로 쓴다. 호두나무 잎을 달인 물을 습진이나 옴을 앓을 때 바르면 좋다. 벌레에 물렸을 때 생잎을 붙이기도 한다. 호두씨를 태운 가루로 만든 고약은 피부병에 좋다고 한다. 기름을 짜고 남은 찌꺼기도 버리지 않고 과자나 엿을 만들 때 넣으면 좋다.

호두나무는 단단해서 비행기나 배를 만드는 데 쓴다. 가볍고 탄력이 있는데다 기름기가 많아서 대패로 밀어 놓으면 아른아른 윤이 난다. 물에 젖어도 갈라지거나 비틀어지지 않아 살림살이, 악기, 공예품을 만들 때 많이 쓴다.

가래는 호두와 비슷하지만 조금 더 길고 양끝이 뾰족하면서 갸름하다. 호두나무는 중국에서 들여온 나무지만 가래나무는 옛날부터 우리 산에 저절로 나서 자란다. 추운 곳을 좋아해서 호두나무보다 북쪽이나 깊은 산에서 자란다. 가래는 호두보다 더 단단해서 그냥 까 먹기가 어렵다. 불 속에 세워 두면 저절로 껍질이 벌어진다.

🌳 갈잎큰키나무
🌡 20m쯤
✿ 4-5월
🍒 10월
∅ 어긋나기

다른 이름 호노나부
사는 곳 밭둑이나 산비탈에 심어 기른다.
특징 딱딱한 껍질을 깨서 씨앗을 먹는다.
쓰임새 씨앗을 먹고, 약으로도 쓴다. 기름을 짠다.
목재는 가볍고 단단하고 물에 잘 버틴다.

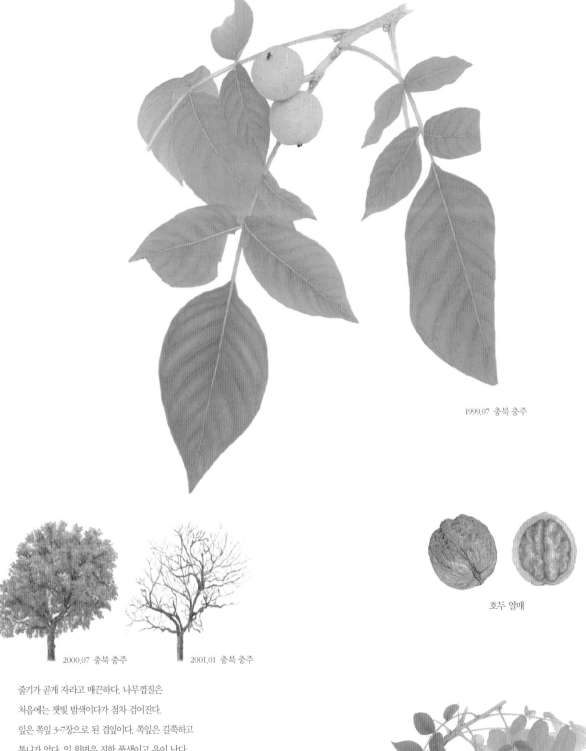

1999.07 충북 충주

2000.07 충북 충주   2001.01 충북 충주

호두 열매

줄기가 곧게 자라고 매끈하다. 나무껍질은
처음에는 잿빛 밤색이다가 점차 검어진다.
잎은 쪽잎 3~7장으로 된 겹잎이다. 쪽잎은 길쭉하고
톱니가 없다. 잎 윗면은 진한 풀색이고 윤이 난다.
5월쯤 꽃이 피는데, 암꽃과 수꽃이 한 나무에 핀다.
열매는 둥글고 풀색이다. 가을에 검게 여물면서
벌어진다. 벌어지면서 호두가 떨어진다.

가래나무 *Juglans mandshurica*

밤나무

Castanea crenata

밤나무는 밤을 따려고 심는다. 잎은 상수리나무나 굴참나무 잎과 비슷하지만, 밤꽃이 필 때는 꽃 냄새가 진하게 퍼지고, 밤송이가 익으면 주위로 온통 가시가 빽빽한 밤송이가 떨어져서 밤나무가 있는 줄 안다. 꽃이 필 때는 벌을 치고, 밤이 익으면 밤을 줍거나 딴다. 오래 자란 밤나무는 목재로도 좋다. 밤나무는 추위에는 약한 편이지만 더위와 가뭄은 잘 견딘다. 심어서 기르기도 하지만 남쪽 산비탈이나 마을 가까이에서 저절로 자라기도 한다.

밤송이는 여물면 네 쪽으로 벌어진다. 보통 밤이 세 알씩 들어 있다. 한두 알은 굵고 나머지는 잘 자라지 못한다. 밤은 껍질이 검게 되도록 잘 여문 것이 맛이 좋다. 삶거나 구워 먹거나 날로도 먹는다. 오래 두고 먹으려면 속껍질까지 다 벗겨서 햇볕에 말린다. 말린 밤은 약으로도 쓴다. 밤꿀은 빛깔이 진하고 검은 빛이 돈다. 향이 짙고 쌉쌀한 맛이 나는데, 꿀 가운데 약효가 좋은 꿀로 알려져 있다.

밤나무 목재는 단단하면서도 부서지거나 썩지 않고 오래간다. 나이테가 뚜렷하고 무늬도 아름답다. 써레나 달구지를 만들고 연자방아 축이나 절굿공이처럼 단단해야 하는 연장을 만드는 데 쓴다. 철도 침목으로도 쓰고 거문고 같은 악기도 만든다. 버섯을 기를 때도 쓴다.

밤나무는 씨앗을 심거나 접을 붙여서 기르는데, 씨앗을 심은 지 7~10년은 있어야 밤이 달린다. 접을 붙이면 4~6년 만에 밤이 달리는데 3~40년이 지난 뒤에 가장 많이 달린다. 많이 열릴 때는 한 나무에서 밤을 60kg쯤 딸 수 있다. 밑둥이 굵은 나무일수록 밤이 더 많이 달린다. 또 윗가지에 열린 밤이 더 굵다. 어느 정도 자라고 나면 옆으로 넓게 퍼진다.

밤나무는 햇볕을 좋아하고 뿌리를 깊게 뻗는다. 흙이 깊고 물이 잘 빠지는 양지바른 산기슭에서 잘 자란다. 요즘 많이 기르는 것은 산에서 저절로 나는 산밤나무를 개량한 것이다. 밤나무는 어릴 때는 나무껍질이 매우 얇고 나무 속에 물기가 많다. 그래서 겨울에 얼어 죽기 쉽다. 밤나무를 기르려면 추위에 강한 나무를 골라서 심어야 한다. 산에 저절로 나서 자라는 어린 밤나무에 접을 붙여서 기르는 게 좋다.

우리나라에서 재배하는 밤나무에는 약밤나무*Castanea mollissima*도 있다. 약밤나무는 추운 곳에서 잘 자라서 경기도 이북에서 많이 심어 기른다.

갈잎큰키나무

20m 쯤

4~5월

10월

어긋나기

사는 곳 산비탈에 심어 기른다. 저절로 자라기도 한다.

특징 열매를 따려고 심는다.

쓰임새 밤을 먹는다. 목재는 단단하고 오래간다.
절굿공이나 방아 축을 만들고 거문고도 만든다.

꽃

열매 2010.10 인천 강화

나무껍질은 검다. 어릴 때는 매끈하고 윤기가
나지만 자라면서 갈라지고 거칠어진다.
햇가지는 엷은 잿빛이다. 잎은 어긋나게 붙는데
길쭉하고 윤이 난다. 끝이 뾰족하고 가장자리에
톱니가 있다. 늦은 봄에 암꽃과 수꽃이 한 그루에
핀다. 꽃에서 짙은 향기가 난다. 열매는 가을에
여문다. 밤송이는 둥글고 겉에 가시가 빽빽하다.
밤송이 속에는 밤이 1~3개씩 들어 있다.

2000.09 충북 제천   1998.04 충북 제천

참나무

Quercus sp.

도토리가 열리는 나무를 두루 참나무라고 한다. 우리나라 산에 가장 많은 나무가 참나무이다. 도토리는 쌀이 귀하던 때 밥 대신 먹었다. 옛날에는 가을이 되면 산골 사람들이 몇 가마니씩 도토리를 주워 모았다. 일 년 내내 양식 삼아 먹기 위해서였다. 줏어 온 도토리는 삶아서 물에 담가 며칠 우려낸 다음 가루를 내서 갈무리한다. 이렇게 해 두면 벌레가 나지 않고, 1년이고 2년이고 두고 먹을 수가 있다. 요즘은 묵을 쑤거나 국수를 만들어서 많이 먹는다. 묵을 해 먹으려면 삶지 않고 껍질만 까서 그냥 말리는데, 도토리를 햇볕에 널었다가 껍질을 까서 방아에 빻는다. 빻은 도토리에 물을 부으면 붉은 물이 우러나온다. 물이 맑아질 때까지 몇 번이고 따라 내면서 떫은맛을 우려낸다. 그것을 자루에 담아 두고 거른다. 물이 빠지면 그 물을 가라앉혀서 말려서 가루를 만든다. 이 가루로 도토리묵을 쒀 먹는다.

참나무는 목재도 좋고 숯도 좋다. 예전에는 어린순과 잎도 뜯어다가 나물로 먹었다. 참나무숯은 무겁고 잘 부서지지 않아서 으뜸으로 친다. 불을 피우고 장독에도 넣는다. 장을 담글 때 숯을 띄우면 장맛이 변하지 않고 나쁜 냄새도 빨아들인다. 요즘은 참나무 줄기를 베어다가 표고버섯을 기르는 데 많이 쓴다.

참나무에는 굴참나무, 상수리나무, 갈참나무, 졸참나무, 신갈나무, 떡갈나무 들이 있다. 우리나라 산 어디서나 참나무를 흔하게 볼 수 있다. 나무로만 보자면 참나무의 나라라고 해도 이상하지 않을 정도이다. 남쪽 지방에는 도토리가 열리는 가시나무가 몇 종류 있다. 늘푸른나무인데, 이 나무들도 참나무로 묶기도 한다. 가시나무 도토리 깍지에는 줄무늬가 있다. 상수리나무는 마을 가까이에 많고, 산에는 신갈나무, 굴참나무, 졸참나무, 떡갈나무가 많다. 상수리나무와 굴참나무는 잎이 밤잎처럼 길쭉하고 떡갈나무 잎은 넓적하고 크다. 도토리 종지를 보고도 나무를 구별한다.

참나무 목재는 무척 단단하고 무겁다. 톱질을 해 보면 소나무를 썰 때보다 힘이 더 든다. 참나무로 가구를 만들면 잘 휘지 않고 모양이 변하지 않는다. 나뭇결이 아름다워 무늬를 살리려고 애를 쓴다. 또 참나무는 결을 따라 쪼개기가 쉬워서 널판을 만들어 지붕을 이기도 했다. 이런 집을 너와집이라고 한다. 굴참나무의 두꺼운 껍질로 지붕을 이은 것은 굴피집이라고 한다.

🌳 갈잎큰키나무

ⓘ 10~20m

✿ 4~5월

⊙ 10월

∅ 어긋나기

다른 이름 도토리나무, 굴밤나무

사는 곳 우리나라 산 어디서나

특징 우리나라에서 가장 많이 자라는 나무이다.

쓰임새 도토리를 먹는다. 목재로 쓴다. 숯을 쓴다.

1   2000.09 강원 원주

2   1999.08 강원 원주

3   2000.09 충북 충주

4   1999.09 강원 원주

5   2000.09 강원 원주

6   2000.09 강원 원주

참나무는 대개 줄기가 곧게 자라고 키가 높이
자란다. 흔히 10~20m까지 자란다. 잎은 가을에
단풍이 들고 갈잎이 진다. 상수리나무와 굴참나무는
잎이 밤잎 같고, 떡갈나무 잎은 넓적하다.
졸참나무는 나무는 굵고 크게 자라지만 잎사귀도
작고, 도토리도 작다. 갈참나무는 도토리가
촘촘히 모여 달린다.

1. 굴참나무 *Quercus variabilis*

2. 상수리나무 *Quercus acutissima*

3. 갈참나무 *Quercus aliena*

4. 졸참나무 *Quercus serrata*

5. 신갈나무 *Quercus mongolica*

6. 떡갈나무 *Quercus dentata*

느릅나무

Ulmus davidiana var. *japonica*

느릅나무는 느티나무처럼 마을을 지키는 서낭나무로 여겼다. 흉년이 들었을 때는 느릅나무 껍질을 벗겨 먹고 살았다. 껍질을 우려낸 물에 쌀가루와 솔잎 가루를 섞어서 떡을 만들어 먹었다고 한다. 지금도 속껍질로 가루를 낸 것을 느릅쟁이라 하여 국수 만들 때 넣어 먹는다. 어린잎도 콩가루를 섞어서 나물로 무쳐 먹고 떡에 넣어 먹기도 한다. 차도 끓여 마신다. 산기슭에서 저절로 자라는데, 충청북도, 강원도, 평안북도에 많고 함경북도에는 큰 느릅나무들이 자라고 있다.

느릅나무 껍질을 느릅이라 하는데 쓸모가 많다. 봄에 물이 오를 때 벗겨서 말리면 엷은 갈색 끈이 된다. 짚신을 삼고, 멍석을 만들기도 했다. 추운 지역에서는 방 바닥에 깔아서 썼다. 종기에 약으로도 썼는데, 속껍질을 꽈서 심지를 만들어 종기 난 자리에 박는다. 그러면 고름이 나오고 상처가 덧나지 않고 잘 아문다. 느릅나무를 태운 재는 도자기에 바르는 유약을 만들 때 쓴다.

느릅나무에는 느릅나무, 떡느릅나무, 참느릅나무, 왕느릅나무, 난티나무, 비술나무 들이 있는데, 약으로 쓸 때는 느릅나무, 당느릅나무, 참느릅나무를 고른다. 한약방에서는 뿌리 껍질을 '유근피', 열매를 '무이'라고 한다. 봄에 뿌리에서 껍질을 벗겨 내서 겉껍질은 버리고 속껍질만 말린다. 열매는 이른 여름에 노랗게 익은 것을 며칠 쌓아 두었다가 햇볕에 말린다. 껍질은 달여서 먹는데 오줌을 잘 누게 하고, 위장이나 허리가 아플 때 쓴다. 또 고약을 만들어서 곪은 데 붙인다. 열매는 횟배를 앓고 설사가 날 때 , 또 치질이나 옴에 쓴다. 한동안 약재로 쓴다고 보이는 대로 베어 내서 요즘은 큰 나무를 보기가 어렵다.

느릅나무는 단단하고 무늬가 보기 좋다. 또 무거우면서도 탄력이 있어서 무엇이든 만들어 놓으면 틈이 벌어지지 않는다. 산골 마을에서는 느릅나무로 나무 그릇을 만들었다. 구부려서 쇠코뚜레도 만든다.

참느릅나무는 느릅나무에 견주어 잎이 작고, 가장자리가 겹톱니가 아닌 홑톱니 모양이다. 꽃도 늦게 피고 열매가 가을에 익는다. 왕느릅나무는 느릅나무 가운데 키가 조금 작고 가지에 날개 같은 코르크가 생긴다. 비술나무도 느릅나무처럼 껍질로 가루를 내서 국수 만들 때 쓴다. 어린순과 잎을 나물로 먹기도 한다.

🌿 갈잎큰키나무	**다른 이름** 왕느릅나무, 큰잎느릅나무, 야유
ⓘ 15~25m	**사는 곳** 산기슭에서 자란다.
✿ 4~5월	**특징** 껍질 쓰임새가 많다. 무겁고 탄력이 있다.
◔ 6월	**쓰임새** 흉년에는 껍질을 벗겨 먹었다.
	껍질로 끈을 만들어 쓴다. 약으로도 쓴다.

꽃　　　　　나무껍질

2000.05 강원 원주

나무껍질은 어두운 잿빛이고 갈라진다.
햇가지는 풀빛이다가 차츰 갈색을 띤다.
잎은 어긋나게 붙고 거친 털이 있어 까끌까끌하다.
달걀 모양이고 끝은 뾰족하고 가장자리에 둔한
톱니가 있다. 앞면은 풀색이고 뒷면은 옅은
풀색이다. 4월에 잎이 나기 전에 옅은 풀색 꽃이
모여서 핀다. 열매는 6월에 여문다.

1999.08 충북 제천

2000.02 충북 제천

1. 참느릅나무 *Ulmus parvifolia*

2. 왕느릅나무 *Ulmus macrocarpa*

3. 비술나무 *Ulmus pumila*

느티나무

Zelkova serrata

느티나무는 정자나무로 많이 심었다. 아예 느티나무를 정자나무라고 하기도 한다. 크게 자란 느티나무를 보고 흔히 정자나무의 표본처럼 여긴다. 어려서 빨리 자라고 오래 사는 나무다. 60~80년까지 빨리 자라는 편이고 500년을 넘기면 나무도 늙어 간다. 줄기가 곧고 가지를 사방으로 고루 뻗는다. 여름이면 그늘이 참 좋다. 사람들은 넓은 느티나무 그늘 밑에서 땀을 식히고 낮잠도 자고 마을 일도 의논한다. 정월 대보름 무렵이면 나무에 제사도 지내고 나무 아래 모여서 풍물을 치고 놀기도 한다. 본디 느티나무는 마을 가까이 산기슭에서 자라는 나무다. 물이 잘 빠지는 기름진 땅을 좋아한다. 요즘은 아파트나 길가에도 느티나무를 많이 심는다. 도시에서도 잘 자라고 공기를 맑게 해 준다.

오래된 느티나무는 크고 좋은 목재가 된다. 나무가 단단하고 무늬가 고우며 다루기가 쉽고 잘 썩지 않는다. 가구나 악기, 농기구를 만든다. 국수를 밀 때 쓰는 넓적한 안반은 느티나무로 만든 것을 으뜸으로 친다. 느티나무로 만든 반닫이와 뒤주도 좋은 것으로 친다. 가지는 김을 양식하는 데 쓰고, 나무를 태운 재는 도자기에 바르는 유약 재료로 쓴다. 어린잎은 데쳐서 나물로 먹는다.

씨앗을 심어서 기르는데, 가을에 씨앗을 거두어 봄에 뿌린다. 산에 자라는 어린 나무를 옮겨 심어도 잘 살고 빨리 자란다. 옮겨 심을 때는 이른 봄 새싹이 돋기 전이 좋다. 크게 자라는 나무이므로 터가 넓은 곳에 심는 것이 좋다. 햇볕을 좋아하지만 어릴 때는 그늘에서도 잘 산다.

우리나라에는 천연기념물로 정해진 오래된 느티나무가 많다. 강원도 삼척시 도계읍에 있는 긴잎느티나무는 무려 1,200년이나 되었고, 경기도 양주군 남면에 있는 느티나무는 850년쯤 되었다고 한다. 경상북도 영주시 순흥면에 있는 느티나무는 450년쯤 되었는데 해마다 정월 대보름이면 마을 주민들이 풍년을 기원하는 제사를 지낸다고 한다.

팽나무는 느티나무 만큼이나 정자나무로 많이 심는다. 순을 나물로 먹는다. 검팽나무는 열매가 검어서 이런 이름이 붙었다. 풍게나무나 푸조나무도 팽나무와 비슷한 나무인데, 풍게나무는 잎이 얇고 윤이 나지 않는다. 푸조나무는 따뜻한 남쪽 지방에 산다. 정자나무로 심어 놓으면 아이들이 열매를 따 먹기도 했다.

갈잎큰키나무
25~30m
4~5월
10월

다른 이름 괴목, 정자나무

사는 곳 마을 가까운 산기슭, 마을 정자, 길가

특징 정자나무로 그늘이 넓다.

쓰임새 정자나무로 심는다. 목재는 단단하고 곱다.
순을 먹기도 한다.

1997.04 강원 원주

2000.08 강원 원주

나무껍질은 밤색이고 비늘처럼 벗겨진다.

가지를 많이 치고 새 가지에는 가는 털이 난다.

잎은 어긋나게 붙고 달걀 모양이다. 길쭉하고 끝이

뾰족하게 생겼다. 잎 가장자리에는 톱니가 있다.

봄에 잎과 함께 자잘한 꽃이 핀다. 암꽃과 수꽃이

한 나무에 같이 핀다. 가을에 열매가 여문다

1. 팽나무 *Celtis sinensis*

2. 검팽나무 *Celtis choseniana*

3. 풍게나무 *Celtis jessoensis*

4. 푸조나무 *Aphananthe aspera*

뽕나무

Morus alba

뽕나무는 누에를 치려고 심어 기르는 나무다. 모두 집집마다 애써 길렀는데, 뽕나무는 마을마다 뽕밭을 두고 심어 기르는 곳이 많았다. 누에가 뽕잎을 갉아 먹고 자라서 고치를 지으면, 누에고치에서 명주실을 뽑아 비단을 짠다. 우리나라에서는 아주 오래전부터 뽕나무를 심어 길렀다. 지역 이름에 '잠'이라는 글자가 있는 곳은 누에와 관계가 있는 경우가 많다. 실을 잣는 데 쓰려고 기르는 식물로 목화와 삼 따위가 있다.

뽕나무는 잎으로는 누에를 치고, 뿌리는 약으로 쓴다. 가지로는 종이를 만들고, 줄기 껍질로는 옷감에 갈색 물을 들인다. 뽕나무 물은 잘 바래지 않고 오래간다. 껍질을 벗긴 속줄기로는 채반을 만든다. 물이 한창 올랐을 때 가지를 잘라다 겉껍질을 벗기면 뽀얀 속껍질이 나오는데 그걸로 짚신을 삼기도 한다.

뽕나무 열매가 오디인데, 이른 여름에 까맣게 익은 오디는 아주 달고 맛있다. 열매를 훑듯이 따서 한 움큼씩 먹다 보면 입술이 까매진다. 산에서 나는 산뽕나무 오디도 맛있다. 여름에 먹을 것이 없으면 뽕잎을 따다가 말려서 빻은 뒤에 곡식 가루와 섞어 먹기도 했다.

뽕나무는 뿌리 껍질, 잎, 열매를 약으로 쓴다. 한약방에서는 뿌리 껍질을 상백피라고 한다. 봄이나 가을에 뿌리를 캐서 겉껍질을 벗기거나 그대로 말려서 쓴다. 잎과 열매는 여름에 따서 말린다. 뿌리 껍질은 기침을 멈추게 하고 오줌을 잘 누게 하며 숨찬 증세를 낫게 한다. 가래도 없애고 목마름도 달래 준다. 잎은 눈병을 낫게 한다.

나무를 기를 때는 씨앗을 뿌리거나 가지를 심어서 기른다. 뽕나무는 어릴 때 빨리 자라서 비탈진 밭이나 묵은 밭에 심어서 산사태를 막는 데에도 좋다. 품종이 아주 여러가지이다. 추위에 약한 편이다. 봄에 잎이 나기 시작하면 금세 뽕밭이 푸르게 변한다.

산뽕나무나 꾸지뽕나무도 잎을 따다가 누에를 칠 수 있다. 산뽕나무는 잎이 뽕나무보다 작고 빛깔도 옅다. 산뽕나무는 재배하는 뽕나무와 달리 암술대가 씨방보다 길고, 열매가 익은 후에도 길게 남아 있다. 잎 가장자리 톱니도 날카롭다. 꾸지뽕나무는 뽕나무와 잎도 다르게 생겼고 가시가 있다. 돌뽕나무는 잎 뒤에 보드라운 털이 빽빽하다. 가지에도 털이 난다. 열매가 길쭉한데 오디 가운데 특히 맛이 좋다.

🌳 갈잎큰키나무
ⓘ 25~30m
✿ 5~6월
🍒 7~8월

다른 이름 오디나무, 백상
사는 곳 누에를 치려고 심어 길렀다.
특징 뽕잎을 누에 먹이로 준다.
쓰임새 누에를 친다. 오디를 먹는다.
뿌리, 껍질, 잎, 열매를 약으로 쓴다.

수꽃

2008.06 서울 남산

기를 때는 줄기를 베어서 움이 트게 한다. 그래서
떨기나무 모양이 된다. 나무껍질은 누런 밤색이고
늙은 나무에서는 얕게 갈라진다. 가지는 곧게
자라거나 밑으로 늘어진다. 어린 가지는 잿빛
밤색이고 자르면 즙이 나온다. 잎은 어긋나게 붙고
달걀 모양이며 부드러운 털이 있다. 잎 끝은
뾰족하고 가장자리에는 톱니가 있다. 잎을 따면
흰 즙이 나온다. 5~6월에 꽃이 피며 암수딴그루이다.
열매가 7~8월에 검게 익는다.

2000.09 강원 원주

2000.12 강원 원주

1. 산뽕나무 *Morus bombycis*

2. 꾸지뽕나무 *Cudrania tricuspidata*

3. 돌뽕나무 *Morus tiliaefolia*

닥나무

Broussonetia kazinoki

닥나무는 껍질을 벗겨서 종이를 만들던 나무이다. 산에서 저절로 자란다. 들, 밭둑에 많이 심기도 한다. 종이를 만드는 귀한 나무여서 옛날에는 마을마다 닥나무가 몇 그루인지 숫자를 세어서 관청에서 따로 관리하기도 했다. 줄기를 꺾으면 '딱' 하고 소리가 나서 '딱나무' 라고도 한다.

닥나무 껍질로 만든 종이가 한지다. 한지로는 책을 만들고, 문에도 바르고, 장판을 만들 수 있다. 줄기 껍질로 종이를 만드는데, 줄기는 가을에 잎이 진 뒤부터 나무에 물이 오르기 전까지 벤다. 삶아서 껍질을 벗겨서 쓴다. 닥나무 껍질로 만든 종이는 빛깔이 곱고 질기다. 기름을 먹이면 더욱 튼튼해서 옛날에는 군인들이 치는 천막으로 쓰기도 했다. 조선시대에 한지를 많이 만들면서는 닥나무가 모자라서 마, 뽕나무, 볏짚, 갈대 따위를 쓰기도 했다.

예전에는 종이를 만들지 않더라도 집 뜰에 닥나무를 한두 그루씩 심었다. 닥나무 껍질을 벗겨 밧줄이나 노끈을 만들 수 있기 때문이다. 약재로도 많이 쓰였다. 밭둑에 심으면 흙이 빗물에 쓸려 내리는 것도 막아 주었다. 봄에는 새순을 뜯어서 나물로 먹고, 가을에는 열매를 따 먹는다. 열매를 약으로도 쓴다. 닥나무 껍질로 팽이채도 만든다.

꾸지나무, 삼지닥나무, 산닥나무, 두메닥나무도 종이를 만드는 데 써서 두루 닥나무라고 한다. 꾸지나무는 닥나무와 생김새가 아주 닮았다. 종이를 만드는 데 많이 쓴다. 예전부터 닥나무나 꾸지나무를 서로 가리지 않고 심어서 지금은 잡종이 많고 구별이 어려운 나무가 많다. 삼지닥나무는 줄기가 세 갈래로 갈라지고 봄에 노란 꽃이 핀다. 지금은 많이 쓰지 않는다. 산닥나무는 싸리나무처럼 생겼고 여름에 노란 꽃이 핀다. 두메닥나무는 잎에 톱니가 없고, 노란 꽃이 핀다. 종이를 만들 수 있지만 드물다. 닥나무 종류는 아니지만 산뽕나무로도 종이를 만들 수 있다.

씨앗을 심어서 기르기는 어렵고 가지를 심거나, 뿌리를 잘라 심는다. 가지를 심을 때는 가을에 햇가지를 잘라서 모래에 묻어 두었다가 봄에 옮겨 심는다. 뿌리를 심을 때는 가을에 한두 해 자란 뿌리를 캐서 움 속에 넣어 두었다가 봄에 한 뼘 길이로 잘라서 심는다. 해가 잘 들고 땅이 기름지고, 물기가 잘 빠지는 곳에 심는 것이 좋다. 예전에는 산등성이, 둑, 길가처럼 다른 농작물을 재배하기 어려운 땅에 심었다. 경사가 급한 밭에서는 흙이 쓸려 내려가는 것을 막으려고 일정하게 간격을 두고 심어 기르기도 했다. 심은 지 2~3년 지나면 껍질을 쓸 수 있다.

♣ 갈잎떨기나무	**다른 이름** 딱나무, 저실, 저목
ⓘ 2-5m	**사는 곳** 뜰이나 밭둑에 심어 기른다. 산에서 저절로 자란다.
✿ 4~5월	**특징** 껍질로 종이를 만든다.
◔ 9월	**쓰임새** 종이를 만든다.

꽃

2011.09 경기 광릉

2000.08 경기 광릉

나무껍질은 어두운 밤색이다. 햇가지에는 짧은 털이
빽빽하게 나 있다. 잎은 달걀꼴인데 끝이 뾰족하고
가장자리에 톱니가 있다. 잎이 2~5갈래로 갈라진
것도 있다.
봄에 잎과 함께 꽃이 달린다. 열매는 가을에 붉게
익는데 뱀딸기와 비슷하게 생겼다.

꾸지나무 *Broussonetia papyrifera*

겨우살이

Viscum album var. *coloratum*

겨우살이는 살아 있는 나무에 붙어산다. 겨우살이처럼 살아 있는 식물에 더부살이하는 식물을 기생식물이라고 한다. 기생식물은 다른 식물에 뿌리를 내리고 물과 양분을 받아먹고 산다. 그래서 겨우살이를 기생목이라고도 한다. 팽나무, 뽕나무, 밤나무, 느릅나무 같은 나무에 붙어사는데 다른 나무보다 참나무에 많이 산다. 산에 참나무가 가장 흔하기 때문일 수도 있다. 새가 열매를 먹고 씨를 나르기 때문에 새들이 잘 가는 나무에서 많이 자라게 된다. 겨우살이는 뿌리가 다른 나무에 단단히 박혀 있다. 멀리서 보면 나무에 까치 둥지가 있는 것처럼 보인다. 겨울에도 잎이 푸르러서, 다른 나무에서 잎이 떨어지는 겨울이면 눈에 더 잘 띈다. 겨우살이라는 이름도 겨울에 잘 보여서 붙은 이름이다.

겨우살이는 씨로 퍼진다. 잘 익은 노란 열매에는 풀같이 끈끈한 속살이 가득 차 있다. 그 속에는 씨가 한 알씩 들어 있다. 이 열매를 새가 먹고 나뭇가지에 앉아 똥을 싸면 씨앗을 싸고 있던 끈끈한 속살이 소화가 덜 되어 똥 속에 섞여 나온다. 끈끈한 속살 때문에 씨앗은 나뭇가지에 착 달라붙어 있다가 봄에 싹이 튼다. 그렇게 다른 나무에 뿌리를 내린다.

겨우살이는 옛날부터 약으로 썼다. 그 중에서도 뽕나무에서 나는 겨우살이를 더 좋게 쳤다. 겨우살이는 간과 콩팥에 좋다. 말려서 물에 달여 먹거나 빻아서 가루를 내어 먹는다. 말리지 않고 그대로 소주를 부어 두었다가 약으로 먹기도 한다.

겨우살이 무리에는 겨우살이, 붉은겨우살이, 동백나무겨우살이, 꼬리겨우살이 들이 있다. 붉은겨우살이는 열매가 붉은 것이 다른 겨우살이와 다른데 약효는 겨우살이와 같다. 동백나무겨우살이는 동백나무, 사철나무, 광나무 같은 나무에 붙어서 산다. 생김새가 겨우살이와 많이 다르다. 동백나무겨우살이나 꼬리겨우살이는 넘어져서 멍든 데 짓찧어서 바른다.

언제든 겨우살이를 잘라서 그늘에 말리면 되지만, 겨울에 잘 보이니까 겨울에 많이 한다. 높은 나무 꼭대기에 있는 것이 많아서 나무를 탈 때 조심해야 한다. 줄기와 잎을 약재로 쓴다. 겨우살이는 힘줄과 뼈를 튼튼하게 해 준다. 혈압을 낮추고, 아기가 뱃속에 편안하게 있게 하고, 엄마 젖이 잘 나오게 한다. 허리가 아프고 이빨이 쑤실 때도 쓴다.

늘푸른나무

30~60cm

이른 봄

10월

다른 이름 겨우사리, 기생목, 동청

사는 곳 다른 나무에 붙어산다.

특징 다른 나무에 기생하는 기생 식물이다.

쓰임새 약으로 쓴다.

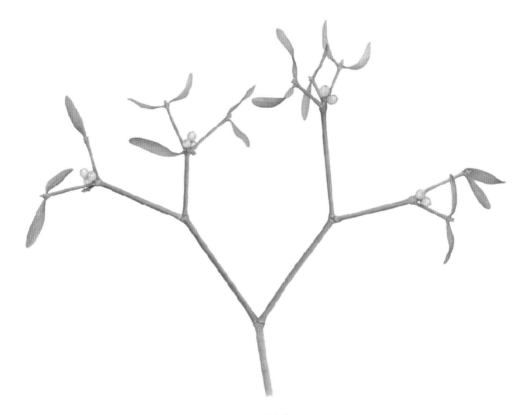

1997.01 강원 원주

살아 있는 나무에 더부살이하는 나무다. 겨울에도
잎이 지지 않는다. 다른 나무 위에 줄기가 무더기로
모여 나서 얼핏 보면 까치 둥지처럼 보인다. 가지는
두세 갈래로 갈라지고 통통하고 풀색이다. 털이 없고
마디가 있다. 잎은 마주 나고 길쭉하고 두툼하다.
잎 끝은 둥그스름하고 가장자리는 매끈하다. 진한
풀색이고 윤기가 나지 않는다. 이른 봄에 자잘하고
누런 꽃이 가지 끝에 모여서 핀다. 가을에 둥근
열매가 누렇게 익는데 반투명하다.

1997.12 강원 원주

상수리나무에 붙어사는 겨우살이

산딸기

Rubus crataegifolius

산딸기는 산에서 나는 딸기이다. 과일 가게에서 파는 딸기는 풀이고, 산딸기는 나무이다. 키가 작고 맛이 좋아서 아이들이 보이는 대로 따 먹는다. 하지만 딸기 덤불에는 가시가 많다. 딸기를 딸 때는 손이 긁히지 않도록 조심해서 딴다. 산에서 나는 딸기는 산딸기나 줄딸기나 멍석딸기처럼 대개 붉은색인데 복분자딸기는 검다. 복분자딸기는 단맛과 신맛이 섞여서 새콤한 맛이 난다. 따서 그대로 먹기도 하고, 설탕과 버무려서 찬 데 두었다가 즙을 내서 마셔도 좋다.

복분자딸기와 산딸기에 열리는 열매를 두루 '산딸기'나 '복분자'라 하여 가리지 않고 말하기도 한다. 산딸기차나 술을 만들 때도 같이 쓴다. 한약방에서도 복분자딸기와 산딸기를 모두 복분자라고 한다. 요즘은 술이나 약으로 쓰려고 복분자딸기를 많이 재배한다. 차를 만들 때는 열매를 따서 말린 다음 곱게 빻아서 가루를 만들어 쓴다. 술을 만들 때는 잘 익은 복분자나 산딸기에 술과 설탕을 넣고 공기가 들어가지 않게 꼭 막아서 오랫동안 익힌다. 복분자술은 붉은빛이 나고 상큼한 맛이 난다.

산딸기나 복분자딸기 열매를 약으로 쓸 때에는 이른 여름에 익기 시작하는 열매를 따서 말린다. 오줌을 자주 누거나 기운이 떨어져서 눈이 침침할 때 먹는다. 몸이 가뿐해지고 머리털이 희어지지 않는다. 오줌을 잘 누지 못하거나 위염이 있는 사람은 먹지 않아야 한다.

씨앗을 뿌리거나 포기를 가르거나 가지를 꺾어서 심는다. 줄기가 휘어져서 땅에 닿으면 뿌리를 내리면서 자란다. 이른 봄에 잎이 5~10장 났을 때 옮겨 심는다. 별다른 병치레 없이 잘 자란다. 6월 말에서 7월 초에 열매가 까맣게 되었을 때 한알 한알 손으로 딴다. 열매를 따고 나서 말라 죽은 줄기는 봄과 가을에 가지치기를 해 준다. 돌이 많은 산비탈에서도 잘 자란다.

여름에 산에서 나는 딸기에는 산딸기나 복분자딸기말고도 멍석딸기, 줄딸기, 장딸기, 붉은가시딸기 따위가 있다. 모두 줄기에 날카로운 가시가 있다. 복분자딸기와 멍석딸기 꽃은 붉은색이고 산딸기와 장딸기 꽃은 흰색이다. 줄딸기는 분홍색이거나 흰색이다. 모두 열매를 먹을 수 있다. 붉은가시딸기는 곰딸기라고도 하는데 붉고 끈끈한 잔털이 나 있다. 가시는 드문드문 나 있다.

갈잎떨기나무

1~2m

5월

여름

다른 이름 나무딸기, 산딸기나무, 흰딸, 참딸

사는 곳 산기슭, 산비탈, 밭둑

특징 열매를 먹는다.

쓰임새 열매를 먹고, 약으로도 쓴다.
차를 만들거나 술도 만든다.

1998.07 강원 원주

줄기에 갈고리같이 생긴 가시가 많이 돋고 줄기
껍질은 붉은 밤색이다. 잎은 어긋나게 붙고 여러
갈래로 갈라졌다. 가장자리에는 톱니가 있다
5월쯤에 흰 꽃이 가지 끝에서 2~6개씩 모여서 피기
시작한다. 여름에 열매가 붉게 익는다.

2000.08 강원 원주

1. 붉은가시딸기 *Rubus phoenicolasius*

2. 멍석딸기 *Rubus parvifolius*

3. 줄딸기 *Rubus oldhamii*

4. 복분자딸기 *Rubus coreanus*

1   2   3   4

찔레나무

Rosa multiflora

찔레나무는 산기슭이나 골짜기, 볕이 잘 드는 냇가에서 덤불을 이루며 자란다. 이름처럼 가지에 날카로운 가시가 많아서 '가시나무'라고도 한다. 들에서 나는 장미라고 '들장미'라 하기도 한다. 도시에서는 집 뜰이나 공원에도 많이 심는다.

나무에 한창 물이 오르는 봄이면 찔레나무에서 새순이 올라온다. 찔레순은 물기가 많고 연한데다 맛이 달큼해서 아이들이 많이 꺾어 먹는다. 껍질을 벗겨서 그냥 씹어 먹는다. 시원하고 달착지근한 물이 나온다. 찔레순에도 가시가 있지만 물러서 따갑지 않다. 껍질을 벗기면 가시째로 잘 벗겨진다. 아이들끼리 찔레순을 따다가 불을 피우고 쪄 먹기도 한다. 이것을 '찔레꾸지'라고 한다.

경기도에는 "찔레꽃이 필 때 비가 세 번 오면 풍년이 든다"는 말이 있다. 찔레꽃이 피는 5월 하순은 모내기에 알맞은 때다. 이 때 비가 오면 논에 물을 대고 제때 모내기를 할 수 있어서 풍년이 든다는 것이다.

찔레꽃은 향기가 좋아서 향수나 화장품을 만들 때 잘 쓴다. 옛날에는 꽃잎을 따서 말린 다음 향주머니에 넣고 다녔다. 또 베갯속에 넣고 자면 밤새 은은한 향기를 맡을 수 있다. 아가씨들은 꽃잎을 비벼서 얼굴을 씻기도 했다.

찔레나무는 가을에 작고 둥근 열매가 빨갛게 익는다. 열매가 여물었을 때 따서 햇볕에 말려 두었다가 설사가 나거나 배가 아플 때, 오줌이 잘 안 나올 때 약으로 쓴다. 말린 열매를 달여 먹거나 가루를 내서 먹는다. 열매로 술을 담아 석 달이 지난 뒤에 조금씩 마셔도 좋다. 꽃은 말려 두었다가 설사가 나거나 목이 말라 물이 자꾸 먹힐 때 달여 마시면 좋다.

찔레와 가까운 나무로 생열귀나무, 해당화, 인가목 같은 나무들이 있다. 생열귀나무는 높은 산에 많은데 열매는 좋은 약이 된다. 해당화는 바닷가 모래땅이나 산기슭에서 자란다. 꽃이 아름답고 향기가 좋다. 화장품이나 비누 재료로 쓰고, 약으로도 쓴다. 둥근인가목은 잎이 작고 여럿 달린다.

♣ 갈잎떨기나무   **다른 이름** 가시나무, 질누나무, 질꾸나무, 찔루나무, 들장미

❶ 1~2m   **사는 곳** 산기슭, 골짜기, 볕이 잘 드는 냇가

✿ 5월   **특징** 가지에 날카로운 가시가 많다.

🌰 가을   **쓰임새** 꽃으로 화장품을 만들고, 열매를 약으로 쓴다.

1996.05 경기 파주

덩굴나무는 아니지만 긴 줄기가 활처럼 휘어서
덤불을 이룬다. 가지에는 날카로운 가시가 많다.
잎은 어긋나게 붙고 쪽잎 5~9개로 이루어진
깃꼴겹잎이다. 가장자리에 톱니가 있고, 뒷면에
잔털이 있다. 5월에 새로 난 가지 끝에서 향기가 좋은
흰 꽃이 핀다. 꽃잎은 다섯 장이고 수술이 샛노랗다.
가을에 둥근 열매가 붉게 익는다.

2000.08 강원 원주

1998.02 강원 원주

1

2

3

1. 생열귀나무 *Rosa davurica*

2. 해당화 *Rosa rugosa*

3. 둥근인가목 *Rosa spinosissima*

쌍떡잎식물
장미목
장미과

복숭아나무

Prunus persica

복숭아나무(복사나무)는 열매를 먹으려고 기르는 나무다. 아주 옛날부터 심어 길렀다. 이른 봄에 피는 분홍빛 꽃도 아름답고 여름에 익는 열매는 아주 맛이 좋다. 복숭아는 냄새가 좋고 물이 많고 달다. 복숭아씨는 약으로 쓴다.

요즘 기르는 복숭아 품종은 거의 외국에서 들여온 나무들이다. 생김새도 맛도 갖가지다. 익으면 물이 아주 많고 속살이 물렁물렁해지는 것이 있고, 익어도 속살이 딱딱한 것이 있다. 껍질이 붉은 것도 있고 누런 것도 있고 흰 것도 있다. 껍질에 털이 없는 천도복숭아도 있다. 올복숭아는 6월 말부터 따고 늦복숭아는 9월 초까지 딴다.

복숭아나무는 심은 지 3년이면 열매를 딸 수 있다. 수명은 짧아서, 10년이 지나 나무가 늙어서 열매가 잘 안 달리고 알도 작아지면 그루를 톱으로 바싹 잘라 버린다. 그러면 그루에서 새 가지가 돋아나서 젊은 나무로 자란다.

복숭아나무는 겨울에 추위가 심한 강원도 산골이나 더 북쪽에서는 잘 안 된다. 겨울에 추위가 심할 때는 쉽게 병이 든다. 봄과 여름에 비가 너무 많이 오는 곳도 좋지 않다. 나무에 병이 들고, 복숭아가 잘 익지 않을 수가 있다. 복숭아는 햇볕을 많이 받아야 맛이 좋다. 그래서 바람이 세지 않은 남향 비탈밭에 많이 심는다.

씨와 꽃과 잎을 약으로 쓴다. 씨는 도인이라고 한다. 딱딱한 겉껍질은 버리고 안에 있는 말랑말랑한 씨만 햇볕에 말린다. 꽃과 잎은 뜯어서 바람이 잘 통하는 그늘에 말린다. 씨는 살구씨처럼 기침약이나 가래 삭이는 약으로 쓰고, 달거리가 고르지 못할 때 쓴다. 꽃은 오줌이 잘 나오게 하고 설사를 멎게 한다.

씨앗을 심거나 접을 붙여서 기른다. 원하는 나무를 얻으려면 접을 많이 붙인다. 씨를 심으면 싹은 잘 나는데 옮겨 심으면 잘 죽는다. 접을 붙여서 이삼 년이 지나면 열매가 달린다. 5~6년째부터는 많이 달린다. 복숭아나무는 가뭄에 잘 견디고 병충해에도 강하다. 옛날에는 잘 익은 복숭아를 똥거름 속에 묻어 두었다가 심기도 했다. 나무 시집보내기라 하여 정월 초에 가지 사이에 돌을 끼워 놓고 장대로 나뭇가지를 쳐 주면 열매를 많이 맺는다고 한다.

🌳 길잎작은키나무 | **다른 이름** 복사나무
ℹ️ 3~4m | **사는 곳** 볕이 좋고 바람이 세지 않은 곳에 심어 기른다.
✿ 4~5월 | **특징** 많이 기르는 과일나무다.
🍑 7~9월 | **쓰임새** 열매를 먹는다. 씨와 꽃과 잎을 약으로 쓴다.

1998.07 강원 원주

잎은 길쭉하고 끝이 뾰족하다. 가장자리에 톱니가
있다. 과수원에서는 가지치기를 해서 그보다 작다.
어린 가지는 풀빛이고 매끈하지만 자라면 붉은
갈색으로 바뀌고 세로로 갈라진다. 이른 봄에 잎보다
먼저 연분홍색 꽃이 핀다. 꽃은 묵은 가지에서 핀다.
열매는 여름에 여문다. 둥글고 겉에 잔털이 촘촘히
나 있다. 품종에 따라서 생김새와 크기, 빛깔이
다 다르다. 씨앗 겉면에는 주름이 많다.

1998.05 강원 원주

1. 자두나무 *Prunus salicina*

2. 살구나무 *Prunus armeniaca* var. *ansu*

3. 개살구나무 *Prunus mandshurica*

벗나무

Prunus serrulata var. *spontanea*

벗나무는 본디 산과 들에서 자라는 나무다. 요즘은 도시에서도 많이 심어 기른다. 꽃을 보려고 그런다. 해마다 벗꽃 피는 때가 되면 남쪽부터 차례로 벗꽃을 보러 다니는 사람들이 무리지어 다닌다. 벗나무는 목재가 좋아서 예전부터 두루 써 왔다. 산벗나무는 아주 추운 곳만 아니면 우리 땅 어디에서나 자란다. 치밀하고 단단하여 목판 활자를 만들 때 활판으로 쓰였다. 경상남도 합천 해인사에 있는 고려대장경 경판을 만드는 데도 썼다고 한다.

남쪽 지방에서는 왕벗나무를 많이 심는다. 나무가 크고 꽃이 더 아름답다. 길 옆으로 심어서 꽃 터널을 이루도록 많이 심는다. 봄에 잎보다 꽃이 먼저 핀다. 봄이 먼저 오는 제주도, 부산, 진해에서는 4월 초에 꽃이 피고 서울에서는 4월 중순에 핀다. 벗나무 열매를 버찌라고 한다. 이른 여름에 콩알만 한 열매가 검게 익는다.

왕벗나무는 따뜻한 곳에서 잘 자라고 대기 오염에 약하다. 여름에 가지치기를 하면 가지치기한 자리가 병이 들고 벌레도 잘 낀다. 웬만하면 가지치기를 안 하는 것이 좋다.

벗나무에는 산벗나무, 올벗나무, 털벗나무, 왕벗나무 들이 있다. 산벗나무는 꽃과 잎이 같이 나고 우리나라 어느 산에나 있다. 털벗나무는 북부, 중부 지방 깊은 산속 골짜기에 난다. 왕벗나무는 봄에 잎보다 꽃이 먼저 피어 꽃을 보려고 많이 심는다. 제주도에서는 저절로 자란다. 올벗나무는 낮은 산에 자라고 잎보다 꽃이 먼저 핀다. 귀룽나무는 산골짜기에서 많이 자라는데 벗나무 무리 가운데 꽃차례가 가장 긴 편이다. 잎과 꽃이 함께 핀다.

활판을 만들 때에 산벗나무를 많이 썼다. 어디서나 나무를 구하기가 쉽고 활판 넓이가 될 만큼 크게 자란다. 단단하면서 결이 고와서 글자를 새기기에 좋다. 너무 무르지도 않고 잘 썩지도 않아서 두고두고 찍을 수 있다. 산벗나무는 살림살이를 만들고 조각을 하는 재료로도 쓴다.

씨앗을 뿌리거나 가지를 휘묻거나 꺾꽂이를 해서 기른다. 양지바르고 기름지며 평평한 땅을 좋아한다. 가로수로 심을 때는 길이 넓고 차가 덜 다니는 곳이 좋다. 병충해를 잘 막아 주어야 한다. 봄부터 여름 사이에는 가지치기를 하지 않는다.

🌳 갈잎큰키나무   **다른 이름** 벗나무

ⓘ 15m   **사는 곳** 산과 들에 산다. 공원이나 길 옆에 심는다.

✿ 4월   **특징** 꽃을 보려고 많이 심는다.

⏳ 여름   **쓰임새** 꽃이 아름다워서 사람들이 많이 찾는다.

목재는 단단하고 결이 곱다.

왕벚나무 *Prunus yedoensis*

1997.06 강원 원주

나무껍질은 잿빛이다. 윤기가 나며 가로로 얇게
무늬가 있다. 잎이 어긋나게 붙고 타원꼴이다. 끝은
뾰족하고 가장자리에 톱니가 있다. 잎 뒷면 잎맥과
잎자루에 털이 있다. 4월쯤 잎보다 꽃이 먼저 핀다.
묵은 가지에서 흰색이나 연한 붉은색으로 핀다.
여름에 둥근 열매가 검게 익는다.

1998.04 강원 원주

1. 귀룽나무 *Prunus padus*
2. 산벚나무 *Prunus sargentii*

1
2

사과나무

Malus pumila

사과나무는 밭에 심어 기르는 과일나무다. 사과는 우리나라에서 귤 다음으로 많이 나고, 기르는 땅 넓이로는 가장 넓은 땅에서 기른다. 오래전부터 길렀던 사과는 능금이다. 능금을 심어 기른 지는 삼천 년쯤 되었다고 한다. 능금은 지금 우리가 먹는 사과와 생김새는 비슷한데 크기가 작고 살이 적다. 지금 먹는 사과는 우리나라에 들어온 지 백 년 남짓 된다.

사과나무는 다른 과일나무보다 거름을 많이 주어야 한다. 벌레도 많이 꾀고 병도 잘 든다. 그래서 가꾸는 데 품이 많이 든다. 사과나무는 보통 100년쯤 사는데 40~50년까지 사과를 딸 수 있다. 잘 익은 사과는 색이 고르고, 밝고, 은은한 향기가 난다. 만지면 탱탱하고 꼭지에 푸른빛이 돌면서 물기가 있는 것이 싱싱한 사과다.

옛날에는 상자 안에 왕겨를 채우고 그 속에 사과를 파묻어 두었다. 이렇게 두면 이듬해 햇과일이 날 때까지 먹을 수 있다. 덜 익고 알이 작고 흠집이 있는 것은 썰어서 여러 날 햇볕에 바짝 말려 두고 먹었다. 사과는 장을 튼튼하게 해 줘서 변비와 설사에 모두 좋다. 그대로 먹어도 되고 즙을 내거나 식초나 요구르트를 만들어 먹어도 좋다.

우리가 먹는 사과에는 여러 가지가 있다. 늦여름부터 초가을에 걸쳐서 나는 조생종 사과는 추석에 먹게 되는데, 이렇게 빨리 익는 사과는 오래 두고 먹기 어렵다. 9월 하순에 익는 홍옥은 새큼하고 향기도 좋지만, 이 사과도 보관이 어렵고 단맛이 덜 해서 나무를 많이 베어 버렸다. 최근에 다시 조금씩 더 늘려 심고 있다. 부사는 사과 가운데 가장 많이 재배한다. 10월 하순에 익는데 달고 갈무리해 두기가 좋다.

사과나무는 보통 능금나무나 야광나무, 아그배나무에 접을 하여 기른다. 접붙이기는 음력 3월 하순에 하고 2~3년 뒤에 옮겨 심는다. 봄에는 경칩과 춘분 사이에, 가을에는 한로와 상강 사이에 심는다.

사과나무가 어느 정도 자라면 필요 없는 가지를 잘라 주어야 한다. 4월부터 꽃이 피기 시작하는데 꽃눈 하나에 대여섯 개씩 사과가 열린다. 한 달쯤 지나서 가장 큰 사과 한 알만 남기고 나머지는 다 따 준다.

🌳 갈잎작은큰키나무

ℹ️ 10m

✿ 4~5월

🍎 늦여름~가을

사는 곳 과수원에 심어 기른다.

특징 우리나라에서 귤 다음으로 많이 먹는다.

쓰임새 열매를 먹는다.

1998.08 강원 원주

밭에서 기르는 나무는 가지를 쳐 주어서 높이가
낮고 가지가 많지 않다. 어린 가지에 털이 있다.
나무 생김새도 품종에 따라 다르다. 잎은 어긋나게
붙고 타원꼴이거나 달걀 모양이다. 가장자리에
톱니가 있고 잎자루가 길다. 꽃은 4~5월 사이에 핀다.
꽃과 잎이 같이 피거나 꽃이 잎보다 빨리 핀다.
꽃봉오리는 붉고 꽃은 연한 붉은색이다. 열매는
여름에 익는 것부터 10월 하순에 익는 것까지
다양하다. 빛깔과 크기도 품종에 따라 다르다.

1998.05 강원 원주

1. 능금나무 *Malus asiatica*

2. 아그배나무 *Malus sieboldii*

3. 야광나무 *Malus baccata*

배나무

Pyrus pyrifolia var. *culta*

배는 아주 오래전부터 길러 왔다. 본디 산에서 자라던 돌배나무를 개량해서 기른 것이다. 예전에는 서울 묵동에서 나던 청실리, 강원도 인제에서 나는 무심이 같은 배가 이름났다. 지금 시장에 나오는 배는 예전부터 기르던 배가 아니라 다른 나라에서 들여온 것이다. 요즘은 '신고'를 가장 많이 심는다. 이 배는 껍질이 얇고 누런 갈색이다. 물이 많고 맛이 달다.

배나무는 날씨가 따뜻하고, 비가 많이 오는 곳에서 기르기가 좋다. 봄에 꽃이 필 때와 가을에 배가 익을 때는 비가 적게 오고, 여름에 열매가 클 때는 비가 많이 오는 곳에서 맛 좋은 배가 난다. 경기 평택과 남양주, 전남 나주는 배 농사를 많이 짓는다. 경남 하동에서 나는 배는 맛이 아주 좋기로 이름이 나 있다.

배를 많이 먹으면 설사가 나는데 껍질과 같이 먹으면 설사가 적게 난다. 또 고기를 재울 때 배즙을 넣으면 고기가 연해지고 소화가 잘 된다. 열매, 잎, 껍질은 약으로 쓴다. 열매는 따서 날것 그대로 쓴다. 잎은 따서 그늘에 말리고 껍질은 벗겨 햇볕에 말린다. 배는 성질이 차지만 소화가 잘 되게 한다. 똥오줌이 잘 나오게 하고 열을 내린다. 종기가 났을 때 배를 썰어서 붙이면 낫는다. 배나무 잎은 토하거나 설사할 때 쓰고, 껍질은 부스럼과 옴에 쓴다.

배나무는 목재를 얻으려고 일부러 심지는 않지만, 집 가까이에서 구하기 쉬운 귀한 목재다. 단단해서 고급 가구를 만드는 데 쓴다. 장이나 문갑을 짤 때는 뼈대로 쓴다. 배나무가 많던 황해도에서는 좋은 배나무 가구를 많이 짰다.

배나무는 돌배나무에 접을 붙여 기른다. 1년 된 배나무 가지를 잘라서 찬 곳에 한두 달 두었다가 이른 봄에 잎이 나기 전에 접을 붙인다. 가지치기를 잘 해 주면 배나무는 해거리를 하지 않고 해마다 고르게 열매가 잘 달린다. 심은 지 3~4년이면 열매를 맺고 8~10년 사이에 한창 달린다.

돌배는 아주 옛날부터 우리 조상들이 즐겨 먹던 과일이다. 지금 밭에서 기르는 배보다 크기가 훨씬 작다. 아기 주먹만 하다. 돌배는 달고 향기가 좋다. 따서 바로 먹을 수 있다. 얼려 먹기도 하고 말려서 차처럼 달여 먹기도 한다. 씨앗으로는 기름을 짠다.

길잎큰키나무

15m

4~5월

10월

사는 곳 과수원에 심어 기른다.

특징 배를 먹는다.

쓰임새 배를 먹는다. 열매, 잎, 껍질을 약으로 쓴다.

목재는 단단해서 고급 가구를 짤 때 쓴다.

1998.08 강원 원주

나무껍질은 잿빛이고 거칠게 터진다. 어린 가지는 검은
밤색이다. 잎은 달걀 모양이고 끝이 뾰족하다.
가장자리에 톱니가 있다. 4~5월쯤 짧은 가지 끝에
흰 꽃이 모여서 핀다. 꽃잎은 다섯 장이다. 가을에
굵고 둥근 열매가 익는다. 품종에 따라 생김새나
맛이 다 다르다.

1998.04 강원 원주

1

2

3

1. 돌배나무 *Pyrus pyrifolia*
2. 산돌배나무 *Pyrus ussuriensis*
3. 서양배나무 *Pyrus communis*

싸리

Lespedeza bicolor

싸리나무는 산에서 흔히 볼 수 있다. 키가 작고 가지를 많이 쳐서 떨기를 이룬다. 여름부터 자잘한 꽃이 피는데 꿀이 많아서 벌을 치기에 좋다. 잎은 소나 염소나 돼지가 다 잘 먹는다.

싸릿가지는 흔하게 나는데다가 잘 구부러지고 질겨서 무엇을 만들어 쓰기에 좋다. 가을이나 겨울에 줄기를 쳐 주면 이듬해에 햇가지가 나오는데, 이것을 꺾어서 갈색 줄기 껍질을 벗기면 흰 속대가 나온다. 속대를 엮어서 광주리나 채반을 만든다. 껍질을 벗기지 않은 것은 발이나 발채를 만든다. 싸리발을 둘러 세워서 고구마 통가리를 만들기도 한다. 싸리는 대쪽이나 짚과 달리 굵고 억세다. 그래서 알이 잔 곡식을 담아 두거나 널어 말리기에는 덜 좋다. 하지만 바람이 잘 통하고 질겨서 채소나 과일을 널어 말리거나 담아 두면 좋다. 싸릿대로는 비도 맨다. 집을 지을 때는 싸릿대를 엮어 세우고 그 위에 흙을 발라서 벽을 쳤다. 사립문이나 울타리도 싸릿대를 엮어서 쳤다.

껍질은 아주 질겨서 따로 모아서 쓴다. 한여름에 산에 가서 싸리를 해다가 푹 삶아서 껍질을 벗겨 낸다. 이것을 비사리라고 하는데 아주 질겨서 밧줄도 꼬고, 고삐도 만든다. 빛깔이 좋아서 짚으로 만든 물건에 무늬를 넣을 때도 쓴다.

싸리 줄기에서는 기름을 내어 약으로 쓴다. 한 해 묵은 싸리나무를 베어다가 짧게 잘라서 한 줌씩 불을 붙이면 타면서 기름이 나온다. 이 기름을 피부병이나 옴이 생긴 곳에 바르면 가렵지 않고 상처가 빨리 아물게 한다. 폐결핵이나 귓병에도 좋다. 오줌이 방울방울 떨어지면서 잘 나오지 않을 때 싸리나무 말린 것을 달여 먹는다. 뿌리도 약재로 쓴다.

싸리를 심을 때는 포기를 나누어 심거나 가지를 잘라 심는다. 햇볕이 잘 드는 곳을 좋아한다. 싸리나무는 공해에도 강하고, 옮겨 심어도 잘 산다. 척박한 땅에서도 잘 자라서 금세 퍼진다. 산비탈이나 둑에 심으면 흙이 씻겨 내리는 것을 막을 수 있다.

참싸리는 싸리 가운데 가장 굵게 자란다. 마른 땅에서도 잘 견딘다. 조록싸리도 싸리처럼 어린 잎과 줄기를 집짐승 먹이로 쓴다. 뜰이나 공원에 일부러 심기도 한다. 잎 끝이 뾰족하고 꽃이 잎겨드랑이에 모여 핀다.

🌳 갈잎떨기나무

ℹ️ 2~3m

✿ 초여름

⏳ 가을

다른 이름 싸리낭구, 싸리깨이, 삐울채, 챗가지

사는 곳 산, 햇볕이 잘 드는 곳.

특징 가지로 살림살이를 만든다.

쓰임새 가지로 살림살이를 만들고, 줄기에서 기름을 내어 약으로 쓴다.

참싸리 *Lespedeza cyrtobotrya*

2000.07 강원 원주

2000.08 경기 광릉

줄기는 곧게 자라고 가지를 많이 친다. 모서리가
있고 부드럽고 흰털이 있다. 가을에 단풍이 노랗게
든다. 잎은 쪽잎 석장으로 이루어진 겹잎이다. 쪽잎은
타원꼴인데 끝이 오목하고 가장자리는 밋밋하다.
잎 앞면은 털이 없고 풀색이며 뒷면은 짧고 부드러운
털이 성글게 나 있다. 꽃은 초여름에 붉게 핀다.
꼬투리 열매가 가을에 여문다.

1. 싸리 *Lespedeza bicolor*

2. 조록싸리 *Lespedeza maximowiczii*

칡

Pueraria lobata

칡은 볕이 잘 드는 곳이면 어디서든지 잘 자란다. 긴 줄기가 땅을 기다가 감을 것이 있으면 타고 올라간다. 무척 잘 자라서 나무를 온통 뒤덮어 버리기도 한다. 산기슭이 깎인 곳에 심으면 흙이 빗물에 씻겨 내리는 것을 막을 수 있다.

칡 줄기는 질겨서 쓸모가 많다. 껍질을 벗겨서 말려 두었다가 신을 삼아 신고, 꼬아서 고삐도 만든다. 강원도에서는 설피를 묶을 때나 도리깨를 묶을 때도 썼다. 잘 마른 칡을 물에 며칠 담가 두었다가 도리깨를 바싹 매 놓으면 단단히 묶여서 헐거워지지 않는다.

이른 봄 새순이 올라오기 전이나 늦가을에 칡 뿌리를 캐서 먹는다. 칡 뿌리를 떡메로 두들긴 다음 물에 빨면 앙금이 가라앉는다. 이 앙금을 말려서 떡도 해 먹고 수제비도 해 먹는다. 칡 가루는 부드럽고 속이 편해서 곡식이 모자랄 때에 밥 대신 먹었다. 아이들은 산에서 칡 뿌리를 캐서 껍질을 벗기고 단물을 빨아 먹는다. 칡 뿌리는 냄새도 좋고 맛도 달콤하다. 즙을 내어 먹거나 차로 끓여 마시기도 한다. 잎도 먹는다. 칡잎에는 영양분이 많다. 어린잎을 뜯어다 나물을 해 먹고, 잎으로 떡을 싸서 쪄 먹기도 했다. 집짐승에게 먹이면 살이 찌고 빨리 자란다. 산에서 넘어져서 피가 날 때 칡잎을 부벼서 바르면 피가 멎는다.

속껍질로 옷감을 짜기도 했다. 여름에 칡을 해다가 삶아서 껍질을 벗겨 낸다. 껍질에서 겉껍질을 훑어 내면 희고 반짝거리는 속껍질이 나오는데 이것을 청올치라고 한다. 청올치를 가늘게 가른 다음 꼬아서 신을 삼고 돗자리를 만들거나 옷감을 짠다. 청올치로 짠 옷감을 갈포라고 한다. 지금은 청올치로 벽지를 만든다.

꽃과 뿌리는 약으로 쓴다. 꽃은 늦여름에 피기 시작할 때 뜯어서 햇볕에 말려 두었다가 쓴다. 갈증이 날 때, 입맛이 없고 소화가 안 될 때 약으로 쓴다. 뿌리는 봄이나 가을에 캐서 겉껍질을 벗긴 뒤 햇볕에 말린다. 홍역이나 설사, 이질에 쓴다.

'갈등'이라는 말에서 갈은 칡이고, 등은 등나무를 가리킨다. 등도 덩굴을 지어 자란다. 그늘을 만들고 꽃을 보려고 집 가까이에 심는다. 등칡은 깊은 산에 자라는데 자라는 모양은 칡처럼 덩굴을 지어 자라지만 전혀 다른 종이다. 약으로 쓴다.

🌿 갈잎덩굴나무
✳ 여름
🕐 가을

다른 이름 즐, 칡기, 칡덤불, 칡덩굴, 갈, 록관, 황근

사는 곳 볕이 잘 드는 곳

특징 감을 것이 있으면 무엇이든 타고 올라간다.

쓰임새 잎을 먹고, 속껍질로 신을 삼거나 돗자리를 만들었다. 약으로 쓴다.

1996.08 강원 춘천

줄기가 땅 위를 기거나 나무를 감고 자란다. 줄기
끝은 겨울이면 말라 죽는다. 줄기와 잎에 털이 많다.
잎은 쪽잎 석 장으로 이루어진 겹잎이다. 여름에
보랏빛 꽃이 여러 송이 모여서 핀다. 꽃이 지고 나서
씨가 3-7개 들어 있는 꼬투리 열매가 달린다.

1. 등칡 *Aristolochia manshuriensis*

2. 등 *Wisteria floribunda*

아까시나무

Robinia pseudo-acacia

아까시나무는 이른 여름에 향기가 진한 흰 꽃이 핀다. 멀리서도 아까시나무 냄새를 맡고 나무가 있는 줄 안다. 아까시나무 꽃은 먹는다. 송이째 따서 훑어 먹기도 하고 꽃지짐을 해 먹기도 한다. 얇고 넓적한 돌을 주워다가 불에 달구고, 그 위에 꽃을 놓고 돌로 눌러 놓으면 맛있는 꽃지짐이 된다.

꽃에는 꿀이 많아서, 꽃이 많이 피는 해에는 꿀도 풍년이 든다. 벌을 치는 사람들은 아까시나무 꽃이 피는 때에 맞춰서 옮겨 다닌다. 꽃을 따라서 남쪽에서 북쪽으로 올라오면서 벌통을 놓는다. 그렇게 꽃 피는 걸 따라 다녀야 한 가지 꽃에서 모은 꿀을 딸 수 있다. 아까시나무 꿀은 맑고 달다. 향기도 좋다. 꽃이 피는 5~6월에 날씨가 좋으면 좋은 꿀을 얻을 수 있다.

1950년대에 우리나라 산에는 나무가 거의 없었다. 그래서 큰 비가 조금만 내려도 강이 넘쳐서 논밭과 집이 물에 잠기곤 했다. 이 때 아까시나무를 리기다소나무, 족제비싸리, 사방오리나무와 함께 산에 심었다. 아까시나무는 나무가 없는 메마르고 거친 땅에서 잘 자라서 금세 산을 푸르게 했다. 잎은 토끼나 염소나 소를 먹이고 가지는 땔감으로 쓰고 나무는 단단해서 목재로 썼다.

아까시나무와 오리나무는 뿌리에 뿌리혹박테리아가 기생하고 있어서 비료 없이도 잘 자란다. 이것들이 땅 위의 질소를 붙들어 주기 때문이다. 햇빛이 잘 드는 곳에 저절로 자라나서 흙을 기름지게 해 준다. 그러다가 밑에서 천천히 자라 올라오는 참나무에게 자리를 내 준다. 나무가 울창하고 오래된 나무가 많은 숲에서는 보기 어렵다.

아까시나무는 목재로 좋다. 무겁고 단단하며 잘 안 썩는다. 마룻바닥이나 침목으로 많이 쓴다. 땅속에 박아 놓아도 오래가기 때문에 고추 받침대나 말뚝으로 쓰기에도 좋다.

일부러 심을 때는 가지나 뿌리를 끊어서 심거나 씨앗을 뿌려 기른다. 옮겨 심어도 잘 산다. 아까시나무는 잘 퍼지고 금세 자란다. 무엇보다 뿌리가 튼튼하다. 땅도 가리지 않고 공해에도 잘 견딘다. 길을 내면서 깎아 낸 곳이나 도시 길가에 심어도 잘 산다.

회화나무는 멀찍이 떨어져서 보면 아까시나무를 닮았지만, 하나하나 보면 많이 다르다. 회화나무 꽃에도 꿀이 많아서 벌이 많이 온다. 길가에도 심는다. 회화나무나 아까시나무는 사람이 일부러 심어 기른 것이 많지만, 다릅나무는 깊은 산에 저절로 나서 자란다. 꽃과 줄기를 약으로 쓴다.

길잎큰키나무

20~30m

이른 여름

이른 가을

다른 이름 아카시아, 아가시나무, 가시나무

사는 곳 산, 햇볕이 잘 드는 곳.

특징 땅을 거름지게 한다.

쓰임새 꽃에서 꿀을 딴다. 목재는 무겁고 단단하다.

1997.05 강원 원주

줄기는 곧게 자란다. 줄기 껍질은 잿빛이 도는 검은
밤색인데 세로로 깊이 터진다. 어린 줄기와 가지에는
큰 가시가 있다. 잎은 어긋나게 붙는데 쪽잎
7~19장으로 이루어진 겹잎이다. 이른 여름에 향기가
진한 흰색 꽃이 많이 모여서 아래쪽으로 핀다.
꼬투리 열매 속에 씨가 여러 알 들어 있다. 씨는
초가을에 검은 밤색으로 여문다.

1999.05 강원 원주   1997.12 강원 원주

1. 회화나무 *Sophora japonica*

2. 다릅나무 *Maackia amurensis*

1   2

산초나무

Zanthoxylum schinifolium

산초나무는 산기슭 양지바른 곳에서 드문드문 자란다. 어른 키만한 높이에 열매가 달려 있어서 나무 자리를 알면 열매를 따기는 어렵지 않다. 잎을 따서 비비면 향긋한 냄새가 나고 줄기에 가시가 있어서 쉽게 알아볼 수 있다.

산초나무와 초피나무는 이름을 섞어 쓴다. 제피나무니 젠피나무, 좀피나무라는 이름도 마찬가지다. 언뜻 봐서는 두 나무가 무척 비슷하지만 서로 다른 나무다. 산초나무는 줄기에 가시가 어긋나게 달리고 초피나무는 가시가 두 개씩 마주 달린다. 산초나무 열매는 기름을 짜고 약으로 쓴다. 미꾸라지국에 넣는 것은 초피나무 열매다.

산초나무 열매를 산초 또는 분디라고 한다. 늦여름에서 가을 사이에 열매를 따다가 그늘에서 말린다. 산초로 기름을 짜면 밤색이나 노란색 맑은 기름이 나온다. 산초 기름은 산초 향기가 난다. 전을 부치거나 나물을 무칠 때 쓰고 목화 실을 뽑는 물레에 치기도 했다. 요즘은 귀한 약으로 쓴다. 산초나무 열매 껍질은 약으로 쓴다. 이른 가을에 익기 시작하는 열매를 따서 그늘에 말린 다음 씨를 발라 낸다. 냄새는 향기롭고 맛은 맵다. 배가 차고 아프면서 설사가 날 때, 허리와 무릎이 시릴 때, 횟배 앓을 때, 이가 아플 때 쓴다. 이 아플 때 산초 열매 껍질을 씹으면 마취가 되어 안 아프다.

초피나무 열매를 가루 낸 것을 초피, 제피, 젠피 또는 산초라고 한다. 나무 이름을 섞어 쓰듯이 초피 가루 이름도 지역마다 아주 다르게 섞어 쓰기 때문에 직접 먹어 봐야 무엇인지 안다. 초피 가루는 특이한 냄새가 나고 매운맛이 난다. 옛날부터 미꾸라지국이나 고깃국을 끓일 때 넣어서 비린내와 누린내를 없앴다. 김치를 담글 때 초피 가루를 넣으면 김치가 빨리 쉬지 않는다. 다른 음식에도 초피 가루를 넣으면 잘 쉬지 않는다. 어린잎을 나물로 무쳐 먹거나, 밀가루를 묻혀 튀겨 먹는다.

산초나무는 보통 씨앗을 심는데 가지나 뿌리를 잘라서 심고, 접을 붙이기도 한다. 가을에 익은 열매를 따서 말려 두었다가 이른 봄에 심는다. 2년 동안 나무모를 길러서 옮겨 심는다. 열매가 많이 열리는 나무를 골라 뿌리나 줄기를 잘라 심어도 된다. 심은 지 5~6년이 지나면 열매가 달리기 시작해서 13~15년쯤 되면 가장 많이 달리고 20년이 넘으면 열매가 아주 적게 달린다.

🌳 길잎작은키나무

ℹ️ 1~3m

✿ 이른 여름

⏱ 가을

다른 이름 분지나무, 분디나무, 상초, 상추나무, 산추나무

사는 곳 산기슭 양지바른 곳

특징 잎에서 향이 난다.

쓰임새 열매를 말려서 기름을 짠다. 가루는 양념으로 쓴다.
열매 껍질이나 기름을 약으로 쓴다.

1999.10 강원 원주

가지에 가늘고 긴 가시가 어긋나게 붙는다.
햇가지는 진한 풀색이다가 점차 진한 밤색을 띠며
오래되면 잿빛이 도는 검은색으로 바뀐다. 잎은
깃꼴겹잎인데 쪽잎이 13~21장 달려 있다. 이른
여름에 좁쌀알 같은 누르스름한 풀색 꽃이 가지
끝에 모여서 핀다. 가을에 작고 둥근 열매가 여문다.
여물면서 저절로 터지는데 씨앗은 검고 윤기가 난다.

2000.09 강원 원주

1. 개산초나무 *Zanthoxylum planispinum*

2. 왕초피 *Zanthoxylum coreanum*

3. 초피나무 *Zanthoxylum piperitum*

굴나무

Citrus unshiu

  굴은 겨울에 흔하게 먹는 과일이다. 요즘 우리나라에서 과일 가운데 가장 많이 먹는 과일이 굴이다. 껍질을 벗기기 쉬워서 먹기도 편하다. 잘 익은 굴은 조금 시면서도 달다. 굴나무는 거의 제주도에서 재배를 한다. 남해안 따뜻한 지역에서도 자란다. 봄에 흰 꽃이 피고 짙은 풀색 열매를 맺는데 열매는 가을부터 겨울 사이에 노랗게 익는다. 요즘은 온실에서 길러서 여름에도 굴이 나온다.

  굴나무는 접을 붙여서 기른다. 탱자나무에 굴나무 눈을 잘라다가 접을 붙인다. 접을 붙인 뒤 그 이듬해부터 꽃이 피고 열매가 달리기 시작한다. 처음 맺힌 열매는 따서 버린다. 먹을 만한 굴을 따려면 4~5년이 지나야 한다. 지금 많이 심는 굴은 온주밀감인데 일본에서 들여온 품종이다. 온주밀감은 씨가 없고, 껍질을 벗기기 쉽고 맛이 달다. 옛날부터 기르던 굴은 보통 씨가 있고 껍질이 두껍고 쓴맛이나 신맛이 강하다. 하지만 향기가 진하고 몸에 좋아서 지금도 차로 달여 마시고 약으로 쓴다.

  굴은 삼국 시대부터 제주도에서 길렀다고 한다. 조선 시대에 굴은 임금과 왕족에게나 바치는 무척 귀한 과일이었다. 많이 나기 시작한 것은 1960년대 말부터다. 본디 굴나무가 많던 곳은 한라산 북쪽인 제주시였다. 그런데 지금은 한라산 남쪽에 자리잡은 남제주군과 서귀포시에서 가장 많이 난다. 한라봉이나 천혜향 같은 것들은 모두 굴나무에서 육종한 것이다.

  굴껍질은 햇볕에 말려 두고 약으로 쓰고 차로 끓여 마시기도 한다. 한약방에서는 진굴 껍질 말린 것을 진피라고 한다. 굴껍질은 입맛이 없고 소화가 안 될 때나 기침이 나고 숨이 찰 때 약으로 쓴다. 차로 마실 때는 굴을 껍질째 잘게 저미서 꿀을 넣고 뜨거운 물을 부어서 마신다. 감기가 올 듯할 때 굴차를 마시면 땀이 나면서 열이 내린다.

  유자는 가을에 굴보다 큰 열매가 연노랑색으로 익는다. 사람이 가꾸지 않는 유자나무는 키가 10m도 넘게 자라는 큰키나무이다. 그냥은 먹기 힘들고 껍질째 썰어서 꿀이나 설탕에 재워 두고 차를 끓여 마신다. 약으로도 쓴다. 씨는 따로 모아서 약이나 화장품 재료로 쓴다. 광굴은 가을에 익는데, 약재로 쓴다. 하굴나무는 초여름에 열매가 익는다. 제주도에서는 길가에 많이 심는다.

🌲 늘푸른작은키나무   **다른 이름** 감굴나무, 밀감나무

🛈 3~4m   **사는 곳** 제주도

✽ 봄   **특징** 가장 많이 먹는 과일이다.

🕕 겨울   **쓰임새** 열매를 먹는다. 껍질은 약으로 쓴다.

1999.01 제주

1999.01 제주

꽃

어린 가지는 풀색이고 가시가 있다. 가지가 오래되면
옅은 갈색으로 바뀌고 가시도 떨어져 나간다.
진귤나무는 잎이 어긋나게 붙고 긴 타원형이며 끝이
뾰족하다. 잎자루에 날개가 없거나 있어도 좁다.
5월쯤에 향기가 좋은 흰 꽃이 핀다. 꽃이 진 자리에
작은 열매가 달리는데 처음에는 푸르다가 겨울에
누렇게 익는다.

1. 광귤나무 *Citrus aurantium*

2. 하귤나무 *Citrus natsudaidai*

3. 유자나무 *Citrus junos*

옻나무

Toxicodendron vernicifluum

옻나무는 옻을 받으려고 심어 기르는 나무다. 산에서 마주치는 옻나무는 거의 개옻나무이나 기르던 옻나무가 퍼진 것도 있다. 옻은 옻나무 줄기에서 나오는 잿빛 진을 말하는데 가구나 나무 그릇에 칠한다. 옻칠을 하면 색이 진해지고 반들반들해져서 보기가 좋다. 또 뜨거운 열에 잘 견디고, 물에 젖어서 썩는 것을 막아 준다. 우리나라는 신라 시대 이전부터 옻나무를 귀하게 여겨서 여러 지방에서 길러 왔다. 지금은 강원도 원주에서 나는 옻을 최고로 친다. 원주칠이라고 해서 질도 좋고 양도 가장 많다.

옻나무에는 독이 있어서 잘못 만지면 옻이 오른다. 옻을 심하게 타는 사람은 옻나무를 보기만 해도 옻이 오른다고 한다. 옻이 오르면 살이 가렵고 얼굴이 부어오르고 온몸에 옻독이 돋는다. 옻나무하고 비슷하게 생긴 개옻나무도 만지면 옻이 오른다. 봄에 옻나무 새순을 따서 나물로 먹는데 옻을 타는 사람은 못 먹는다.

옻 진은 6월 초부터 10월 중순 사이에 날이 맑고 더운 날에 받는다. 4~5년쯤 된 옻나무 줄기에 상처를 내고 옻이 흘러 나오면 대나무 칼로 긁어 모은다. 처음 나오는 옻은 잿빛인데 마르면 어두운 갈색이 되고 끈끈해진다. 진한 냄새가 난다.

옻은 나무에도 바르지만 말려서 약으로도 쓴다. 마른 옻을 한약방에서는 건칠이라고 한다. 회충이 있거나 배가 아프고 똥이 잘 안 나올 때 쓴다.

옻 열매는 겉껍질이 무척 딱딱해서 그대로 심으면 싹이 트지 않는다. 가을에 열매를 따서 그늘에 말린 다음 절구에 넣고 살살 찧어서 껍질을 벗긴다. 그리고 다시 씨 껍질을 얇게 갈아서 이듬해 봄에 밭에 뿌린다. 옻나무는 바람이 센 곳에 심으면 옻이 적게 나온다. 그래서 바람을 막을 수 있는 동남쪽 산등성이나 밭둑에 심는다.

붉나무도 나무에 상처가 나면 흰 즙이 나오는데, 옻이 오르는 사람은 붉나무 즙에도 살갗이 부풀고 가려워진다. 잎을 나물로 먹고, 잎에 생긴 벌레집을 오배자라고 해서 약으로 쓴다. 열매에는 소금기가 있어서 짐승들이 즐겨 먹는다. 개옻나무도 순을 나물로 먹는다. 옻나무는 거의 심어 기른 것이지만 개옻나무는 저절로 자란다. 옻이 오르는 것은 마찬가지다. 참죽나무는 나무순을 먹으려고 딸 때 옻나무와 헷갈리기도 한다. 나무순이 아주 맛이 좋다.

🌿 길잎작은키나무	**다른 이름** 칠목, 칠순재, 오지나물
ⓘ 7m	**사는 곳** 산기슭에 심어 기른다.
✿ 6월	**특징** 잘못 만지면 옻이 오른다.
🍂 9~10월	**쓰임새** 옻을 받아서 칠을 한다.
	말려서 약으로 쓴다.

2000.05 강원 원주

작은 가지는 굵고 잿빛이 도는 누런색이며 어릴때
털이 있다가곧 없어진다. 잎은 가지 끝에 어긋나게
붙고 쪽잎 9~11장으로 된 깃꼴겹잎이다. 6월쯤
누르스름한 풀색이 도는 작은 꽃이 많이 모여서
핀다. 열매는 9~10월에 여문다. 가을이면 붉나무나
개옻나무처럼 잎이 새빨갛게 단풍이 든다.

2000.09 강원 원주　　　2000.12 강원 원주

1　2　3

1. 붉나무 *Rhus javanica*

2. 개옻나무 *Toxicodendron trichocarpum*

3. 가죽나무 *Ailanthus altissima*

단풍나무

Acer palmatum

단풍나무는 산골짜기에 사는 참나무들 사이에서 한두 그루씩 드문드문 자란다. 토끼와 노루는 단풍나무 잎을 무척 좋아한다. 산길을 걷다 보면 토끼와 노루가 뜯어 먹은 자국을 볼 수 있다. 예전에는 어린 단풍나무 잎을 뜯어다가 나물로 무쳐 먹곤 했다.

산에 흔한 단풍나무는 단풍나무와 당단풍나무와 신나무이다. 단풍나무는 따뜻한 남쪽 지방과 제주도에서 잘 자란다. 한라산, 내장산에 많다. 당단풍나무는 단풍나무보다 북쪽 지방에서 잘 자라서 북한산이나 설악산에 많다. 단풍나무는 잎이 5~7갈래로 갈라지고, 당단풍나무는 9~11갈래로 갈라져서 잎을 보고 알아볼 수 있다.

요즘은 단풍이 아름다워서 공원이나 길가에 많이 심는다. 손바닥처럼 생긴 잎사귀와 날개가 두 개씩 달린 열매도 보기가 좋다. 가을이 오면 잎이 붉게 물든다. 단풍나무는 목재로도 쓸 수 있다. 목재가 단단해서 그릇, 악기, 농기구 같은 것을 만들어 쓴다.

우리나라에는 열 종이 넘는 단풍나무가 자란다. 고로쇠나무, 신나무, 복자기나무, 복장나무, 산겨릅나무, 중국단풍나무, 네군도단풍나무가 다 단풍나무다. 신나무 잎은 세 갈래로 얕게 갈라진다. 복자기나무나 복장나무 잎은 쪽잎 세 개로 이루어진 겹잎이다. 복자기나무나 신나무도 가을이면 불이 타오르는 것처럼 새빨갛게 물이 든다.

단풍나무 목재는 결이 곱고 단단하다. 그릇, 농기구, 악기를 만드는 데 쓴다. 하지만 나무가 크게 자라지 않아서 집을 짓거나 가구를 만드는 데는 알맞지 않다. 단풍나무 가운데 하나인 시닥나무에서는 검은 물감을 얻는다.

고로쇠나무는 우리나라에서 나는 단풍나무 가운데 가장 키가 크고 줄기도 굵게 자란다. 단풍을 보려고 공원이나 마당에 심어 기르기도 한다. 고로쇠나무는 다른 단풍나무들보다 빨리 크게 자라기 때문에 목재로 널리 쓰인다. 고로쇠나무 목재로 해인사에 있는 고려대장경 경판도 만들었다. 고로쇠나무 줄기에서 받은 물을 고로쇠 약수라고 한다. 고로쇠 약수는 이른 봄에 살아 있는 나무 줄기에 흠집을 내어 받는다. 신나무는 본래 우리나라 단풍나무 무리를 대표하는 이름이다. 뿌리를 약으로 쓰는데 맛이 시어서 이런 이름이 붙었다. 단풍나무도 서양 이름에는 맛이 시다는 뜻이 있다. 단풍나무 가운데 키가 작은 편이고 마을 근처에서 흔히 볼 수 있다.

🌳 갈잎작은큰키나무

ℹ️ 10m

✳️ 4~5월

🍂 가을

다른 이름 참단풍나무

사는 곳 산골짜기, 공원, 길가

특징 가을에 단풍이 붉게 든다.

쓰임새 목재는 결이 곱고 단단하다.

당단풍나무 *Acer pseudo-sieboldianum*

2000.05 강원 원주

나무껍질은 거칠고 갈라지지 않으며 잿빛이다. 어린
가지는 붉은 밤색인데 자라면서 잿빛이 돈다. 묵은
가지는 흰 가루가 덮인다. 가을에 붉게 단풍이 든다.
당단풍나무는 잎이 마주나고 손바닥 모양이다.
9~11갈래로 깊게 갈라진다. 끝이 아주 뾰족하고
가장자리에는 톱니가 있다. 잎이 먼저 난 뒤 4~5월에
붉은 꽃이 핀다. 열매는 두 개가 쌍으로 붙고 날개가
있다. 여물면 빙글빙글 돌면서 떨어진다.

2000.07 경기 광릉　　　　1999.02 강원 원주

1　　　　　2　　　　　3

1. 신나무 *Acer tataricum*
2. 고로쇠나무 *Acer pictum*
3. 단풍나무 *Acer palmatum*

대추나무

Zizyphus jujuba var. *inermis*

대추나무는 대추를 따려고 기르는 과일나무다. 대추는 초가을에 익는데 처음에는 짙은 풀색이다가 익으면서 붉게 된다. 알은 나무에 따라 잔 것도 있고 굵은 것도 있는데 굵은 것은 어른 엄지손가락보다 크다. 풋대추는 약간 신맛이 나고 쌉싸름하다. 붉게 익어 가면서 점점 달아진다. 붉게 익은 대추를 따서 말리면 껍질이 쭈글쭈글해진다. 속살은 누렇게 되면서 쫄깃쫄깃해지고 단맛이 더 난다. 말린 대추는 두고두고 먹는다. 떡에도 넣고 약으로도 쓰고 제삿상에도 올린다.

대추나무는 방망이를 만들 수 있을 만큼 단단한 나무다. 야무지고 모진 사람을 두고 대추나무 방망이라고 한다. 대추나무 방망이로는 끌을 두드리는 데에도 썼다. 아름드리로 크게 자라는 나무는 드물지만 나무가 아주 단단해서 수레바퀴 축이나 미닫이 문지방처럼 힘을 많이 받는 자리에 썼다. 홍두깨, 떡메, 필통, 망건통도 만들었다. 여러 가지 무늬나 글자를 새겨서 떡살을 만들기도 한다. 다식판을 만드는 데에도 좋다.

익은 대추를 따서 햇볕에 말린 것은 약재로도 쓴다. 한약방에서는 대조라고 한다. 향긋하고 맛이 달다. 몸을 튼튼하게 하고 간을 보호하고 마음을 편안하게 한다. 또 여러 가지 약을 조화롭게 하기 때문에 약을 지을 때 두루 쓴다. 씨만 따로 빼내서 말린 다음 약재로 쓰기도 한다. 심한 통증이나 불면증, 손발이 차가운 데에 좋다.

대추나무는 옛날부터 집 근처나 밭둑에 많이 심었다. 씨앗이나 가지를 심어서 기르는데, 심은 지 3년쯤 지나면 열매를 따 먹을 수 있다. 가을에 잘 익은 대추를 기름진 땅에 묻어 두면 봄에 싹이 나온다. 이듬해 나무모를 집 둘레나 밭둑에 옮겨 심고 두엄을 묻어 준다. 묏대추나무에 접을 붙여서도 기른다. 묏대추나무는 산에서 저절로 자라는 나무여서 땅을 가리지 않고 잘 자라고 가뭄과 추위에도 잘 견딘다. 그래서 묏대추나무에 대추나무를 접붙여 기르면 잘 산다. 열매도 크고 많이 달린다. 병이나 벌레에도 잘 견딘다.

갯대추나무는 이름에 대추가 들어 있지만 서로 많이 다르다. 제주도에 드문드문 자라고 있어서 따로 정해서 보호하고 있다.

🌳 갈잎작은키나무   **사는 곳** 뜰이나 밭둑에 심어 기른다.

ℹ 10m   **특징** 열매를 따려고 기르는 과일나무다.

✿ 초여름   **쓰임새** 열매를 먹고, 약으로도 쓴다.

⏳ 가을   목재는 무척 단단해서 여러 가지로 쓰인다.

꽃

1998.09 강원 원주

2000.07 강원 원주   1996.12 강원 평창

나무껍질은 잿빛 밤색인데 벗겨지면서 터진다.
가지를 많이 치고 잔가지가 있다. 잔가지는 붉은
밤색이고 윤이 난다. 잎은 어긋나게 붙는다.
잎 앞면은 풀색이고 윤이 난다. 햇가지에 꽃이 피고
열매가 달린다. 꽃은 초여름에 피는데 누르스름한
풀색을 띤다. 열매는 푸른색이다가 가을이 되면
붉게 익는다. 열매 껍질은 반질반질하고 살은 달다.
열매 속에는 길고 단단한 씨앗이 들어 있다.

갯대추나무 *Paliurus ramosissimus*

포도

Vitis vinifera

포도나무는 포도를 먹으려고 심어 기르는 덩굴나무다. 원산지는 서아시아인데 우리나라에서는 고려 시대 이전부터 길렀다. 포도는 처음에는 푸르다가 차츰 붉은빛이 돌며 검게 익는다. 다 익은 포도는 맛이 달고 시다. 다 익어도 색이 푸른 청포도도 있다. 생김새나 맛이 머루와 비슷한 포도도 있다.

포도나무는 세계에서 가장 많이 심는 과일나무다. 과수원이나 온실에 많이 심어 기른다. 포도는 날로 먹고 말려서 건포도를 만들기도 한다. 서양에서는 술을 많이 담근다. 포도주는 종류가 많다. 와인이나 샴페인, 브랜디 같은 술이 모두 포도로 담근 것이다.

포도는 색이 짙고 알이 굵으면서 탱글탱글한 것이 맛있다. 알이 잘 떨어지거나 주름진 것은 딴 지 오래되어 시든 것이다. 포도를 먹으면 입맛이 돌고 소화가 잘 되고 힘이 난다. 병을 오래 앓는 사람이 기운을 다시 얻는 데도 좋다. 또 피가 잘 흐르게 하고 오줌이 잘 나오게 한다.

잎과 뿌리, 열매를 약으로 쓴다. 뿌리는 캐서 물에 씻어 말려 두었다가 구역질이 나거나 몸이 부을 때 달여 먹으면 좋다. 잎은 부스럼 난 데 찧어 붙이기도 하고, 아기집이 약한 임산부에게 달여 먹이면 아기가 자리를 잘 잡는다. 가을에 익은 포도를 따서 말려 두었다가 약처럼 달여 먹어도 좋다. 포도씨를 모아서 기름을 내어 음식 할 때 쓴다.

포도나무는 접붙이지 않고 꺾꽂이를 한다. 이른 봄에 포도덩굴에서 잘 자란 가지를 길이가 30cm쯤 되도록 잘라서 깊이가 20cm 남짓 되도록 묻는다. 가지를 잘라다 심으면 뿌리가 잘 내려서 기르기가 쉽다. 옆에는 꼭 울타리나 받침대를 세워 주어야 한다. 그래야 덩굴손이 받침대를 감고 잘 뻗어 나간다. 가지치기는 이른 봄 새순이 나기 전에 해야 한다. 포도는 새로 난 가지에만 열리기 때문에 제때에 가지치기를 하지 않으면 열매가 열리지 않는다. 포도나무는 물을 많이 먹는다. 꽃이 피기 전과 꽃이 진 뒤에는 물을 많이 주어야 한다. 고랑을 깊이 파고 물을 넣어 주거나 물을 퍼다가 부어 주면 된다. 추위를 많이 타므로 겨울에 따뜻하게 돌봐야 한다.

머루는 포도와 비슷한 산열매이다. 산포도라고도 한다. 서리를 맞으면 쪼글쪼글해지지만 더 달고 약이 된다. 말려서 약으로도 쓴다. 왕머루, 새머루, 까마귀머루 들이 있다. 개머루는 밭둑이나 낮은 산에 많은데 먹지는 못한다.

갈잎덩굴나무	**사는 곳** 밭에 심어 기른다.
25~30m	**특징** 세계에서 가장 많이 심는 과일나무다.
5~6월	**쓰임새** 열매를 먹고, 잎과 뿌리, 열매를 약으로도 쓴다.
7~9월	씨에서 기름을 낸다.

1998.09 강원 원주

2000.09 충북 음성

나무껍질은 연한 갈색이고 조각조각 갈라지며
떨어진다. 줄기에는 덩굴손이 있다. 잎은 넓적하고
3~5 갈래로 갈라지고 톱니가 있다. 5~6월에 자잘한
누런 풀색 꽃이 핀다. 열매는 송이로 달리는데
품종에 따라서 빛깔이나 굵기, 맛이 다르다.

1. 왕머루 *Vitis amurensis*

2. 까마귀머루 *Vitis ficifolia* var. *sinuata*

3. 새머루 *Vitis flexuosa*

4. 개머루 *Ampelopsis brevipedunculata*

1   2   3   4

차나무

Camellia sinensis

차나무는 찻잎을 따는 나무다. 우리가 마시는 녹차나 홍차가 모두 차나무 잎으로 만든 것이다. 요즘에는 차밭을 크게 만들어 가꾼다. 찻잎을 따서 덖는 데는 손이 많이 가지만 차나무는 병이 잘 안 들고 벌레를 잘 안 먹어서 기르기는 좋다. 따뜻하고 비가 많이 오는 경상남도 하동, 전라남도 보성, 광양, 제주도에서 많이 기른다. 지리산에는 차나무가 저절로 자란다.

차나무는 봄에 새 가지가 나면서 잎이 많이 돋아난다. 새 가지에 난 잎을 한 해에 서너 번 따서 차를 만든다. 차는 잎이 아직 연할 때 따서 만들어야 맛있다. 4월 중순 곡우 무렵에 따는 게 가장 좋다. 뜨겁게 달군 가마솥에 찻잎을 여러 번 볶아서 말린다. 차는 너무 뜨거운 물에 우려내면 맛이 떨어진다. 미지근할 정도로 따뜻한 물에 우려야 향이 좋고 맛이 고소하다. 찻잎은 세 번쯤 우려내도 맛이 좋다. 다 우려낸 찻잎도 버리지 않고 화분이나 나무 밑에 놓아 두면 좋은 거름이 된다. 가렵거나 벌레 물린 데에는 찻물을 바르면 좋다. 줄기로는 고급 단추를 만들고 열매는 기름을 짜서 쓴다. 차나무 기름은 동백나무 기름과 쓰임새가 같다. 기름을 짜고 남은 찌꺼기는 비료로 쓰거나 짐승을 먹인다. 비누 대신 쓰기도 한다. 또 차나무 열매는 동글동글하고 단단해서 구슬치기를 할 수 있다.

찻잎은 약으로도 쓴다. 녹차나 홍차를 우려서 먹거나 가루를 내서 먹는다. 열을 내리고 소화를 돕고 오줌을 잘 누게 한다. 정신이 희미해질 때 차를 마시면 머리가 맑아진다. 이빨이 썩는 것도 막아 준다. 하지만 너무 많이 마시면 속이 쓰릴 수 있다. 하루에 두세 잔쯤 마시는 게 알맞다.

나무를 심을 때는 가을에 씨앗을 받아 그늘에 말려 두었다가 이듬해 봄에 심는다. 또는 봄철에 눈이 틀 때나 6~8월에 가지를 손가락만큼 잘라서 심는다. 일 년 동안 모를 길러 이듬해 봄에 움트기 전에 옮겨 심는다. 자갈이 섞이고 물이 잘 빠지는 땅이 좋다. 차나무는 뿌리가 곧고 길어서, 잎을 따려고 나무를 작게 키운 것도 오래 키운 것은 옮겨 심기 어렵다. 아예 뽑아내려고 해도 쉽게 뽑을 수가 없어서 중장비를 써서 파내야 한다.

동백나무도 차나무를 닮았다. 차나무처럼 따뜻하고 비가 많이 오는 곳을 좋아하고, 겨울에 꽃을 피운다. 나비나 벌이 없는 계절이라 동박새가 꽃가루받이를 한다. 동백기름은 머릿기름이나 등잔 기름으로 쓴다.

♠ 늘푸른떨기나무

🛈 3~4m

✿ 가을에서 겨울

◐ 가을

사는 곳 밭을 가꾸어 기른다. 물이 잘 빠져야 한다.

특징 찻잎을 따서 차를 마신다.

쓰임새 차로 마시거나, 약으로 쓴다.

열매로 기름을 짠다.

2000.11 전북 전주

2002.10 전북 전주

3~4m에 이르기도 하나 보통 사람이 기르는 것은
가지 끝을 해마다 잘라 줘서 사람 키보다 작다.
가지는 가늘고 많이 갈라진다. 햇가지는 갈색이고
잔털이 있으나 점점 털도 없어지고 잿빛이 된다.
잎은 어긋나게 붙고 길쭉하며 톱니가 있다. 짙은
풀색이고 윤이 난다. 가을에서 겨울에 걸쳐 흰 꽃이
아래를 보고 핀다. 꽃은 향기가 있다. 열매는 이듬해
가을에 여문다. 갈색으로 여물면서 세 쪽으로
벌어진다. 그 안에 짙은 갈색 씨앗이 세 개 들어 있다.
씨앗은 둥글고 껍질이 딱딱하다.

동백나무 *Camellia japonica*

두릅나무

Aralia elata

두릅나무는 봄에 돋는 새순을 두릅이라고 해서 옛날부터 산나물로 널리 먹어 왔다. 보통 4월 초부터 싹이 나니 다른 나무들보다 일찍 싹이 트는 셈이다. 어린 싹이 한 뼘쯤 되었을 때 딴다. 늦게 따면 순이 단단해져서 못 먹는다.

줄기에 온통 뾰족한 가시가 덮여 있어서 조심하지 않으면 따다가 가시에 찔리기 쉽다. 예전에는 음나무(엄나무)와 함께 잡귀를 쫓는다고 대문 위나 안방 문 위에 얹어 두었다. 햇빛을 잘 받는 산비탈이나 숲 가장자리에서 저절로 자라는데 마을 가까이 심어 기르기도 한다.

두릅을 데쳐서 초고추장에 찍어 먹는데 두릅회라고도 한다. 오래 삶으면 흐물흐물해지니, 끓는 물에 살짝 데친다. 양념을 해서 구워 먹거나 튀김옷을 입혀 튀겨 먹기도 하고, 쇠고기와 두릅을 꼬치에 번갈아 꿰어 두릅산적을 만들어 먹기도 한다. 데쳐서 말려 두었다가 두고두고 먹기도 한다. 맛이 담백하고 향긋해서 일부러 밭머리에 몇 그루씩 심어 기른다. 온실에서 기르는 것도 있는데 연하기는 해도 향기가 아무래도 덜하다.

뿌리 껍질과 줄기 껍질을 약으로 쓴다. 한약방에서는 총목피라고 한다. 봄에 뿌리 껍질과 줄기 껍질을 벗겨서 햇볕에 말린다. 두릅나무 껍질은 마음을 편하게 해 주고 아픔을 멎게 한다. 머리가 아플 때나 관절염, 저혈압, 위궤양에 쓴다.

나무를 기를 때는 씨앗을 심거나 뿌리를 심어서 기른다. 가을에 씨앗이 익으면 따서 땅에 묻어 두었다가 봄에 심는다. 뿌리를 잘라 심으면 잘 자라고, 짧은 시간에 나무모를 많이 길러 낼 수 있다. 햇볕이 잘 드는 곳을 좋아한다. 나무를 베어 낸 빈터나 비탈지고 양지바른 곳도 좋다. 흙은 기름지고 좀 습해야 알맞다.

음나무 순은 개두릅이라고 한다. 두릅처럼 살짝 데쳐서 초고추장에 찍어 먹는데 향긋하면서도 쌉싸름한 맛이 난다. 엄두릅이라고도 하고, 이것을 두릅보다 더 쳐주는 사람도 있다.

크게 보아 두릅나무 무리에 드는 나무로 땃두릅나무와 오갈피나무도 있다. 이 나무들도 모두 좋은 약으로 쓰인다. 땃두릅나무는 깊은 산에서 자라는데 약효가 좋다고 마구 파헤쳐서 아주 귀한 나무가 되었다. 오갈피나무는 우리나라 어디서든 쉽게 찾을 수 있는 나무이다. 순을 나물로 먹고, 뿌리와 줄기, 잎을 약재로 쓴다.

🌳 길잎직은키나무

ℹ️ 4~5m

❁ 여름

🍂 가을

다른 이름 참두릅나무, 목두채, 총목, 문두채, 요두채

사는 곳 햇빛을 잘 받는 산비탈, 숲 가장자리

특징 새순을 산나물로 먹는다.

쓰임새 새순을 먹는다. 뿌리 껍질과 줄기 껍질을 약으로 쓴다.

새순

2000.08 강원 원주

나무껍질은 잿빛이고, 가지를 치지 않거나 조금
친다. 줄기와 가지에 크고 작은 가시가 빽빽하게
나 있다. 잎은 두 번 깃털 모양으로 갈라진 겹잎이다.
어긋나게 붙는데 가지 끝에서는 모여 난다. 어린잎은
잎자루에 가시가 있는데 자라면서 없어진다. 여름에
흰 꽃이 무더기로 핀다. 가을이면 둥근 열매가
검게 익는다.

2000.08 강원 원주   2000.12 강원 원주

1   2   3

1. 음나무 *Kalopanax septemlobus*

2. 땃두릅나무 *Oplopanax elatus*

3. 오갈피나무 *Eleutherococcus sessiliflorus*

산수유

Cornus officinalis

산수유는 이른 봄에 다른 나무보다 먼저 노랗고 향기로운 꽃을 피운다. 가을이면 가지마다 주 렁주렁 달린 열매가 새빨갛게 익는다. 단풍은 노랗거나 빨갛게 드는데 나무마다 조금씩 빛깔이 다르다. 생김새가 보기좋고 도시에서도 잘 자라서 요즘은 아파트나 공원에도 많이 심는다.

전라남도 구례와 경기도 이천, 경상도 하동과 봉화는 산수유가 많이 나는 곳이다. 지리산 기슭 에 있는 구례군 산동면은 온 마을을 덮을 정도로 산수유가 많다. 산동면에서 나는 산수유는 살 이 많고 시고 떫은 맛이 두드러져서 더 좋게 친다.

산수유는 날로는 먹지 않고 말렸다가 약으로 쓰거나 차를 끓여 마신다. 술도 담가 먹는다. 산 수유는 늦가을에 서리가 내린 뒤 나무 밑에 멍석을 깔고 나무를 털어서 딴다. 햇볕에 널어서 반 쯤 말린 다음에 씨를 발라 내고 다시 말린다. 씨는 먹으면 안 좋아서 반드시 발라 낸다.

산수유 말린 것으로 차를 만들어 마신다. 산수유를 물에 넣고 약한 불로 한 시간쯤 달이면 불 그레한 산수유차가 된다. 설탕을 넣어서 마시기도 한다. 대추나 곶감, 계피, 감초, 오미자, 구기자 같은 것과 함께 달여 먹어도 좋다.

술을 담갔다가 씨를 버리고 열매 껍질을 그늘에서 말리기도 한다. 산수유는 콩팥을 튼튼하게 해 준다. 땀을 자주 흘리고 오줌을 지릴 때, 허리 아프고 달거리가 고르지 못할 때 약으로 쓴다.

나무를 기를 때는 늦가을이나 이듬해 봄에 씨앗을 뿌린다. 햇볕이 잘 들고 물이 잘 빠지는 곳 에서 잘 자란다. 싹이 터서 2년쯤 지난 뒤에 알맞은 곳에 옮겨 심는다. 가지를 꺾어서 심으면 뿌리 를 잘 내리지 못한다. 심은 지 7~8년이 지나면 열매를 딸 수 있다.

층층나무는 산수유와 잎이 비슷하게 생겼다. 가지가 해마다 한 층씩 돌려나서 여러 층을 이룬 다. 이른 여름에 흰 꽃이 나무를 가득 덮은 것처럼 핀다. 생강나무는 산수유처럼 이른 봄에 노 란 꽃이 핀다. 잎이 나면 금세 다른 나무라는 것을 알지만, 꽃만 피었을 때는 산수유와 헷갈리기 도 한다. 줄기 끝이 녹색이고 꽃자루가 짧은 건 생강나무고, 줄기 끝이 갈색이고 꽃자루가 긴 것 은 산수유다.

🌳 길잎직은키나무

🛈 7m

❋ 3월

⏱ 가을

다른 이름 산채황, 약조, 홍조피, 석조, 무등

사는 곳 산기슭이나 밭에 심어 기른다.

특징 이른 봄에 노란 꽃이 핀다.

쓰임새 열매를 약으로 쓰거나 차를 끓여 마신다.
술도 담근다.

1998.04 강원 원주

1998.09 강원 원주

겨울에 잎이 지는 작은키나무다. 높이 7미터쯤
자라고 가지를 많이 친다. 나무껍질은 잿빛 갈색이고
조각조각 벗겨진다. 잎은 마주 붙고 달걀 모양이다.
끝이 뾰족하고 가장자리는 매끈하다.
잎 앞면은 윤기가 나고 뒷면은 흰빛이 도는
푸른색이다. 3월쯤 잎보다 먼저 작고 노란 꽃이
20~30송이 모여서 핀다. 열매는 길쭉한데 처음에는
푸르다가 가을에 붉게 여문다.

1

2

1. 층층나무 *Cornus controversa*

2. 생강나무 *Lindera obtusiloba*

진달래

Rhododendron mucronulatum

진달래는 봄에 양지바른 산기슭이나 소나무 숲 아래서 무더기로 피어난다. 잎보다 먼저 꽃이 피기 때문에 한창 필 때는 산자락에 분홍빛이 돈다. 공원이나 마당에 심어 기르기도 한다.

진달래꽃은 먹을 수가 있어서 참꽃이라고 한다. 한 움큼 따서 입 안 가득 넣으면 향긋하고 쌉싸름한 맛이 난다. 많이 먹으면 입이 푸르게 물이 든다. 진달래꽃으로 꽃싸움도 한다. 꽃 속에 있는 가장 긴 꽃살을 뽑아서 서로 걸고 잡아당기면서 누구 것이 끊어지는가 보는 것이다. 철쭉은 꽃은 비슷하게 생겼어도 먹을 수 없다고 개꽃이라 한다. 철쭉꽃에는 독이 있어서 먹으면 안 된다. 진달래꽃도 너무 많이 먹으면 배앓이를 하니까 조심해야 한다. 진달래 줄기를 태운 재로 잿물을 내어 옷감에 물을 들이기도 한다.

잎은 약으로 쓴다. 여름에 잎을 따서 그늘에 말린다. 가래를 삭이고 기침을 멈추며 천식을 낫게 한다. 기관지염, 고혈압, 감기에도 약으로 쓴다. 달여 먹거나 술을 담가 먹는다. 이른 봄에 꽃 피기 전에 가지를 꺾어 말려 둔 것은 고혈압에 약으로 쓴다.

진달래술은 진달래꽃을 설탕에 재어 삭혀서 만든 약술이다. 관절염에 쓴다. 꽃전은 음력 삼월 삼짇날에 지져 먹는다. 찹쌀가루로 만든 반죽에 진달래꽃을 얹어 굽는다. 아이들은 꽃이 핀 동안 꽃전을 부쳐 먹으면서 논다. 붉은 오미자 물에 진달래꽃을 띄워서 화채를 만들어 먹기도 한다.

철쭉나무는 산기슭이나 개울가에서 저절로 자라는 나무다. 꽃이 진달래와 비슷하지만 따 먹으면 안 된다. 독이 있어서 먹으면 떼굴떼굴 구를 만큼 배가 아프기 때문이다. 그러면 얼른 쌀뜨물을 먹이고 병원에 가야 한다. 진달래꽃이 진 뒤에 연달아 핀다고 '연달래'라고도 한다. 철쭉과 진달래는 생김새가 비슷해서 헷갈리기 쉽다. 하지만 피는 때가 다르다. 진달래는 이른 봄에, 철쭉은 봄이 한참 무르익은 늦은 봄에 피어난다. 또 진달래는 꽃이 먼저 피고 나중에 잎이 나지만 철쭉은 꽃과 잎이 함께 난다. 그리고 철쭉은 꽃이 크고 꽃잎에 자줏빛 점이 있다.

영산홍은 꽃이 오래 피어 있어서 꽃을 보려고 심어 기른다. 진달래처럼 꽃이 먼저 피고 잎이 난다. 붉거나 희거나 자줏빛이 나는 꽃이 핀다. 품종이 여러가지이다. 산진달래는 높은 산에서 자라는데, 거의 찾아보기 어렵다.

🌳 갈잎떨기나무

ℹ️ 2~4m

✳️ 3월

🍂 10월

다른 이름 참꽃나무, 진달리, 두견화

사는 곳 양지바른 산기슭, 솔숲. 공원

특징 우리나라 어디나 흔하다. 꽃을 먹을 수 있다.

쓰임새 꽃으로 술을 담근다. 화전을 지져 먹는다.
잎이나 꽃을 약으로 쓴다.

1996.04 서울 도봉

2000.04 강원 원주

겨울에 잎이 지는 떨기나무다. 가지를 많이 친다.
줄기는 잿빛이고 가지는 풀빛이다. 이른 봄에 꽃이
잎보다 먼저 핀다. 가지 끝에서 두세 송이씩 모여서
핀다. 한 송이만 피기도 한다. 꽃은 윗부분이 다섯
갈래로 갈라졌다. 꽃이 다 피고 나서 잎이 나기
시작한다.

1. 산진달래 *Rhododendron dauricum*
2. 철쭉나무 *Rhododendron schlippenbachii*
3. 영산홍 *Rhododendron indicum*

1   2   3

감나무

Diospyros kaki

감나무는 중부 지방 이남으로는 어디를 가든 집집마다 마당에 몇 그루씩 심어 기르는 것을 쉽게 볼 수 있다. 밭두렁이나 집 가까운 산기슭에 심기도 한다. 병도 잘 안 들고 벌레도 잘 안 꼬여서 집 안에서 기르기 좋은 나무다.

늦은 봄에 노랗게 감꽃이 핀다. 감꽃이 감나무 둘레에 떨어지면 아이들은 감꽃을 주워 먹는다. 감꽃은 달큰하면서도 떫은맛이 있다. 감꽃을 실에 꿰어 목걸이를 만들어 목에 걸고 다니기도 한다. 감나무에 잎이 다 떨어지고 감만 빨갛게 드러나면 감을 딴다. 서리가 오기 전에 따야 한다. 잘 익은 감은 물렁물렁하고 달다. 덜 익은 감도 항아리에 넣어 두면 떫은맛이 없어지고 홍시가 된다. 익은 감으로 식초도 담근다. 덜 익은 감을 껍질을 벗겨 햇볕에 말리면 하얀 분이 나면서 쫀득쫀득한 곶감이 된다.

같은 감이라도 생김새나 맛에 따라 붙이는 이름이 다르다. 물이 많다고 물감, 찰기가 있다고 찰감, 넓적하다고 넓적감, 뾰족하다고 뾰족감, 종지같이 생겼다고 종지감이라고 한다. 무르지 않아도 단맛이 나는 단감도 있다.

감꼭지는 열매가 익었을 때 떼서 햇볕에 말려 두었다가 약으로 쓰면 좋다. 감꼭지 달인 물을 마시면 딸국질이 멈추고 설사가 그친다. 감잎은 차를 만들어 마신다. 여름에 감잎을 따서 쪄서 말린 뒤 썰어 두었다가 끓는 물에 우려내어 마신다.

감나무는 결이 곱고 치밀하여 귀한 가구를 만들 때 쓴다. 그 중에서도 먹감나무라고, 여러 해 묵어서 나무속이 검어지거나 검은 무늬가 보기 좋게 번진 나무를 귀하게 여긴다. 먹감나무는 무척 귀한데다 통째로 쓰면 뒤틀리기도 하기 때문에 아주 얇게 판을 떠서 쓴다.

감나무는 고욤나무에 접을 붙여서 기른다. 심은 지 4~6년 뒤부터 감이 열리고, 그 때부터 100년이 넘게 감을 딸 수 있다. 해거리를 해서 한 해 많이 열리면 이듬해에는 덜 열린다.

고욤나무는 감나무보다 키는 좀 작지만 추운 곳에서는 더 잘 자란다. 열매나 꼭지를 약으로 쓰는 것도 감나무와 같다. 고욤은 둥글고 작은데 처음에는 푸르다가 익으면 노랗게 된다. 서리를 맞으면 점점 검어진다. 열매가 작다고 '콩감'이라고도 한다. 떫어서 그냥은 못 먹고 항아리에 넣어 푹 삭혀서 먹는다.

🌳 길잎큰키나무

ℹ️ 15m

✿ 5~6월

🍎 9~10월

사는 곳 마당, 밭두렁, 산기슭에 심어 기른다.

특징 감을 따 먹는다.

쓰임새 감을 따 먹고, 잎으로 차를 만들어 마신다. 약으로도 쓴다. 목재는 결이 곱고 치밀해서 가구를 짠다.

2010.10 인천 강화

2000.06 충북 충주   1997.01 경북 영양

겨울에 잎이 지는 큰키나무다. 줄기는 곧게 자라고
가지를 많이 치는데, 다 자라면 15m에 이른다.
가지는 잿빛 밤색이다. 잎은 어긋나게 붙고
타원꼴이다. 잎 앞면은 윤기가 나고, 뒷면에는
밤색 털이 있다. 6월쯤 잎겨드랑이에서 노란 꽃이
피는데 암꽃이 수꽃보다 훨씬 크다. 열매는 처음에는
푸른색이다가 9~10월에 붉게 여문다.

고욤나무 *Diospyros lotus*

물푸레나무

Fraxinus rhynchophylla

물푸레나무는 우리나라 어디에서나 잘 자란다. 산기슭이나 산골짜기, 개울가에서 아름드리 나무로 자라난다. 물푸레나무 가지를 꺾어 깨끗한 물에 담그면 푸른 물이 우러난다. 그래서 물푸레나무라고 한다. 물푸레나무를 태운 잿물로 옷감을 물들이면 푸르스름한 잿빛이 돈다. 여간해서는 빛깔이 바래지 않는다. 그래서 옛날부터 절에서는 이 나무로 옷을 많이 물들였다. 물푸레나무는 고로쇠나무처럼 껍질에 상처를 내어 물을 받을 수 있다. 물푸레나무 물은 눈을 밝게 하고 눈병을 막아 준다고 한다.

물푸레나무는 물에 적셔서 구부리면 잘 휘는 데다 바짝 마르면 단단해진다. 그래서 도리깨를 만들 때는 꼭 물푸레나무나 들메나무를 썼다. 단단한데다 무거워서 도끼 자루를 만들기도 했다. 눈이 많이 오는 강원도에서는 이 나무로 눈밭에서 신는 설피를 만들었다. 생나무도 불에 잘 타서 눈 속에서 길을 잃었을 때 이 나무로 불을 피워서 추위를 피했다.

물푸레나무 목재는 희끄무레한 누런색이다. 아주 단단하고 무겁다. 윤기가 나며 나이테가 뚜렷해서 무늬도 아름답다. 가구나 농기구 자루, 벼루를 만들었다. 요즘에는 야구방망이나 스키, 테니스 라켓 같은 운동 기구를 많이 만든다.

봄부터 이른 여름 사이에 줄기에서 껍질을 벗긴 뒤 속껍질만을 햇볕에 말려 약으로 쓴다. 냄새는 별로 안 나고 맛이 조금 쓰다. 눈병에 아주 좋다. 눈에 핏발이 서고 부으면서 아플 때, 눈물이 날 때 껍질 달인 물로 씻어 주면 낫는다. 열이 나거나 설사할 때 먹어도 좋다. 뼈마디가 쑤실 때 가지를 잘게 썰어 푹 삶은 물에 찜질을 하면 좋다.

물푸레나무를 달인 물에 먹을 갈면 먹빛이 더욱 검어진다. 껍질에서 즙을 내어 아교를 섞어 먹을 만들면 먹이 좋다. 물푸레나무는 쥐똥나무나 광나무처럼 백랍이 나는 나무다. 백랍은 상처에 새 살이 나게 하고, 피를 멎게 한다. 양초를 만들면 불이 아주 밝다. 사마귀가 났을 때 백랍을 불에 녹여서 똑똑 떨어뜨리면 사마귀가 떨어진다고 한다.

들메나무는 높은 산 그늘진 곳에서 많이 자란다. 키가 아주 크게 자란다. 물푸레나무와 들메나무 사이의 잡종은 물들메나무이다. 쇠물푸레는 물푸레나무보다 꽃잎이 가늘고 길다. 구주물푸레는 키가 아주 크게 자란다.

갈잎큰키나무

15m

5월

9~10월

사는 곳 산기슭, 산골짜기, 개울가

특징 가지를 꺾어 물에 담그면 푸른 물이 우러난다.

쓰임새 코뚜레나 도리깨 같은 살림살이를 만든다.
가구나 농기구도 짠다. 속껍질을 약으로 쓴다.

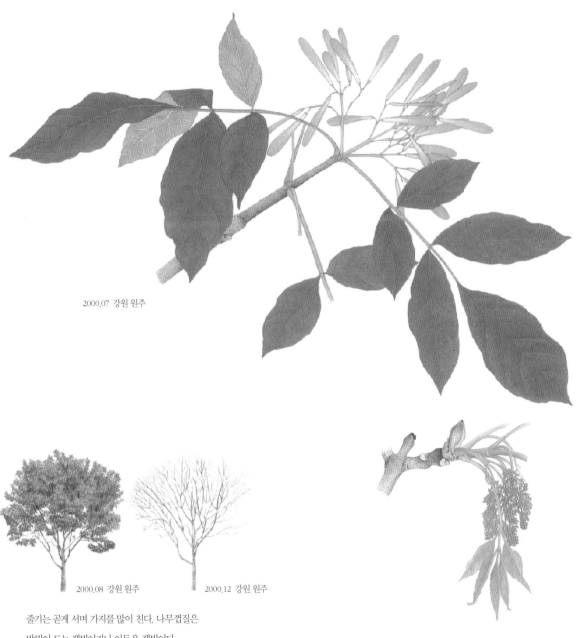

2000.07 강원 원주

2000.08 강원 원주   2000.12 강원 원주

줄기는 곧게 서며 가지를 많이 친다. 나무껍질은
밤빛이 도는 잿빛이거나 어두운 잿빛이다.
잎은 깃꼴겹잎이다. 쪽잎은 달걀 모양이고 양끝이
뾰족하다. 5월쯤에 햇가지 끝이나 잎겨드랑이에
꽃이 핀다. 9~10월에 열매가 여문다.

1. 들메나무 *Fraxinus mandshurica*

2. 쇠물푸레 *Fraxinus sieboldiana*

3. 구주물푸레 *Fraxinus excelsior*

개나리

Forsythia koreana

이른 봄 생강나무나 산수유 꽃이 피면 뒤따라 개나리꽃이 핀다. 개나리꽃이 활짝 핀 것을 보고 봄이 왔다는 걸 안다. 개나리는 집 가까이에서 흔히 볼 수 있다. 울타리나 길 옆에 무더기로 심기도 하고, 한두 그루씩 심기도 한다. 봄에 잎보다 먼저 노란 꽃이 핀다. 잎이 날 때까지 꽃이 달려 있다. 산에는 생강나무가, 울 안에는 개나리가 피어 봄을 알린다는 말이 있다. 우리나라 어디서나 자라는 나무이다. 예전에는 산이나 들에서 저절로 자라는 백합(나리) 무리에 드는 풀을 개나리라고 했다.

가을에 여문 열매를 거둬서 약으로 쓴다. 한약방에서는 개나리 열매를 '연교'라 한다. 연꽃 열매와 닮았기 때문이다. 열을 내리고, 독을 풀고, 염증을 가라앉히고, 오줌을 누게 한다. 피부병이나 곪은 상처에도 쓴다. 감기로 열이 심할 때도 열매를 달여 먹는다. 경상북도 의성에서는 의성개나리를 기른다. 약으로 쓰기 위해 심는 개나리여서 약개나리라고도 한다. 의성개나리는 개나리보다 꽃이 작다. 열매는 개나리보다 많이 달린다.

개나리는 가지를 잘라서 묻어 두면 금세 뿌리를 내린다. 이른 봄에 얼음이 녹은 다음 1~2년 된 가지를 20cm쯤 되게 잘라서 비스듬하게 묻는다. 물이 잘 빠지고 햇볕이 잘 드는 곳에 심으면 매우 빨리 자라나 옆으로 포기를 늘리면서 퍼진다. 심은 지 두세 해 지나면 옮겨 심을 수 있다. 옮겨 심어도 잘 산다. 메마른 곳이나 그늘진 곳에서도 잘 살고, 공기 오염이 심한 곳에서도 잘 산다. 길을 내면서 흙이 무너질 염려가 있는 곳에 일부러 심기도 한다.

개나리 무리에는 산개나리, 만리화, 장수만리화, 영춘화가 있다. 산에 피는 산개나리는 북한산이나 관악산에서 볼 수 있다. 바위틈이나 숲 속에서 자란다. 영춘화는 개나리보다 조금 더 일찍 꽃이 핀다. 꽃잎이 5~6장이고, 가지가 녹색이다.

♣ 갈잎떨기나무

ⓘ 2-3m

✿ 4~5월

🜂 가을

다른 이름 어리자나무, 어라리나무, 신리화, 가지꽃나무

사는 곳 집 가까운 곳. 울타리나 공원 길 옆에 무더기로 많이 심는다.

특징 이른 봄에 노란 꽃이 핀다.

쓰임새 열매를 약으로 쓴다. 꽃을 보려고 심어 기른다.

1999.04 강원 원주

뿌리에서 많은 줄기가 나와서 포기를 늘린다.
줄기는 윗부분이 길게 늘어지고 가지를 많이 친다.
보통 높은 곳에서는 줄기가 아래로 자라고, 낮은
곳에서는 위로 자란다. 어린 가지는 풀빛이고 묵은
가지는 잿빛 갈색이다. 잎은 마주 나며 잎자루가
있다. 버들잎 모양으로 길고 뾰족하다. 윤기가 나고
털이 없다. 꽃은 4월에 잎보다 먼저 핀다. 노란 꽃이
한 송이씩 피거나 두세 송이씩 모여 핀다. 열매는
가을에 여문다. 씨앗은 갈색이고 날개가 있다.

2000.04 강원 원주

1

2

1. 만리화 *Forsythia ovata*

2. 영춘화 *Jasminum nudiflorum*

참오동나무

Paulownia tomentosa

참오동나무는 목재로 쓰기 위해 집 가까이에서 일부러 가꾸는 나무다. 무척 빨리 자라고 가구를 짜기에 좋아서, 집 가까이 오동나무를 심어 두었다가 필요한 일이 있을 때에 베어서 썼다. 목재가 가볍고 무늬가 곱고 잘 썩지 않아서 가구나 악기를 만드는 데 좋다. 오동나무 껍질은 물감 원료로 쓰고 잎은 벌레를 없애는 데 쓴다. 변소 안에 오동나무 잎을 몇 장 넣어 두면 구더기가 생기지 않고 구린내도 덜 난다. 오동나무로 나막신을 만들어 신기도 했다. 오동나무 신은 가볍고 발에 땀이 잘 안 찬다. 잘 닳지도 않아서 오래 신을 수 있었다.

오동나무를 마당에 심으면 여러모로 좋다. 봄에는 보랏빛 꽃이 피는데 향기가 참 좋다. 여름에는 잎이 넓어서 그늘이 좋다. 나무 생김새도 아름답다. 오동나무는 물이 잘 빠지는 기름진 땅을 좋아한다. 비탈진 곳에서도 잘 자란다.

예전에는 오동나무와 참오동나무를 구별해서 따로 나누기도 했다. 흔히 집에 심은 오동나무로 참오동나무가 많다고 했지만, 요즘은 둘을 가리지 않고, 참오동나무 하나로 묶어 다루는 경우가 많다. 개오동이나 벽오동은 이름에 오동이라는 말이 있지만 전혀 다른 나무이다. 개오동은 오동나무와 생김새도 비슷하고, 목재의 성질이나 쓰임새도 비슷하다. 가볍고 습기에 잘 견뎌서 가구나 악기를 만드는 데에 쓴다. 열매는 약으로 쓴다.

오동나무 목재는 흰색이거나 불그스름한 흰색이다. 가벼운데도 틀어지는 일이 없다. 또 습기를 막고 잘 안 썩는다. 그래서 옷장, 책장, 그림 상자 들을 만든다. 악기를 만들면 소리가 곱고 맑게 울려서 거문고나 가야금, 장구통을 만드는 데 가장 좋은 나무로 친다. '오동은 천 년이 지나도 가락을 잃지 않는다'는 말이 있을 정도이다. 잘 닳지도 않는다.

심어 기를 때는 양지바른 산기슭이나 마을 가까이에 심는다. 가을에 씨앗을 묻어 두었다가 봄에 심는다. 오동나무는 햇볕을 좋아하고 빨리 자란다. 2~3년 동안은 윗줄기를 잘라 주면서 기른다. 추위에 약하기 때문이다. 추운 지방에서는 겨울에 줄기를 볏짚으로 싸 준다. 심어서 15~20년이면 목재로 쓸 수 있다.

갈잎큰키나무

15m

5월

가을

사는 곳 집 가까이에 심어 가꾼다.

특징 목재가 가볍고 잘 썩지 않는다.

쓰임새 목재로 장을 짠다. 악기도 만든다.

꽃

열매

참오동나무 *Paulownia tomentosa*

1997.09 강원 원주

참오동나무는 굵은 가지가 사방으로 고루 뻗는다.
나무껍질은 검은 잿빛이다. 잎이 아주 크고 넓적하다.
끝은 뾰족하고 가장자리는 매끈하다. 때로는 얕게
갈라지는 것도 있다. 뒷면에는 빽빽하게 솜털이 난다.
꽃은 5월에 가지 끝에 핀다. 종 모양이고 희거나
보랏빛이다. 둥근 열매가 가을에 익는다.

2000.08 강원 원주

1998.01 충남 부여

1

2

1. 오동나무 *Paulownia coreana*

2. 개오동 *Catalpa ovata*

곡식과 채소

3_1 논농사와 밭농사

우리는 오래전부터 농사를 지어서 먹고 살았다. 곡식 농사, 채소 농사, 과일 농사가 잘되어야 먹고 살 수 있다. 곡식 농사로는 단연 논에서 짓는 벼농사가 많고, 밭에서는 벼가 아닌 다른 곡식, 콩이나, 보리, 잡곡을 가꾸고, 싱싱하게 먹는 반찬 거리가 될 채소를 가꾼다.

요즘 우리나라 사람들은 나라 안에서 농사를 지어 먹는 것보다 다른 나라에서 사들여 온 농작물을 훨씬 많이 먹는다. 쌀 빼고는 먹을 것이 아주 모자란다. 닭이나 소나 돼지처럼 길러서 먹는 고기도 대개 사람이 농사를 지어서 거둔 사료 작물을 먹이는데, 이 사료들도 수입하는 것이 훨씬 많다. 그나마 지금 농사를 짓는 사람들은 나이가 많은 사람이 대부분이어서 농사를 짓는 사람들이 빠르게 줄어 들고 있다.

농사를 짓는 논과 밭은 오랜 시간에 걸쳐 땅을 일군 것이다. 땅을 평평하게 골라 논둑이나 밭둑을 쌓고, 돌을 골라내고, 물을 대기 좋도록 수로를 내고, 해마다 거름을 한다. 지금은 석유로 움직이는 기계를 써서 금방이라도 땅 모양을 바꾸고는 하지만, 예전에는 사람이나 가축의 힘을 빌어서 온 나라의 논밭을 가꾸었다. 또 농사짓는 땅이란 땅의 성질까지 바꾸는 것이어서, 오랜 시간 어떻게 가꾸어 왔는지, 해마다 손공을 어떻게 들이는가에 따라 땅이 달라진다. 옛날 흙집이 사람이 살지 않으면 금세 집이 무너져 내리듯, 잘 가꾼 논밭이라도 몇 해 돌보지 않으면 금세 묵정밭이 되고 농사를 짓기 어려워진다.

논에서는 벼농사를 짓는다. 물을 대서 농사를 짓는 땅이라 넓은 땅을 평평하게 고르고 물이 새지 않도록 하려면 늘 논을 돌봐야 한다. 쌀을 많이 거두기 위해서 물을 대는 농사법을 시작한 것이 전국으로 널리 퍼진 것은 조선시대였다. 전국으로 따져서 밭 넓이의 절반 정도가 논이었다. 밭에서 벼를 기르기도 한다. 큰 평야는 논이 이어져 있어서 그런 풍경을 보면 우리나라에 논이 훨씬 많아 보이지만 나라 전체로는 밭이 더 많다. 산을 일군 땅이나 경사진 땅은 밭으로 가꾼다. 그래서 남쪽 지방일수록 논이 많고, 북쪽에는 밭이 많다. 옛 사람들이 처음 농사를 짓기 시작할 때는 죄다 밭이었다. 벼도 밭에서 길렀다. 하지만 시간이 지나면서 논에 물을 가둬 벼를 심어 기르기 시작했다.

조선 시대에는 논을 많이 만들려고 온힘을 기울였다. 땅을 논으로 가꾸려면 힘이 많이 든다. 논흙은 물을 가둘 수 있어야 하고, 평평하게 땅을 골라야 한다. 거기에다가 아주 많은 양의 물을 필요한 대로 다룰 수 있는 시설을 마련해야 한다. 이렇게 땅을 가꾸고 물을 다룰 수 있어야 논에 물을 대고 논농사를 지을 수 있다. 벼도 잘 자라고 김매기도 쉬워진다. 땅과 물이 마련되면 밭농사를 짓는 것보다 훨씬 많은 양식을 얻을 수 있다. 물을 가두는 논을 만드는 것도 그렇지만, 요즘 흔히 하는 우렁이 농법이나 오리 농법 같은 여러 농법들은 풀을 어떻게 매는지에 따라 붙인 이름이다. 그만큼 풀을 매는 방법에 따라 농사 짓는 데에 힘이 드는 것도 달라지고, 거두는 것도 달라진다.

들판에서는 농사짓기 편하게 논을 반듯하게 만든다. 하지만 산비탈에 만든 다랑이 논은 구불구불하다. 논은 벼를 기르는 곳이기도 하지만, 큰물이 날 때 물을 가둬서 홍수가 나지 않게도 한다. 옛말에 논은 거머리가 사는 논을 사고, 개구리가 울지 않는 논은 값이 떨어진다고 했다. 그만큼 논에는 물이 차 있어야 한다는 말이다. 물이 잘 빠지는 논은 얼금이 논이라고 해서 좋은 논으로 치지 않았다.

벼가 아닌 보리나 밀 같은 곡식이나 여러 가지 채소는 밭에서 기른다. 밭은 물을 가두지 않고, 고랑과 이랑을 만들어서 물을 적당히 머금고, 또 적당히 빠질 수 있게 한다. 모든 농작물은 저마다 알맞은 땅이 있다. 농사꾼은 심어 기를 곡식과 채소에 따라 땅을 일구어야 한다. 또 그 땅에서 잘 자라는 적당한 작물을 찾는 노력도 해야 한다.

흙은 바위가 오랜 세월을 거쳐 잘게 부서져서 생긴다. 얼마만큼 잘게 부서졌느냐에 따라 모래땅도 되고 진흙땅도 된다. 지역에 따라 흙빛도 많이 다르다. 이 흙에는 흙 알갱이와 물, 공기, 영양분이 함께 있어서, 작물이 자라는 기본이 된다. 밭을 잘 가꾸면 이런 여러가지가 잘 어우러지게 된다.

요즘은 밭에서 작물을 기를 때 직접 먹을 것보다는 내다 팔기 위해서 농사를 짓는다. 그래서 값을 제대로 받을 수 있는지, 내다 팔기에 어렵지는 않은지 하는 것을 먼저 따져서 작물을 고른다. 지역마다 특산물이라고 하는 것도, 그 지역에 맞춰 농사가 아주 잘되는 까닭일 때도 있지만, 내다 팔고 보관하고 관리하기에 좋으려고 한두 가지 작물을 정해서 심는 경우도 많다.

이런 식으로 돈으로 바꾸기 위한 농사가 아닐 때는, 밭을 가꿀 때 땅이 얼마나 기름진지, 물을 대기가 얼마나 좋은지, 집에서 얼마나 가까운지 하는 조건을 따져서 작물을 골라 심는다. 마당이나 대문 가까이 마련하는 텃밭은 부엌을 드나들며 반찬거리 하기에 좋은 채소들을 고른다. 텃밭에 고추나 가지, 호박 같은 열매채소나 상추나 쑥갓, 아욱, 머위 같은 잎채소, 무, 당근 같은 채소들을 가꾸면 채소가 자라는 동안, 끼니마다 맛있고 건강한 밥상을 차릴 수 있게 된다. 요즘은 도시에서도 옥상이나 베란다나 길 한 켠에서 채소를 기르려고 애를 쓴다.

농사지은 것은 방금 거둔 것, 멀리 옮기느라 고생하지 않은 것이 맛과 영양이 좋다. 옥수수나 토마토 같은 것은 따는 순간부터 맛이 금세 달라지는 것을 쉽게 알아차릴 수 있는 것들이다. 도시 텃밭에서 작물을 기르는 것은 여러 가지로 어려운 조건이지만, 직접 농사를 지어서 작물이 자라는 것을 지켜보느라 애정이 생기고, 갓 따낸 것을 그 자리에서 먹는 기쁨을 누릴 수 있다. 자투리 땅을 잘 가꾸면, 우리나라처럼 식량 자급률이 낮은 나라에서 귀한 밭이 될 수 있다.

3_2 한 해 농사

우리가 먹는 음식은 저절로 생겨나지 않는다. 땀 흘려 농사짓는 농사꾼이 있기 때문에 우리는 밥 굶지 않고 산다. 쌀을 거두려면 여든 여덟 번 땀을 흘려야 한다는 말이 있다. 또 곡식과 채소는 농사꾼 발자국 소리를 듣고 자란다는 말도 있다.

농사일은 크게 보아 땅을 마련하는 일, 작물을 심고 거두는 일, 논밭에서 풀을 매고, 벌레나 병으로부터 작물을 지키는 일로 나뉜다. 땅을 마련하는 것은 작물이 잘 자랄 수 있도록 땅을 고르는 것과 거름을 해 넣어서 땅을 기름지게 하는 일이다. 심으려고 하는 작물에 걸맞게 땅을 마련해야 농사가 시작된다. 다만, 한번 땅을 마련했다고 되는 일은 아니고, 농사를 지으려면 해마다 거름을 하고, 논둑을 살피고, 돌을 골라내고 하는 식으로 늘 기름진 땅이 되도록 애써야 한다. 요즘은 비료를 많이 쓰고, 또 제초제를 쓰거나 해서, 거름하고 김매는 일에 드는 품을 많이 줄였지만, 예나 지금이나 사람이 하는 일로만 치면 농사일은 거름하고 김매는 일에 손공이 가장 많이 든다.

옛말에 '농사꾼이 똥 무서우면 농사 못 짓는다'는 말이 있다. 거름 한 짐이 곡식 한 짐이 되고, 거름더미가 곧 쌀더미라는 말도 있다. 거름을 잘 해야 땅이 기름지고, 땅이 기름져야 농사가 잘 된다. 거름에는 곡식과 채소가 자라는데 필요한 영양분이 듬뿍 들어 있다. 이 영양분은 곡식과 채소가 쑥쑥 잘 크게 할 뿐만 아니라 튼튼하게도 만든다. 병에도 잘 안 걸리고 거둔 열매나 채소가 맛도 좋고, 영양도 좋다. 거름을 따로 마련했다는 기록은 아주 오래전부터 있어서 3천 년 전에 두엄을 넣었다고 했고, 콩을 심을 때 유황과 재를 넣으면 꼬투리가 더 잘 달린다고 했다. 또 벌써 2천 년 전에 석회를 뿌려야 농사가 잘 된다고 말했다.

거름은 볏짚이나 풀, 깻묵, 가랑잎, 왕겨 따위로 만든다. 한곳에 모아 사람이나 집짐승 똥이나 오줌을 뿌리고 뒤섞는다. 쌀뜨물이나 설탕물을 조금 뿌리면 발효가 더 잘 된다. 두엄 더미를 비닐로 덮어 두면 더 잘 삭아서 좋은 거름이 된다. 잘 삭은 거름은 부슬부슬하고 구수한 냄새가 난다. 작은 텃밭에는 쌀뜨물이나 음식물 찌꺼기, 오줌 따위를 잘 삭혀서 주거나 달걀 껍데기나 조개껍질 따위를 잘게 부수어 주면 된다. 밭에 지렁이를 키워도 좋다. 지렁이가 흙을 먹고 똥을 싸 저절로 흙에 거름을 주는 셈이다. 또 지렁이가 굴을 뚫고 돌아다니면서 흙속에 공기를 넣어 주어 땅이 저절로 기름지게 된다. 요즘은 화학비료를 많이 쓴다. 화학비료는 곡식과 채소에 꼭 필요한 질소, 인산, 칼륨 같은 영양분만을 뽑아 만든다. 화학비료는 곡식과 채소의 덩치를 금세 부풀리지만, 영양이 낮고 맛이 안 좋은 작물이 되고, 흙은 산성화되고 힘을 잃는다.

거름을 하고 나면, 땅을 가는 일이 있다. 예전에는 '밭갈이하는 큰 뜻은 억센 흙은 부드럽게 하고 부드러운 흙은 억세게 한다, 쉬고 있는 흙은 일하게 하고 일하고 있는 흙은 쉬게 한다, 메마른 흙은 기름지게 하고 기름진 흙은 메마르게 한다. 굳은 흙은 무르게 하고 무른 흙은 굳게 한다. 축축한 흙은 말려 주고 마른 흙은 축축하게 해 주는 것이다'라고 했다.

논과 밭을 갈면 뭉쳐서 딱딱하게 굳은 흙이 부드러워진다. 흙이 부드러워야 뿌리가 잘 내리고 거름과 물을 잘 품는다. 흙이 뒤집히면서 흙 속으로 공기가 넉넉하게 들어가고 흙 속에 숨어 있는 벌레나 병균도 죽인다. 하지만, 무엇보다 중요한 것은 작물의 씨를 뿌리기 전에 다른 풀을 뒤집어 엎어서, 땅속에 묻고 거름이 되게끔 하는 일이다. 그래서 땅을 가는 일은 씨를 뿌리기 전에 한다. 씨뿌리는 때가 아닐 때는 풀이 너무 많이 자랄 것 같을 때에 땅을 간다. 풀을 매는 일이기도 한 것이다. 요즘은 자연에서 식물이 자라는 방식과 비슷하게 농사를 짓는다고 해서 일부러 땅을 갈지 않기도 한다. 옛 어른들도 넓은 논밭을 가꿀 때는 땅을 반드시 갈았지만, 늘 손이 자주 가고, 땅이 좁은 텃밭 농사를 지을 때는 부러 땅을 가는 일 없이 먹을 것을 심어 가꿨다.

땅이 마련되면 작물을 심어 가꾸고 거둔다. 오래전 농사를 짓기 시작하면서부터 사람들은 튼튼하고, 열매가 많이 달리고, 맛이 좋은 씨를 골라 받았다. 지금은 커다란 종자 회사에서 어떻게 만드는지도 알기 어려운 종자에 기대어 농사를 짓는 집이 대부분이지만, 옛날에는 씨를 거두지 않으면 이듬해 농사를 지을 수 없었다. 콩이나 깨나 낟알을 털어서 거두면 이듬해에 심을 씨를 꼭 따로 두었다. 그래서 옛말에 '굶어 죽어도 씨는 남긴다'는 말이 있다. 최근에는 오랫동안 우리 땅에서 이어져 내려온 씨를 지키는 데에 힘쓰는 사람들이 늘고 있다.

벼 싹　　　　　옥수수 싹　　　　　배추 싹　　　　　감자 싹　　　　　참깨 싹　　　　　호박 싹

작물을 기르는 동안 가장 손이 많이 가는 일이 김매는 일이다. 잡초를 뽑아야 거름을 뺏기지 않고, 작물이 잘 자랄 수 있다. 풀이 많으면 작물이 자랄 자리도 없고, 키가 더 크게 자라 곡식이나 채소가 받을 햇빛을 가로막는다. 김을 맬 때는 호미를 쓴다. 호미로 풀만 뽑는 것이 아니고 흙을 북돋고 갈아 주면서 흙 속에 공기가 잘 들어가 뿌리가 숨을 쉬도록 해 주고 흙을 부드럽게 해 준다. 옛말에 '거름보다 호미질이다'라는 말이 있다. 거름을 아무리 잘 줘도 풀이 홀라당 뺏어 가면 남 좋은 일만 시킨 셈이기 때문이다. 풀은 곡식과 채소보다 훨씬 잘 자라는 것이 많아서, 조금만 돌보지 않아도 논과 밭을 뒤덮는다. 뽑아도 뽑아도 어느새 다시 자란다. 그래서 '호미 놓은 자리에 풀 난다'고 까지 했다.

하지만 풀이 아무 쓸모없는 것만은 아니다. 풀은 훌륭한 거름이 되고 집짐승 먹이가 된다. 옛날에는 논둑이나 밭둑에 자란 풀을 베어 소여물을 만들었다. 소가 먹고 싼 똥으로 다시 거름을 만든다. 풀을 베어 똥과 오줌을 섞어 썩히면 땅을 기름지게 만드는 거름이 된다. 봄에 논에 돋은 자운영 같은 풀은 땅을 갈아 그대로 거름으로 쓸 수 있다. 쑥이나 냉이처럼 나물로도 먹을 수 있다. 또 풀이 그늘을 만들기 때문에 땅이 바짝 마르는 것을 막아준다.

곡식과 채소를 잘 가꿨으면 거두는 때도 알맞게 맞춰야 한다. 이르거나 늦으면 일은 많아지고, 농사지은 것에 견주어서 거두는 것이 적어지기 쉽다. 처음 심을 때만큼이나 거두는 때에도 날씨가 좋아야만 일이 잘 된다. 가을 일이 바쁠 때에는 부지깽이도 덤빈다는 소리가 있을 만큼 때를 맞춰서 일을 해내야 한다. 거둔 곡식과 채소는 잘 갈무리해 두어야 두고두고 먹을 수 있다. 쭉정이나 썩거나 벌레 먹은 것을 골라내고, 오래 둘 수 있는 곳을 마련하고, 이듬해 뿌릴 씨앗을 따로 마련한다. 오래 두고 먹으려면 벌레가 꼬이지 않고, 썩거나 무르지 않고, 싹이 돋지 않게 갈무리한다. 축축하지 않고 서늘하고 햇볕이 들지 않는 곳에 두는 것이 좋다. 잘 말리거나 장아찌를 담그면 오래 두고 먹을 수 있다.

벼를 거둘 때는 며칠 날이 맑고 볕이 좋아야 한다. 논이 잘 마르고, 이삭이 영글어야 거두기 좋다. 거두는 날에도 햇볕에 이슬이 잘 마른 다음에 거둔다. 요즘은 콤바인이 곧바로 탈곡까지 해서 예전처럼 벼베는 일이 손이 많이 가지는 않는다. 논에서 잘 말랐더라도 베어낸 다음에는 곧바로 널어 말린다. 햇볕에 널어 말렸을 때는 다시 담을 때에도 볕이 뜨거울 때 담는 게 좋다. 그래야 벌레도 덜 생기고, 오래 보관하기 좋다. 밀이나 보리는 이모작을 할 때 초여름에 거두는데, 벼와 거의 비슷하게 일을 한다.

벼   보리   조   기장   수수

　기장은 바람에 씨가 잘 떨어져서 반쯤 익었을 때 베어 거둔다. 조는 씨가 잘 안 떨어져서 다 익기를 기다려 거둔다. 줄기와 잎이 마르고 이삭이 여물면 줄기째 베어 단으로 묶어 세워 말린다. 하루 이틀 말린 뒤에 이삭을 도리깨로 턴다. 수수는 빨갛게 여물면 이삭을 베어 다발로 묶는다. 다발을 이삭이 아래로 오도록 거꾸로 높은 곳에 매달아 그늘에서 말린다.

　마늘과 양파, 상추, 쑥갓, 감자는 오뉴월에 거둔다. 마늘과 양파는 겨울을 나고 봄에 거둔다. 흙을 털어서 잘 말린다. 통째로 엮어서 그늘에 걸어두면 이듬해까지 두고두고 먹을 수 있다. 상추는 봄에 심어 밑에서부터 줄곧 잎을 따 먹는다. 이렇게 길러 먹는 아욱이나 쑥갓, 들깨 같은 잎채소들이 도시에서도 길러 먹기 쉽다. 여름이 지나 꽃대가 올라올 때까지 잎을 먹는다. 감자는 제때 캐지 않으면 장마에 썩기 쉽다. 대파, 호박, 생강, 고구마, 무, 배추 같은 채소는 거의 가을에 거둔다. 배추는 조금 얼었다 녹았다 해도 괜찮지만 무는 서리가 내리기 전에 거둬야 뿌리에 바람이 들지 않는다. 무 잎은 그늘에 널어 시래기를 만들어 겨우내 먹는다. 늙은 호박은 그냥 두어도 오래가지만 껍질을 벗겨 길게 썰어 말리기도 한다. 가지나 박 같은 열매채소도 그렇게 잘라서 말린다. 이렇게 말린 나물을 고지라고 한다.

　콩이나 팥, 참깨, 들깨는 꼬투리를 햇볕에 잘 말린 뒤 도리깨나 방망이로 턴다. 다 익기 전에 밭에서 베어와서 씨가 떨어져도 괜찮도록 밑을 깐 다음, 세우거나 널어서 말린다. 밭에 너무 오래 세워 두면 저절로 콩깍지가 벌어져서 씨가 튄다. 콩이나 팥에도 벌레가 잘 꼬인다. 특히, 밥밑콩으로 먹는 콩일수록 벌레가 잘 생긴다. 씨로 쓸 것은 더욱 잘 말리고, 벌레가 생겼는지 때마다 들여다 보는 게 좋다.

　씨는 잘 여물고 통통한 것을 골라 갈무리한 뒤 햇볕에 잘 말리거나 하는 식으로 씨앗마다 알맞게 보관한다. 또 좋은 씨를 얻기 위해서는 가장 튼튼하게 잘 자라는 것을 따로 남겨서 씨를 받고, 아예 가루받이를 할 때부터 사람이 따로 골라 직접 가루받이를 하는 것이 나을 때도 있다. 옛날부터 시골에서는 씨앗을 집안 방이나 거실, 마루에 종이 봉투나 그릇에 담거나 이삭째로 매달아 놓았다. 그렇게 해서 한두 해가 넘도록 보관했다. 요즘에는 잘 마른 씨를 병이나 비닐봉투나 플라스틱 통에 넣어 냉장고에 넣어 둔다. 그러면 꼭 이듬해 안 뿌리더라도 오랫동안 두었다가 뿌릴 수 있다.

가지　　　　　토마토　　　　　　배추　　　　　오이　　　　　　호박

밀

Triticum aestivum

밀은 밭이나 논에 심어 기르는 두해살이 곡식이다. 전 세계로 따져서도 3대 곡식에 들고 우리나라에서도 쌀 다음으로 많이 먹는다. 기르기 시작한 지는 1만 년도 더 되었고, 우리나라에서도 삼국 시대 전부터 심어 길렀다는 기록이 있다. 그러나 불과 몇 십 년 사이에 값싸게 외국에서 들여오는 밀 때문에 토박이 밀을 심는 곳이 아주 드물어졌다. 그래서 우리 밀을 구하기 어렵게 되었다. 우리가 먹는 밀의 99% 정도가 다른 나라에서 들여오는 밀이다.

밀은 보리와 기르는 법이 비슷하다. 보리처럼 가을에 씨를 뿌려서 어린잎으로 겨울을 나고 이듬해 봄부터 쑥쑥 자라서 초여름이 되면 다 여문다. 논에서 벼를 베어낸 다음 밀을 심는 곳이 가장 많다. 밭에서는 콩이나 조를 거두어들이고 난 뒤에 심는다. 밀은 잎이 대여섯 장쯤 난 채로 겨울을 난다. 봄이 되면 포기가 늘어나면서 대가 크고, 여름 들머리에 이삭이 누렇게 익으면 벤다. 밀가루는 조금만 축축하고 더우면 벌레가 생기고 묵은내가 나며 썩기 때문에, 여느 곡식보다 보관하는 데에 애를 써야 한다. 잘 상하지 않는 밀가루는 건강하지 않은 것이기 쉽다.

밀가루로는 여러 음식을 만들어 먹는다. 국수나 수제비도 하고, 전을 부치거나 튀김도 해 먹는다. 빵이나 과자도 굽는다. 밀에는 글루텐이라는 성분이 있어서, 반죽을 하면 잘 늘어나거나 부풀고, 달라붙는다. 그래서 밀가루 음식이 여럿 생겨났다. 글루텐이 많으면 강력분, 가운데는 중력분, 박력분이 가장 적다. 꼭 쓰임새를 맞출 필요는 없지만, 흔히 강력분으로 빵을 굽고, 중력분으로 국수나 수제비를 만들고, 박력분으로 과자를 많이 만든다. 또 통밀로는 누룩을 만들어 막걸리를 빚기도 한다. 풀도 쑨다. 밀짚으로는 모자나 방석을 짠다.

우리나라 토종밀이 일본을 거쳐 '멕시코 반왜성밀' 품종이 되었다. 지금 온 세계에서 가장 많이 심어 기르는 밀이다. 토종밀은 추위에 강하고 늦게 여문다. 이삭이 가늘고 길며, 까락도 길고 빨간 낟알이 많은데, 지금은 토박이 밀로 농사를 짓는 곳이 아주 조금 남아 있다. 서양에서 농사짓던 밀보다 키가 작아서 토박이 밀을 보고 '앉은뱅이'라는 이름을 붙였다. 지금껏 토박이 밀 농사를 지어 왔던 지역에서는 '토종밀'이나 '빨간밀'이라고 한다.

호밀은 키가 아주 크다. 어른 키보다 훌쩍 더 크게 자란다. 우리나라에서는 사료나 녹비 작물로 호밀 농사를 짓는다. 사람이 먹을 요량으로 곡식 농사를 짓는 농가는 전국에 몇 없다.

❋ 두해살이풀

ⓘ 1m쯤

📶 10~11월

❋ 늦은 봄

🧺 초여름

다른 이름 소맥

가꾸는 곳 밭, 논

특징 오래전부터 밀 농사를 지었지만 지금은 수입 밀 때문에 밀 농사를 거의 짓지 않는다.

쓰임새 국수, 빵, 과자를 만든다.

줄기가 두세 대씩 모여서 나고 곧게 자란다. 줄기
속은 비어서 둥근 기둥 같고 마디는 굵고 겉은
반들반들하다. 잎은 폭이 20mm쯤이고, 길이는
20cm 가까이 된다. 길다란 버들잎 모양이다. 털이
없고 가장자리가 까끌까끌하다. 5월이 되면 줄기
끝에서 이삭이 나오는데 처음에는 풀색이다가
익으면서 누르스름해진다. 낟알은 보리알보다
조금 작다.

2008.05 전북 익산

씨　　　싹　　　어린잎　　　　　겨울나기　　　　　　이삭　　　　　호밀 *Secale cereale*

보리

Hordeum vulgare

보리는 밭이나 논에 심어 기르는 두해살이 곡식이다. 얼마 전까지 벼만큼 많이 먹는 곡식이었지만 요즘은 먹는 양이 많이 줄었다. 어쩌다가 별미로 먹거나 건강식으로 특별하게 먹는 정도이다. 농사를 짓는 땅도 많이 줄었다.

보리농사는 밀과 거의 비슷하다. 밀처럼 가을에 씨앗을 뿌려서 이듬해 장마가 지기 전에 거둔다. 추위를 잘 견뎌서 여름에 벼농사를 짓고 겨울에 보리농사를 짓는다. 싹이 난 채로 겨울을 나는 동안 땅이 들뜨지 않게 보리밟기를 한다. 콩이나 조를 거두어들이고 난 밭에 뿌리기도 하지만, 논에서 재배하는 것이 더 많다. 어린잎으로 겨울을 나고 봄이 오면 쑥쑥 자라나서 6월이면 누렇게 익는다. 보리가 밀보다 조금 일찍 익어서 한두 주 일찍 거둔다. 낟알을 털어 잘 말려서 갈무리한다. 잘 말려서 갈무리해야 바구미가 안 생긴다.

보리는 쌀보다 값이 싸고 여름에 거두는 것이어서, 쌀이 떨어져 먹을 것이 없을 때 밥으로 먹었다. 그러니 여름에는 내내 보리밥을 먹는 집이 많았다. 초여름에 거두어들여서 쌀이 나오는 가을까지 밥을 지어 먹었다. 옛날에는 곡식이 똑 떨어지고 보리가 아직 채 여물지 않아 먹을 것이 없을 때를 '보릿고개'라고 했다. 보릿고개는 태산보다 높다는 말이 있을 정도로 힘들었다.

보리는 밥으로 먹기도 하지만, 가루를 내어 된장 담글 때도 쓰고 싹을 틔워 엿기름도 낸다. 엿기름으로는 식혜나 조청, 엿을 만들어 먹는다. 겉겨를 벗기지 않고 통째로 볶아서 보리차를 만들기도 한다. 빵을 만들거나 맥주나 양주 같은 술을 빚기도 한다.

흔히 봄보리와 가을보리, 겉보리와 쌀보리로 나눈다. 겉보리는 껍질이 잘 안 까지는데 쌀보리는 껍질이 잘 까진다. 보리는 소화가 잘 되는 음식이다. 보리밥을 아무리 많이 먹어도 금방 소화가 돼서 배가 고프다. 보리밥은 씹을 때 미끌미끌하고 껄끄럽지만 하얀 쌀밥보다 여러가지 영양소가 더 많이 있다. 몸에도 좋을 뿐만 아니라 여러 가지 음식을 만들어 먹는다. 고추장도 쑤고 식혜도 담고 떡도 쪄 먹는다. 옛날에는 보릿겨와 보리를 씻은 뜨물은 짐승 먹이로 주고, 보리 짚은 불쏘시개로도 썼다. 약간 덜 여문 보리 이삭을 통째로 불에 구워 먹어도 맛있었다.

✿ 두해살이풀	**다른 이름** 맥, 대맥
❶ 40~100cm	**가꾸는 곳** 밭, 논
🜢 10~11월	**특징** 잡곡 가운데 가장 많이 먹었지만, 최근에
✿ 4~5월	먹는 양이 크게 줄었다.
🧺 6월	**쓰임새** 밥을 해 먹는다. 또 엿기름을 내거나 볶아서
	차를 만든다.

2014.06 인천 강화

뿌리는 수염뿌리로 뻗는다. 줄기는 곧게 자라며
속이 비어 있고 매끌매끌하다. 줄기에는 마디가
지는데 마디에서 끈처럼 생긴 긴 잎이 나온다.
잎자루는 줄기를 완전히 둘러싼다. 4~5월쯤 줄기
끝에서 이삭이 나온다. 이삭에는 짧은 털이 있는데
나중에 끝이 길게 자라서 까끄라기가 된다.
6월쯤 여문다.

씨　　　　싹　　　　어린잎　　　　　　겨울나기　　　　　　꽃　　　　　　　　　이삭

벼

Oryza sativa

벼는 우리나라에서 가장 중요한 곡식이다. 끼니마다 쌀밥을 가장 많이 먹는다. 거의 논에서 기르지만 가끔 밭벼를 심어 기르는 곳도 있다. 주로 우리나라와 아시아 사람들이 끼니 삼아 먹고 사는데, 밀과 함께 세계에서 가장 많이 심는 곡식에 든다. 온 세상 사람 절반쯤이 쌀을 먹는다.

벼는 봄에 모내기를 하고, 가을에 거둔다. 곡식 가운데 물을 댄 논에서 기르는 곡식은 벼뿐이다. 물을 대는 것은 벼가 물을 좋아하기 때문이지만, 잡초를 줄이는 효과도 뛰어나다. 물이 찰랑한 논에 이미 한뼘 가까이 자란 모를 심으면 다른 잡초보다 벼가 빨리 자랄 수 있다. 흔히 오리농법이니, 우렁이농법이니 하는 것들은 모두 김매기를 어떻게 하는지에 따라 붙인 이름이다. 가을에 이삭이 누렇게 익으면 고개를 푹 숙인다.

낟알은 왕겨라고 부르는 겉껍질에 싸여 있다. 왕겨를 벗겨 내면 우리가 흔히 먹는 쌀이 나온다. 쌀은 왕겨를 벗기고 쌀을 깎아 내는 정도에 따라 크게 현미와 백미로 나눈다. 현미는 왕겨만 벗겨 낸 쌀이다. 쌀알이 노르스름하다. 백미는 왕겨를 벗겨 낸 뒤에도 속겨를 여러 번 깎아서 쌀알이 하얗다. 쌀겨를 많이 벗겨 낼수록 여러 가지 영양소도 함께 깎여 나가고 남아 있는 것은 달달한 맛이 나는 탄수화물이 거의 대부분을 차지한다. 그래서 벌레도 어지간해서는 먹으려고 하지 않는다. 덕분에 오랫동안 보관할 수 있게 되었지만, 영양소로 보면 현미보다 훨씬 좋지 않다.

쌀로는 죽, 떡, 전, 찜, 케익, 과자 따위도 만들고, 막걸리와 동동주를 담근다. 멥쌀로는 밥을 많이 해 먹고, 찹쌀로는 떡이나 술, 엿을 만든다.

벼는 본디 인도 들판과 중국에서 저절로 자라던 풀이다. 우리나라에서도 아주 오래전부터 길렀다. 3천 년쯤 지난 것이라고 여겨지는 불에 탄 볍씨도 발견되었다. 처음에는 따뜻한 강가에서 기르던 것을 농사법이 발달하면서 온 나라에서 심어 기르게 되었다. 지금은 품종을 개량하여 빨리 여무는 벼, 병충해에 강한 벼, 이삭 수가 많은 벼, 낟알이 큰 벼, 맛이 더 좋은 벼 따위를 개발하여 심고 있다. 지금도 좀 더 맛있고 많이 거두는 벼 품종을 만들어 내려고 애쓰고 있다. 그러나 거꾸로 우리 토박이 볍씨를 찾아서 기르는 사람들도 있다.

✳ 한해살이풀
❶ 50~130cm
🌱 4~5월
✳ 7~9월
🧺 9~10월

다른 이름 베, 나락

가꾸는 곳 논, 밭

특징 가장 많이 먹는 곡식이다.

쓰임새 밥을 해 먹는다. 떡이나 다른 음식도 해 먹는다.

찹쌀   흰쌀   현미

2008.09 충북 청원

키가 50~130cm 안팎으로 큰다. 수염뿌리가 내리고
포기를 이루며 자란다. 줄기는 모여 나고 마디를
지며 큰다. 줄기 속은 비었다. 잎은 어긋나게 붙고
좁고 길다. 앞쪽은 까칠까칠하다. 7~9월에 줄기
끝에서 꽃이 피고 이삭이 당글당글 맺는다.

볍씨　　　　어린 벼　　　　모내기 한 벼　　포기가 늘어난 벼　　　꽃　　　　　이삭

조

Setaria italica

조는 밭에 심어 기르는 한해살이 곡식이다. 조는 사람들이 가장 먼저 가꾼 오래된 곡식으로 알려져 있다. 이삭이 몽글몽글 붙어서 강아지풀처럼 생겼는데 키도 크고, 이삭도 큼지막하다. 가을이 되면 큰 이삭에 자잘한 열매가 수천 개쯤 열린다. 이 열매를 털어 껍질을 벗기면 좁쌀이 나온다. 좁쌀은 곡식 가운데 알이 가장 잘다. 좁쌀로만 밥을 지으면 쌀밥과 달리 끈기가 없어서 푸슬푸슬하고 까슬까슬해서 밥맛이 안 좋다. 그래서 쫀득한 쌀과 섞어서 밥을 지어 먹는다. 하얀 쌀밥에 노란 좁쌀이 섞이면 보기도 좋고, 영양도 풍부해진다.

조는 아주 오래전 사람들에게는 벼, 보리, 밀보다 더 중요한 곡식이었다. 좁쌀로만 밥을 지어 먹는 일도 그리 오래전 일이 아니었다. 거칠고 메마른 땅에서도 잘 자라서 제주도나 강원도 산간 마을처럼 땅이 좋지 않은 곳에서 많이 길렀다. 보리와 함께 심어 기를 때가 많은데, 보리가 많이 자랐을 때 이랑 사이로 씨앗을 뿌린다. 보리를 베고 나면 김을 매고 솎아 주고, 벼를 벨 때쯤 거둔다. 옛날에는 산비탈에 불을 놓아 밭을 일구고 조를 심었다. 조는 가뭄을 잘 견뎌서 메마른 밭에서도 잘 자란다. 옛날에는 가뭄으로 논에 물을 못 대서 모내기를 못할 때 조를 뿌렸다.

봄조는 5월 상순·중순, 그루조는 밀·보리를 수확한 뒤 6월 중순부터 7월 상순까지 파종하면 되나 늦뿌림에 잘 적응해서 7월 중순까지 파종해도 된다. 조는 따뜻하고 메마른 곳을 좋아하고 축축한 곳을 싫어한다. 거둘 때가 되어서 줄기와 잎이 마르고 이삭이 여물면 줄기째 베어 단으로 묶어 세워 말린다. 하루 이틀 말린 뒤에 이삭을 도리깨로 턴다. 조에는 벌레가 잘 꼬이기 때문에 잘 말려서 단지나 항아리에 넣고 꼭 닫아 햇빛이 안 비치는 서늘한 곳에 둔다.

조는 소화가 잘 되고, 당질과 단백질이 많이 들어 있다. 쌀과 섞어 밥을 짓거나 죽을 끓여 먹는다. 떡을 만들거나 가루를 내어 미숫가루로 먹어도 좋다. 엿을 고거나 술을 빚기도 한다. 좁쌀로 닭이나 새 모이를 준다. 좁쌀을 갓난아기 베개 속에 넣으면 머리가 맑고 시원하다. 또 짚은 집짐승을 먹이거나 지붕을 이거나 땔감으로 쓴다.

기장은 찧어 놓으면 조와 비슷하지만, 조보다는 더 굵다. 메기장과 찰기장이 있는데 밥을 지을 때는 메기장을 쓰고, 찰기장으로는 떡을 한다. 메마른 땅에서도 잘 자라고 조보다 일찍 거둔다.

다른 이름 서숙, 율, 죄, 속미, 진수
가꾸는 곳 밭
특징 벼나 보리보다 오래전부터 길렀다.
쓰임새 밥에 넣어 먹거나 술을 빚는다.

한해살이풀 · 1m~1.3m · 봄 · 7~8월 · 9~10월

2008.09 강원 원주

뿌리는 수염뿌리다. 줄기는 곧게 자라고 가지를
많이 치지 않는다. 둥글고 속이 차 있다. 잎 앞쪽은
까칠까칠하고 뒤쪽은 윤기가 난다. 여름에 줄기 끝에
강아지풀처럼 생긴 이삭이 올라온다. 익으면 푹
고개를 숙이고 아래로 늘어진다. 낱알마다 짧은
까끄라기가 붙어 있다.

씨　　　싹　　　이삭　　　다 여문 조

기장 *Panicum miliaceum*

수수

Sorghum bicolor

수수는 밭에 심어 기르는 한해살이 곡식이다. 쌀, 밀, 보리, 옥수수와 더불어 중요한 곡식이다. 흔히 돌상에 올리는 수수팥떡을 할 때 넣는 것이 수수이다.

날이 덥고 마른 땅에서도 잘 자란다. 보리나 밀을 거둔 밭에 수수만 심기도 하지만 감자나 콩 따위를 심고 사이에 심거나 밭두렁에 심기도 한다. 키가 크게 자라서 멀리서도 수수 이삭 흔들리는 것이 보인다. 키도 크고 잎도 길쭉해서 바람이 불면 서로 몸을 비비며 '슈슈슈 슈슈슈' 소리가 난다. 심은 지 서너 달쯤 지나면 거둘 수 있다. 처음에는 잎과 줄기가 녹색이지만 차츰 붉은 밤색으로 바뀌어서 다 여문 수수는 수수알도 수숫대도 불그스름하다. 이삭을 베어서는 높은 곳에 매달아 말린다. 잘 마르면 멍석 위에 널어놓고 도리깨나 막대기로 낟알을 떨어낸다.

수수는 찰기에 따라서 밥이나 떡을 해 먹는 찰수수와 집짐승 먹이나 술을 만드는 메수수가 있다. 흔히 농사를 짓는 것이 메수수와 찰수수이다. 특별하게 쓰이는 낟알수수, 비수수, 사료수수가 있고, 예전에는 단수수라고 해서 단물을 내 먹었던 사탕수수도 아직 심어 기르는 곳이 있다.

메수수는 집짐승 먹이나 고량주를 만들 때 쓰고, 찰수수는 밥이나 떡을 해 먹는다. 오래전부터 돌상에 수수팥떡을 놓았다. 수수는 색깔이 빨개서 나쁜 기운을 물리친다고 믿었기 때문이다. 팥소를 넣고 만두처럼 빚어서 부침개를 부쳐 먹기도 하는데, 이 부침개를 수수부꾸미라고 한다. 또 엿을 고거나 술을 빚어 먹기도 한다. 중국 사람들이 즐겨 먹는 고량주가 바로 수수로 빚은 술이다. 우리나라에서는 문배주를 수수와 조로 만든다. 찰수수로 쌀과 섞어 밥을 지으면 수수가 쫄깃쫄깃해서 입맛을 돋운다.

집짐승을 먹일 때는 날 잎과 대를 먹이면 안 되고 꼭 잘 말려서 먹여야 한다. 날것에는 독성이 있다. 수수는 타닌 성분이 많아 맛이 떫고 깔깔하다. 요즘에는 많이 먹지 않는다.

줄기 껍질을 까서 속을 씹으면 단물이 제법 나온다. 씨를 털고 난 뒤 이삭은 모아 묶으면 수수 빗자루가 된다. 마른 수숫대를 수수깡이라고 한다. 수수깡으로는 장난감도 만들고, 엮어서 울타리를 만들거나, 시골집을 지을 때 흙벽을 치기 전에 속에 엮기도 했다.

✳ 한해살이풀

❶ 2~3m

📶 5월

✳ 여름

🧺 9~10월

다른 이름 슈슈, 촉서, 고량, 대죽

가꾸는 곳 밭

특징 원래 열대에서 자란 것이라 덥고 햇볕이 좋고,
건조한 때 잘 자란다.

쓰임새 밥이나 떡을 해 먹는다.
수수깡으로는 놀잇감을 만든다.

줄기는 둥근 기둥처럼 생기고 마디가 진다. 줄기
속에는 가볍고 폭신폭신한 속살이 차 있다. 잎은
어긋나게 붙고 옥수수 잎과 비슷한데 폭이 더 좁다.
여름에 줄기 끝에서 이삭이 나오고 꽃이 핀다.
낟알은 반반하고 질긴 이삭 껍질 속에 들어 있다. 다
여물면 껍질을 비집고 나오기도 한다.

2008.09 충북 청원

싹   잎과 줄기   다 여문 수수

옥수수

Zea mays

옥수수는 수천 년 전부터 심어 먹었다. 여러 나라 사람들이 우리나라에서 쌀을 먹듯이 옥수수를 먹는다. 지금은 온 세계에서 가장 많이 재배하는 작물 가운데 하나이다. 우리나라에서는 강원도나 충청북도에서 많이 심는다.

옥수수 대에는 암꽃과 수꽃이 함께 핀다. 줄기 끝에서 수꽃이 암꽃보다 일찍 피고 바람으로 꽃가루를 나른다. 한 그루에서 수정을 하지 않고 다른 그루와 수정을 하기 때문에 하얀 옥수수와 까만 옥수수를 심으면 옥수수 알이 까맣고 하얀 알록달록한 옥수수가 열리기도 한다. 우리가 옥수수수염이라고 하는 것은 암꽃에 난 암술머리다. 암술 하나에 옥수수 알이 하나씩 열린다. 수염 개수와 알맹이 개수가 똑같다. 옥수수는 한 알을 심어서 500알을 얻는다고 한다. 바람이 꽃가루받이를 하는데 같은 그루끼리는 꽃가루받이를 하지 않아서 여러 그루를 한데 심어야 열매가 잘 열린다. 너무 추운 곳에서는 기르기 어렵다. 거름도 많이 주는 것이 좋다. 콩을 심은 곳 둘레에 심으면 콩이 땅을 기름지게 해서 거름을 덜 줘도 된다.

쌀, 보리를 가꿀 땅이 마땅치 않은 강원도 산골에서는 쌀 대신 옥수수로 끼니를 했다. 옥수수는 메옥수수와 찰옥수수가 있다. 옥수수를 물에 불려서 맷돌에 간 것을 솥에 넣고 죽을 끓인다. 그것을 구멍이 작은 국수틀에 쏟아 국수를 만드는데, 올챙이국수라고 한다. 쌀, 조를 넣고 맷돌에 갈아 강냉이밥을 짓기도 한다. 둘 다 강원도에서 많이 먹는 음식이다. 또 강냉이수제비, 강냉이범벅, 옥수수설기, 옥수수보리개떡 따위도 만들어 먹는다. 옥수수로 엿도 만들고 튀겨먹기도 한다. 이런 식으로 만들어 먹는 음식은 거의 메옥수수로 만든다. 찰옥수수는 옥수수자루 그대로 쪄 먹거나 삶아 먹는다. 요즘 집에서 옥수수를 먹을 때는 흔히 찰옥수수를 먹는다. 다른 작물이 거의 다 그렇지만 특히 옥수수는 갓 땄을 때 맛이 아주 좋다. 오래 두고 먹으려면 얼른 얼려서 보관하는 게 낫다.

요즘은 팝콘을 튀기는 품종을 기르기도 한다. 생생한 옥수숫대를 질겅질겅 씹으면 단물이 난다. 소도 잘 먹는다. 옥수수수염은 물에 달여 먹거나 오줌 내기 약으로 쓴다. 다른 나라에서는 가축 사료용으로 많이 재배한다. 옥수수기름을 짜는 데에도 쓴다. 사료나 기름용으로 유전자변형 옥수수를 재배하는 곳이 아주 많다.

✲ 한해살이풀

ⓘ 1-3m

📶 3~5월

✲ 6~8월

🏵 8~10월

다른 이름 강냉이, 옥시기, 갱내, 당쉬, 수끼, 옥데기

가꾸는 곳 밭

특징 산골에서는 밥 대신으로도 먹었다.

쓰임새 밥으로 먹는다. 가루로 빵이나 떡이나 국수 따위를 만든다. 씨눈으로 기름을 짠다.

2008.08 충북 청원

줄기는 둥글고 겉이 반질반질하다. 가지를 잘
치지 않고 외대로 자란다. 곁뿌리가 나와서 받침대
노릇을 한다. 잎은 어긋나게 붙고, 가장자리는
물결처럼 주름이 잡힌다. 줄기 끝에 솟아나는
이삭꽃은 수꽃이고, 잎겨드랑이에서 죽순처럼
돋아나는 꽃이 암꽃이다. 암꽃 자리에 옥수수가
달린다.

싹   잎과 줄기   옥수수가 익는 모습

토란

Colocasia esculenta

토란은 잎자루나 덩이줄기를 먹는다. 흔히 알뿌리라고 하는데 그게 감자처럼 땅속에서 자라는 덩이줄기이다. 원래 열대 아시아 지방에서 자라던 풀이다. 지금은 우리나라 곳곳에서 심어 기른다. 눅눅한 땅을 좋아해서 논 옆이나 도랑가에 많이 심는다.

토란의 덩이줄기는 달걀처럼 동글동글하다. 토란이란 이름도 덩이줄기가 달걀을 닮았다고 붙었다. 덩이줄기를 캐서 토란국을 끓여 먹는다. 토란국은 송편과 함께 추석날 먹는 명절음식이다. 잎자루는 토란대라고 하는데 껍질을 벗겨서 국에 넣거나 볶아 먹는다. 대개는 삶아서 말려 두었다가 먹는다. 아주 옛날부터 흉년이 들어 먹을 것이 없을 때 곡식 대신 먹었다.

토란은 흔히 밭에 심는 토란을 밭토란, 물가에 심는 토란을 물토란이라고 한다. 그러나 토란을 심는 사람들은 대가 크게 자라서 주로 토란대를 먹는 것을 대토란이라고 하고, 알이 실하게 드는 것은 알토란이라고 한다. 옛날에는 토란 덩이줄기를 쌀 대신 많이 먹었고, 지금은 토란대를 육개장이나 쇠고기국에 넣어 먹는다. 토란은 살결을 부드럽게 하고, 섬유질이 많아 소화가 잘 되게 돕고, 변비와 비만을 미리 막거나 고친다. 토란은 아린 맛이 나기 때문에 끓이거나 푹 익혀 먹는다. 토란을 소금물에 조금 삶은 다음 요리를 하면 독성도 가시고 끈끈한 점액도 줄어든다.

토란은 독이 있는 풀이다. 토란을 꺾으면 나오는 물이 살갗에 닿으면 가렵고 두드러기가 난다. 손이나 팔에 묻지 않도록 하는 게 좋다. 물이 살갗에 닿았을 때는 식초물이나 소금물, 비눗물로 잘 닦아낸다. 옷에 물이 묻으면 안 지워진다. 사람에 따라서 토란을 만져도 괜찮은 사람도 있지만 토란 독이 잘 오르는 사람은 토란대를 다듬을 때 살갗에 닿지 않게 몸을 잘 싸매고 일을 해야 한다. 먹을 때는 물에 한참 담가 우려내고 먹는다. 잘 우려내지 않으면 입안이 따끔따끔하고 아리다.

토란 잎은 유난히 넓다. 어린 아이 몸 정도는 쏙 들어간다. 옛날에는 갑자기 소나기를 만나면 커다란 토란잎을 따서 머리에 쓰기도 했다. 잎이 물에 안 젖고 물방울이 또르르 굴러 떨어진다.

✿ 여러해살이풀 **다른 이름** 토련, 토지

❶ 100cm **가꾸는 곳** 논가, 물기 많은 밭

🔉 4~5월 **특징** 잎이 유난히 크고 물에 안 젖는다.

✿ 8~9월 **쓰임새** 잎자루와 덩이줄기를 먹는다.

🧺 줄기-여름

🧺 알토란-가을

높이는 100cm 안팎이다. 뿌리는 수염뿌리다.
덩이줄기로 무리를 늘려 간다. 잎은 뿌리에서 나와
높이 자란다. 긴 잎자루 끝에 커다란 잎이 붙는다.
잎은 넓은 타원꼴이고 털이 없으며 가장자리는
밋밋하다. 아주 반들반들해서 물방울이 스며들지
않는다.

2005.09 서울 마포

씨눈   어린잎   다 자란 토란

마늘

Allium sativum

마늘은 온갖 반찬에 양념으로 들어간다. 우리나라 사람들이 세계에서 마늘을 가장 많이 먹는다. 다른 나라와 차이가 아주 크다. 마늘은 가을에 마늘쪽을 심어, 겨울을 나고 이듬해 늦봄이나 여름에 거둔다. 봄에 캔 햇마늘은 맛이 알싸하고 맵다. 양념으로 쓸 때는 겉껍질을 벗겨 내고 빻아서 쓴다. 통째로 장아찌를 담그기도 한다.

마늘 어린잎이나 줄기나 꽃대도 좋은 반찬거리가 된다. 봄이 되면 잎 사이에서 꽃대가 길게 올라온다. 꽃대에서 꽃이 피면 양분이 꽃으로 간다. 그러면 알이 굵어지지 않는다. 그래서 꽃대를 뽑아내는데, 그게 바로 마늘종이다. 마늘종도 고추장이나 된장에 찍어 날로 먹으면 알싸한 맛이 난다. 된장이나 고추장에 박거나 간장에 넣어 장아찌로도 만들어 먹는다.

우리나라 마늘은 따뜻한 지방에서 잘 되는 마늘과 추운 지방에서 잘 되는 마늘이 있다. 따뜻한 곳에서 심는 마늘은 가을에 심어 뿌리와 싹이 어느 정도 자라나서 큰 마늘로 겨울을 난다. 경남 남해나 전남 고흥에서 많이 심는다. 추운 지방에서 심는 마늘은 봄에 싹이 튼다. 따뜻한 곳에서 심는 마늘보다 오래 두고 먹을 수 있고, 알 수는 더 적다. 충남 서산, 경북 의성, 강원 삼척에서 많이 심는다. 마늘은 많이 나는 곳 이름을 붙인 경우가 많다.

마늘은 온갖 음식에 양념으로 들어가기 때문에, 밥상에 마늘을 올리지 않기는 어렵다. 비린맛을 없애고 음식 맛을 좋게 하고 입맛이 돌게 한다. 말린 다음 갈아서 두고두고 쓰기도 하고, 마늘에서 짜낸 기름으로 아로마민 같은 약을 만든다. 술을 담가 먹기도 한다. 마늘은 아주 옛날부터 약으로 써 왔다. 지치고 힘든 몸을 되돌려 힘이 나게 하고, 피가 잘 돌게 하고, 여러 나쁜 병균을 없애는 힘이 세고 몸속에 사는 기생충을 없앤다. 요즘에는 암을 막는 힘이 세다고 알려졌다. 마늘은 대를 길게 남겨 잘라서 20~30개씩 묶어 그늘에 달아둔다. 그러면 줄기도 마르고 마늘도 잘 마른다. 마늘 대를 자르고 알만 양파 망에 넣어 매달아 두기도 한다.

산달래는 흔히 달래라고 하는 나물이다. 마늘처럼 비늘줄기까지 먹는다. 알싸하다. 산마늘은 명이나물이라고도 한다. 잎을 먹는 나물이다. 깊은 산에서 자라고, 기를 때는 심어서 서너 해가 지나야 먹을 수 있다.

❀ 여러해살이풀
ⓘ 50~60cm
🌱 가을
❀ 7~8월
🧺 6~7월

다른 이름 산, 대산. 호산

가꾸는 곳 밭에 심어 기른다.

특징 아릿한 맛이 나고, 온갖 반찬에 양념으로 들어간다.

쓰임새 양념이나 약으로 쓴다.

2013.06 인천 강화

뿌리는 수염뿌리다. 뿌리 위에 둥근 비늘줄기가
있다. 비늘줄기 안에는 또 작은 비늘줄기가 대여섯
개 들어 있다. 이것이 우리가 먹는 마늘이다. 줄기
하나가 곧게 자란다. 7~8월쯤 잎 사이에서 꽃대가
나오고 연보라색 꽃이 동그랗게 모여서 핀다.

싹　　　어린잎　　　다 자란 마늘　　　갈무리한 마늘

1　　　2

1. 산달래 *Allium macrostemon*
2. 산마늘 *Allium microdictyon*

부추

Allium tuberosum

부추는 밭에도 심고 끼니 때 조금씩 베어 먹기 쉽도록 마당에도 심는다. 가까이에 두고 조금씩 잘라서 찬거리 하기에 좋은 채소이다. 밭에 심으면 포기가 불어나서 큰 포기를 이룬다. 따로 거름을 안 줘도 잘 자란다. 재거름을 조금 하면 좋고, 흙 위에 모래를 살짝 깔아 놓으면 비가 와도 부추에 흙이 안 튀어서 깨끗한 것을 쉽게 끊어 먹을 수 있다. 부추는 뿌리만 남겨 두고 칼을 거의 흙속에 살짝 넣어서 벤다. 그렇게 먹어도 곧 새잎이 돋아난다. 한 번 심으면 매년 심지 않아도 여러 해를 잘 자라서 게으른 사람이 가꾸는 채소라고 한다. 아주 오래전부터 심어 왔다.

부추는 봄에 다른 채소가 안 자랄 때도 쑥쑥 잘 자란다. 한여름이 되면 꽃대를 세워 하얀 꽃이 피고, 겨울이 되면 그대로 겨울잠을 자고 다시 이듬해 봄에 자란다. 부추는 유난히 이름이 많다. 전라도에서는 솔, 충청도에서는 졸, 경상도에서는 정구지, 제주도에서는 세우리라고 한다. 소풀이나 부채라고 부르는 곳도 있다. 부추는 아무 밭에서나 잘 자라지만, 물이 잘 빠지는 밭이 좋다. 봄에 햇빛이 잘 비치는 밭에 기르면 빨리 거둘 수 있다. 봄부터 가을까지는 잘 자라고, 가을부터 겨울에는 잠을 잔다. 포항에서 대규모로 많이 기른다. 부추는 거두어 놓으면 쉽게 짓무른다. 그러니 오래 두기보다 먹을 만큼 베어서 그때 그때 요리해 먹는 것이 좋다.

봄부터 가을까지 몇 번이고 잘라 먹을 수 있다. 맛이 알싸하고 상큼하고 아삭하다. 날로 무쳐서 먹기도 하고 밀가루와 함께 부침개를 부쳐 먹는다. 또 오이소박이나 김치에 넣으면 맛이 한결 좋아지고, 부추만으로도 김치를 담가 먹는다. 고추장에 박아서 장아찌를 담가 먹기도 한다.

부추는 피가 잘 돌게 하고 몸을 따뜻하게 해 준다. 부추는 반찬으로 먹어도 좋지만 옛날에는 약으로도 썼다. 부추를 자주 먹으면 여름에 배앓이를 덜 하고, 부추 씨는 위장약으로도 쓴다. 감기에도 잘 안 걸린다고 한다. 배가 차고 자주 아프거나 물똥을 자주 쌀 때에도 먹으면 좋다. 멍이 들거나 동상에 걸렸을 때는 즙을 내서 바른다.

산부추는 깊은 산에서 드문드문 자라는데, 요즘은 따로 재배하기도 한다. 나물로 먹거나 장아찌를 담근다.

❀ 여러해살이풀
❶ 25~30cm
🔊 봄
❀ 7-8월
🧺 봄-가을

다른 이름 솔, 졸, 정구지, 소풀, 부채, 세우리

가꾸는 곳 밭이나 마당

특징 뿌리만 남기고 베어 먹어도 곧 새잎이 난다.

쓰임새 잎줄기를 채소로 먹고, 약으로도 쓴다.

뿌리는 수염뿌리다. 뿌리에서 잎이 모여 돋아난다.
잎은 가늘고 길쭉하다. 여름에 잎 사이에서 30cm쯤
되는 꽃대가 올라와 꽃이 핀다. 희고 자잘한 꽃들이
모여서 우산꼴로 피어난다. 꽃이 지고 나면 달걀꼴
열매가 맺히는데 그 속에 까만 세모꼴 씨앗이
들어 있다.

2012.08 서울 마포

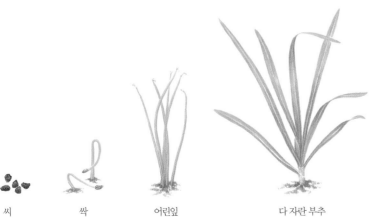

씨   싹   어린잎   다 자란 부추   산부추 *Allium thunbergii*

양파

Allium cepa

양파는 밭이나 논에 심어 기르는 두해살이 채소다. 논에 기를 때는 벼를 베고 난 자리에 심어서 모내기 전에 거둔다. 우리나라에는 조선 말쯤에 들어왔다. 이때쯤 뚝섬에서 처음 심어 기르기 시작했다. 둥글다고 둥근파라고도 한다.

비늘잎이 여러 겹으로 겹쳐서 동글납작한 공처럼 생겼다. 맨 바깥쪽 비늘잎은 아주 얇고 붉은 밤색이다. 이 껍질을 벗기면 하얀 속살이 나온다. 마늘처럼 겨울을 나는 채소다. 서늘한 날씨를 좋아하고 추위도 잘 견디지만, 남쪽 지방에서 많이 기른다. 햇빛을 많이 받으면 땅속 비늘줄기 알이 굵어진다. 가을에 심어서 추운 겨울을 나고 이듬해 초여름에 뽑아 먹는다. 이때 나오는 햇양파는 매운 맛이 덜 하고 더 달달하다.

양파는 코를 톡 쏘는 매운맛 때문에 온갖 음식에 양념으로 쓰인다. 특히 고기나 물고기와 함께 익히면 누린내나 비린내를 없애 준다. 장아찌를 담거나 그냥 고추장이나 된장에 찍어 먹기도 한다. 국이나 찌개에 넣고, 기름에 볶아 먹고, 날것 그대로 먹거나 구워 먹는다. 날 양파는 껍질만 까도 눈물이 날 정도로 매운 내가 나고 칼로 잘라도 온 부엌에 매운 내가 찬다. 하지만 익히면 매운 내와 맛은 감쪽같이 없어지고 달짝지근한 맛이 난다.

매운 맛을 내는 성분은 몸에 땀이 나게 하고 오줌이 잘 나가게 하고, 소화가 잘 되게 돕는다고 해서 약으로도 쓰고 즙을 내서 그것만 따로 먹기도 한다. 또 피가 맑아지고 피를 잘 돌게 해서 피가 엉겨 붙어 막히거나 동맥이 딱딱하게 굳거나 혈압이 높은 사람에게 좋다. 나쁜 병균을 죽이는 힘도 세다고 알려져 있다. 게다가 머리카락이 덜 빠지게 하는 효과도 있다. 양파 껍질은 깨끗이 씻어서 차로 달여 먹거나 멸치와 다시마를 넣고 국물을 낼 때 함께 넣으면 국물 맛이 더 좋아진다.

양파는 품종은 여러 가지이지만 심을 때나 먹을 때나 별로 가리지 않는다. 껍질이 자줏빛이 도는 '자주양파'는 좀 더 단단하고 맛이 좋다. 다만, 조금 일찍 물러진다. 종자는 거의 일본에서 들여 온다. 서양 사람들은 양파로 수프, 오믈렛, 크로켓, 햄버거, 피클, 피자 따위를 만들어 먹는다. 양파를 가루 내어 빵이나 과자를 만드는 데 넣기도 한다. 일본에서는 특히 일본식 카레를 만들 때 양파를 많이 쓴다. 양파를 아주 오래 볶아서 쓴다.

✻ 두해살이풀
❶ 50~100cm
🌾 8-9월
✿ 초여름
🧺 늦봄

다른 이름 옥파, 둥굴파, 주먹파

가꾸는 곳 밭

특징 즙을 내서 약으로도 쓴다.

쓰임새 양념 채소로 쓴다.

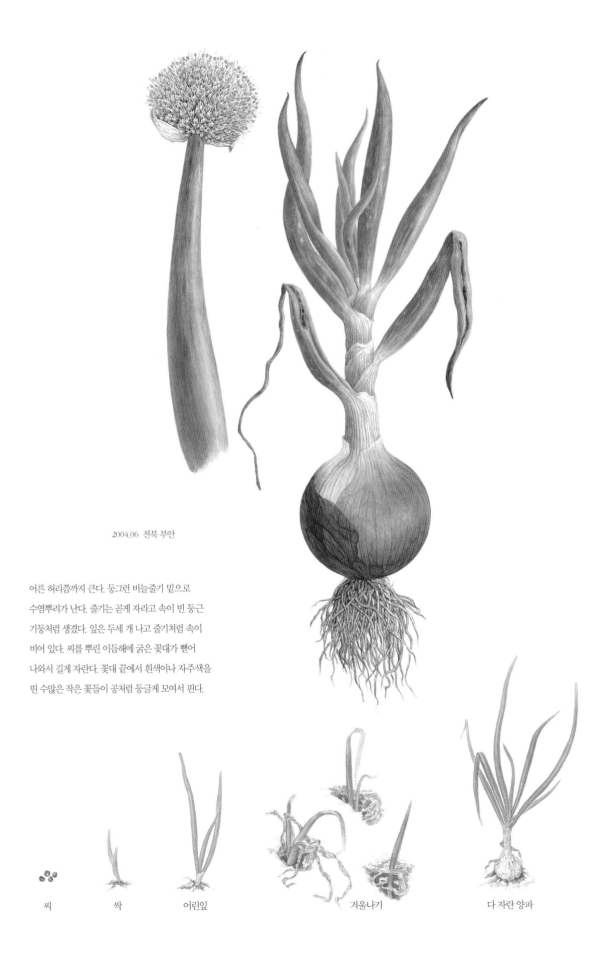

2004.06 전북 부안

어른 허리쯤까지 큰다. 둥그런 비늘줄기 밑으로
수염뿌리가 난다. 줄기는 곧게 자라고 속이 빈 둥근
기둥처럼 생겼다. 잎은 두세 개 나고 줄기처럼 속이
비어 있다. 씨를 뿌린 이듬해에 굵은 꽃대가 뻗어
나와서 길게 자란다. 꽃대 끝에서 흰색이나 자주색을
띤 수많은 작은 꽃들이 공처럼 둥글게 모여서 핀다.

씨　　　　싹　　　어린잎　　　　　　　겨울나기　　　　　　다 자란 양파

파

Allium fistulosum

파는 여러해살이지만 두 해쯤 길러 거둔다. 잎이 양파처럼 자라는데, 비늘줄기는 굵어지지 않고 하얀 수염뿌리가 많이 난다. 원래 중국 서쪽 지방에서 자라던 풀이다.

흔히 사 먹는 것은 대파, 실파 하는 식으로 크기로 나누지만, 기를 때는 잎파, 줄기파, 겸용파로 나눈다. 잎파는 가늘고 가지치기를 잘하며, 줄기파는 전체가 크고 잎집부분이 길다. 겸용파는 식물체가 크고 가지치기를 많이 하지 않으며 잎파로 쓰인다. 이른 봄에 심으면 늦은 봄에 먹을 만큼 자라고, 늦여름에 심으면 김장할 때쯤 먹을 수 있도록 자란다. 뽑아서 김치를 담그거나 전을 부쳐 먹는다. 실파는 씨를 뿌려서 굵어지기 전에 먹는 것으로 씨를 뿌리고 두 달쯤 지나 뽑아 먹는다. 실파는 쪽파 대신 쓸 때가 많고, 양념거리로 쓰거나, 부침, 파김치를 많이 한다.

파는 마늘과 함께 온갖 반찬에 양념으로 쓰인다. 독특한 냄새가 나서 다른 재료가 더 좋은 맛을 내게 도와주고, 고기나 생선 누린내나 비린내를 잡아 준다. 국을 끓일 때 넣으면 맛이 개운해진다. 파로 김치를 담그거나 김치 양념으로 넣는다. 파로 만드는 음식으로는 파나물, 파강회, 파누름적, 파산적, 파장국, 파장아찌, 파냉국, 파김치 따위가 있다. 진주와 동래가 파전으로 이름이 높다. 날 파는 독특한 냄새도 나고 약간 맵지만, 익으면 냄새도 거의 안 나고 매운맛은 사라지고 달짝지근하다.

여름파와 겨울파로도 나눌 수 있다. 여름파는 겨울에 시들어 안 자라고 겨울잠을 자고, 겨울파는 겨울에도 줄곧 자란다. 여름파는 추운 지방에서 심고, 겨울파는 따뜻한 지방에서 심는다. 여름파는 잎집이 길게 크고, 겨울파는 잎이 크게 자란다. 여름파는 봄에 씨를 뿌려서 가을이나 겨울 들머리에 거둔다. 겨울파는 가을에 씨를 뿌려 이듬해 봄에 거둔다.

코 막힐 때 파 흰 줄기를 세로로 쪼개 미끈미끈한 것을 콧등에 붙이면, 잠시 뒤에 코가 뻥 뚫린다. 벌이나 지네 같은 벌레에 물렸을 때 파 뿌리를 짓이겨서 붙이면 아픈 게 낫는다. 옛날부터 몸살감기에 걸리거나 배와 머리가 아플 때는 파 뿌리와 생강, 대추를 넣고 푹 끓인 물을 약으로 마셨다. 살갗에 상처가 가볍게 났을 때는 흰 줄기 안쪽 껍질을 잘라서 붙이면 피가 멎거나 멍을 풀어준다.

✿ 여러해살이풀	**다른 이름** 총, 움파	
❶ 60~80cm	**가꾸는 곳** 밭	
📶 3~4월, 8~9월	**특징** 상처에 흰 줄기 안쪽을 붙이거나 뿌리를 짓이겨	
❋ 6~7월	약으로도 쓴다.	
⏾ 10월	**쓰임새** 온갖 반찬에 양념으로 쓴다.	
🧺 9~10월, 3~4월	전을 붙이거나 김치도 담가 먹는다.	

2005.07 전북 부안

뿌리는 수염뿌리이다. 줄기가 땅 위로 한 뼘쯤
자라다가 대여섯 개 잎이 두 줄로 자란다.
잎이 대롱처럼 속이 비어 있다. 6~7월에 꽃이 줄기 끝에
핀다. 처음에는 꽃봉오리가 얇은 보자기처럼 생긴
껍질에 싸여 있다가 껍질이 터지면서 하얗고 자잘한
꽃이 공처럼 모여서 핀다.

씨　　　　싹　　　　어린잎　　　　다 자란 파

생강

Zingiber officinale

생강은 뿌리줄기를 먹으려고 심어 기르는 여러해살이풀이다. 봄에 심어 가을에 캔다. 원래 인도에서 자라던 풀이다. 더운 열대 지방에서는 여러해를 살면서 꽃을 피우지만 우리나라에서는 꽃이 피기 전에 겨울이 되어 죽고 만다. 그래서 씨앗으로는 번식하지 못한다. 새로 심을 때는 땅속 뿌리줄기를 잘라서 심는다. 감자와 비슷하다. 우리나라에서는 심어 기른 지가 천 년이 넘었다. 따뜻하고 비가 많은 곳을 좋아해서 남부 지방에서 많이 심는다. 전북 봉동, 충남 서천에서 많이 기른다. 이 두 곳의 지명을 딴 재래종이 있지만, 요즘은 중국에서 식용으로 수입된 생강을 종자로 많이 쓴다.

생강을 네다섯 조각으로 잘라서 싹이 난 곳이 위쪽을 향하게 심는다. 자른 조각마다 생강 눈이 서너 개는 있어야 한다. 씨생강을 심고 한 달이 지나야 싹을 볼 수 있을 만큼 싹이 늦게 난다. 더위에 강하고, 그늘지고 물기가 많은 땅에 심어야 잘 자란다. 생강 잎은 마치 대나무 잎처럼 자란다. 해마다 같은 땅에 계속 심는 것은 좋지 않다. 처음에 싹도 늦게 나고 여름 전에 자라는 것도 늦어서 이때는 옆에서 자라는 풀을 잘 잡아야 한다.

생강은 생김새가 울퉁불퉁하고 제멋대로다. 냄새를 맡아보면 코를 톡 쏘는 듯한 매운 내가 난다. 맛도 알싸하다. 하지만 생강 냄새는 비린내나 누린내를 없애고 나쁜 균을 없앤다. 과자를 만들거나 달이거나 설탕에 재웠다가 차로 먹기도 한다. 술을 담기도 한다. 생선이나 고기로 음식을 만들 때, 생강을 넣으면 비린내와 식중독균을 없애 준다. 양념으로 넣으면 소화가 잘 되게 하고 입맛이 돌게 한다. 또 김치나 물김치를 담글 때 많이 넣는다. 젓갈 비린내를 잡아 주고 시원한 맛이 나게 한다.

생강은 아주 오래전부터 약으로도 써 왔다. 달이거나 즙을 내어 생강차를 끓여 먹기도 한다. 생강에는 위를 튼튼히 하고 몸을 따뜻하게 하는 약효가 있다. 열도 내리고 기침도 멎게 한다. 그래서 옛날에는 겨울이면 집집마다 부엌 바닥에 생강을 몇 덩이쯤 묻어 두고 감기약으로 썼다. 기침이나 몸살, 목 아픔을 누그러뜨려 준다. 나쁜 균을 없애는 힘이 세다.

생강은 색깔이 짙고 만져 봐서 단단할수록 좋다. 생강을 캐어 커다란 동이에 흙을 담고 그 안에 묻어둔다. 겨울철에는 얼면 썩기 때문에 조금 축축하고 덥지도 춥지도 않은 곳에 둔다.

❀ 여러해살이풀	**다른 이름** 강, 새앙, 새양	
❶ 30~80cm	**가꾸는 곳** 밭(중부 이남)	
🌢 4~5월	**특징** 약으로 쓰고 차를 끓여 먹는다.	
❀ 8~9월	**쓰임새** 뿌리줄기를 양념으로 먹거나 약으로 쓴다.	
⦿ 10월		
🧺 가을		

2004.08 전북 부안

키가 30~80cm쯤 큰다. 뿌리줄기는 옆으로 뻗고
살이 많다. 생김새는 울퉁불퉁하고 마디가 지는데
색깔은 누렇다. 줄기는 뿌리줄기에서 곧게 올라온다.
잎이 두 줄로 어긋난다. 잎은 대나무 잎처럼
가늘고 길며 끝이 뾰족하다. 꽃은 거의 피지 않는다.

뿌리   싹   어린잎

메밀

Fagopyrum esculentum

메밀은 거칠고 메마른 밭이나 논에서도 잘 자라는 한해살이풀이다. 웬만한 가뭄에도 잘 견디고 빨리 자라기 때문에 흉년이 들면 많이 심었다. 옛날에는 가뭄이 들어서 다른 곡식이 자라지 못하는 메마른 땅에 메밀을 심어서 굶주림을 이겨냈다. 모내기 할 때에 도저히 물을 구할 수 없어서 벼농사를 못 지을 때도 대신 메밀을 뿌렸다. 옛책인 〈농포문답〉에는 '곡식에는 힘을 적게 들이면서도 많이 얻는 작물이 있으니, 하나는 수수고, 하나는 차조며, 하나는 메밀이라'고 하면서, 그 가운데 굶주림을 벗어나게 하는 으뜸은 메밀이라고 했다.

메밀은 낮 시간이 짧을 때 오히려 꽃이 잘 핀다. 온도가 20도 위로 올라가면 잘 안 큰다. 두세 달이면 다 자라고, 거름을 따로 안 줘도 잘 자란다. 서늘한 날씨를 좋아해서 강원도에서 많이 심는다. 메밀 씨는 흩어 뿌리거나 줄 뿌리거나 점 뿌린다. 싹이 나서 자라면 두 번 정도 솎아 주고 김매기를 해 준다. 씨가 70~80% 익으면 흐린 날이나 아침 이슬이 마르기 전에 베어서 말린 뒤 턴다. 열매 아래가 까맣게 익고 위쪽이 아직 하얄 때 베어서 거꾸로 세워 두면 모두 까매진다. 모두 까맣게 익을 때까지 기다리면 아래쪽에 먼저 익은 씨가 떨어지기 때문이다.

메밀은 그때그때 갈아서 먹는다. 가루로 오랫동안 두면 안 좋다. 가루를 내어 국수를 뽑거나 묵을 만들어 먹었다. 메밀국수나 막국수, 메밀냉면, 메밀묵 같은 음식이 있다. 메밀은 밀가루와 달리 끈기가 없어 툭툭 잘 끊긴다. 메밀부침이나 떡, 수제비, 전병을 만들기도 한다. 메밀 알로만 가루를 만들면 빛깔이 하얗지만, 껍질째 갈면 누르스름하다. 메밀가루는 더운물이 아니라 찬물로 반죽한다. 메밀가루는 날것 그대로도 먹을 수 있어 미숫가루처럼 먹을 수 있다. 메밀가루를 날것으로 먹으면 몸속에 사는 기생충을 몰아낸다고 한다. 메밀 싹을 틔워 콩나물처럼 먹기도 한다. 또 우리나라 도깨비는 메밀을 좋아해서 제사를 지낼 때 메밀 음식을 올린다고 한다. 메밀 잎은 집짐승을 먹이고, 꽃이 필 때는 벌을 쳐서 꿀을 얻는다. 또 메밀 깍지로 만든 베개는 가볍고 바람이 잘 통해서 열기를 식히며 몸에 바람이 들어 난 병을 낫게 한다고 한다.

메밀가루는 소화가 잘 된다. 껍질째 간 메밀가루는 변비가 있는 사람이나 치질에 걸린 사람에게 좋다. 또 혈압이 높은 사람에게 좋고, 혈당을 낮춰서 당뇨병에 걸린 사람에게도 좋다. 메밀에 들어 있는 루틴을 뽑아내 약으로 만들기도 한다.

✳ 한해살이풀

🔵 60~100cm

🌐 5월, 7월

✳ 7~10월

⏱ 10월

🧺 10월

다른 이름 미물, 모밀

가꾸는 곳 밭

특징 땅이 박한 곳에서도 잘 자란다.

다른 곡식 농사를 못 지을 때 대신 심는다.

쓰임새 국수나 묵 따위를 만들어 먹는다.

잎을 나물로 먹는다.

줄기가 곧게 자란다. 줄기 속은 비어 있다. 잎은
원줄기 아래쪽 1~3마디는 마주나지만, 그 위쪽 잎은
어긋나게 붙고 세모꼴인데 가장자리가 매끈하다.
7~10월쯤에 줄기와 가지 끝에서 하얀 꽃이 무리 지어
피어난다. 꽃이 지고 나면 거무스름한 세모꼴 열매가
열린다.

열매　　　　　　　　2004.07 경기 광릉

씨　　　　싹　　　　어린잎　　　　꽃

시금치

Spinacia oleracea

시금치는 밭에 심어 기르는 두해살이 채소다. 중국 사람들은 '뿌리가 빨간 채소'라는 뜻으로 '시근치'라고 한다. '시근치'라는 중국말이 '시금치'로 바뀌었다. 시금치는 더운 여름이 아니면 아무 때나 길러 먹을 수 있다. 하지만 겨울을 나고 이른 봄에 캔 시금치가 가장 맛있다. 포항에서 나는 포항초와 전남 비금도에서 나는 섬초가 많이 난다. 여름에는 빨리 자라서 한 달 만에도 뽑아 먹을 수 있지만, 겨울을 난 시금치보다 맛이 싱겁다.

시금치는 어지간하면 병에 안 걸리고 튼튼하게 잘 자란다. 생선 뼈나 달걀 껍데기, 조개껍데기 따위로 거름을 하면 더 튼튼하고 맛도 좋다. 해마다 계속 심는 것보다 돌아가며 다른 작물을 심는 게 좋다. 시금치는 모종을 키우지 않고 밭에 바로 씨를 뿌린다. 씨를 뿌리고 싹이 나오기까지 시간이 오래 걸린다. 열흘쯤 지나면 떡잎이 나오고 며칠 더 지나면 본잎이 나온다. 시금치는 뿌리 잎이라 땅에 붙어서 자란다. 싹이 나고 한 달쯤 지나면 잎이 점점 넓어진다. 겨울 시금치는 봄이나 여름 시금치보다 더디게 자란다. 싹이 난 지 두 달쯤 지나면 조금씩 뽑아 먹는다. 겨울철에는 더 자라지 않고 잎이 땅에 바짝 붙어 겨울을 난다. 겨울을 나고 이듬해 봄에 날씨가 따뜻해지면 다시 자라기 시작한다. 4~5월쯤에 꽃대가 올라온다. 꽃대가 올라오기 전에 씨를 받을 시금치만 남기고 나머지는 캐 먹는다. 씨앗은 여물기를 기다렸다가 손으로 비벼서 겉이 거친 씨를 받는다. 겉이 반들반들한 씨앗은 뿌려도 싹이 잘 트지 않는다.

시금치는 영양가가 많아서 몸을 튼튼하게 한다. 특히 몸이 쑥쑥 크는 어린이에게 좋다. 또 섬유질이 많아서 소화도 잘 되고, 똥이 굳어 안 나오는 변비에도 좋다. 철분이 많아서 빈혈이 있는 사람한테도 좋다. 시금치나물, 시금치쌈, 시금치죽, 시금치국을 해 먹는다. 끓는 물에 살짝 데쳐서 무치거나 된장국에 넣어서 먹는다. 날로도 먹는다. 쌈을 싸 먹어도 좋다. 시금치에 들어 있는 비타민A는 기름에 녹으면 몸에 더 잘 흡수된다. 그래서 당근처럼 기름에 볶아 먹어도 좋다.

근대는 시금치처럼 잎을 먹는다. 시금치를 키운 것 같은 모양새다. 시금치 못지 않게 영양소도 많다. 근대는 추위에 약해서 겨울을 나지는 않는다. 봄부터 가을까지 길러 먹을 수 있다.

❀ 두해살이풀   **다른 이름** 시금채, 시금초

❶ 50cm쯤   **가꾸는 곳** 밭. 특히 남쪽 지방

❀ 5월   **특징** 추울 때가 제철인 나물이다.

⏱ 9-10월   **쓰임새** 나물로 무쳐 먹고, 쌈으로 먹거나,

🧺 봄   국을 끓여 먹는다.

뿌리는 붉고 굵은 뿌리다. 줄기는 곧게 자라고
줄기 속은 비어 있다. 뿌리잎은 땅에 바싹 붙어서
뭉쳐나지만 줄기잎은 어긋나게 난다. 뿌리잎을
먹는다. 뿌리잎은 세모나거나 동그스름하게
생겼는데, 줄기잎은 위로 올라갈수록 점점 작아진다.

2005.06 전북 부안

싹   어린잎   다 자란 시금치

근대 *Beta vulgaris*

무

Raphanus sativus

무는 뿌리나 잎을 먹으려고 심어 기르는 두해살이 채소다. 뿌리는 둥근 기둥처럼 생겼는데 살과 물이 많다. 무는 아주 오래전부터 길러 왔다. 우리나라에서는 배추 다음으로 많이 기르는 채소다. 제주에서는 돌이 많은 밭에서 물을 듬뿍 주어 가면서 기른다.

무는 서늘한 날씨를 좋아해서 늦여름이나 초가을에 씨앗을 뿌려서 김장할 때쯤 뽑는다. 이 무를 가을무나 김장무라고 한다. 시리를 맞으면 무에 바람이 들기 때문에 그 전에 뽑는다. 배추는 얼었다 녹은 것을 뽑아서 먹을 수도 있지만, 무는 얼면 안 된다. 3~4월에 씨를 뿌려 오뉴월에 거두는 봄무, 오뉴월에 씨를 뿌려 7~8월에 거두는 여름무도 있다. 씨앗을 받으려고 기를 때는 9월 중순쯤 씨앗을 뿌린다.

무는 키울 자리에 바로 씨앗을 뿌린다. 씨앗을 심은 지 일주일이 채 되기 전에 싹이 올라온다. 씨앗을 심은 지 한 달 넘게 지나면 깃털처럼 생긴 본잎이 네댓 장 나오고 뿌리가 굵어지기 시작한다. 이때까지 두세 번쯤 싹을 솎아 낸다. 씨앗을 심고 두 달이 넘으면 뿌리가 굵고 통통해진다. 무밭에 돌이 많으면 무가 곧게 자라지 않고 갈라진다. 서리가 내리기 전에 무를 뽑는다. 남쪽 지방에서는 가을에 무를 뽑지 않고 그대로 두면 시든 채로 겨울을 나고 이듬해 봄에 다시 싹이 올라온다. 날씨가 더 따뜻해지면 꽃대가 길게 자라고 3~5월에 꽃이 핀다. 꽃이 지면 열매가 여문다. 이때 씨를 받는다.

무를 날로 먹으면 사각사각 씹히고 알싸하지만 시원한 맛이 난다. 무를 날로 먹으면 소화가 잘되고 감기도 잘 안 걸린다. 무로는 김치, 깍두기, 국, 조림, 무침, 볶음, 동치미, 단무지 같은 온갖 음식을 다 만들어 먹는다. 또 잎은 무청이라고 하는데 말려서 시래기를 만든다. 무를 잘게 썰어 말려서 무말랭이를 만들기도 한다. 즙을 내거나 달여서 감기약이나 위장약으로 먹기도 한다. 무씨도 약으로 쓴다.

순무는 뿌리가 버섯 머리처럼 생겼다. 크기나 모양은 품종마다 다르다. 흰 순무도 있다. 강화도에서 나는 순무가 이름이 높다. 무보다 섬유질이 적고 씹으면 좀 더 부드럽고 조직이 고운 느낌이 든다. 독특한 향이 난다.

✿ 두해살이풀	**다른 이름** 무꾸, 무시, 무수, 남삐
❶ 60~100cm	**가꾸는 곳** 밭
⌇ 8-9월, 3~4월	**특징** 배추 다음으로 많이 재배하는 채소다.
✿ 3-5월	**쓰임새** 김치를 담가 먹고, 무청을 말려서
⏾ 10월	시래기를 만든다.
⎈ 가을	

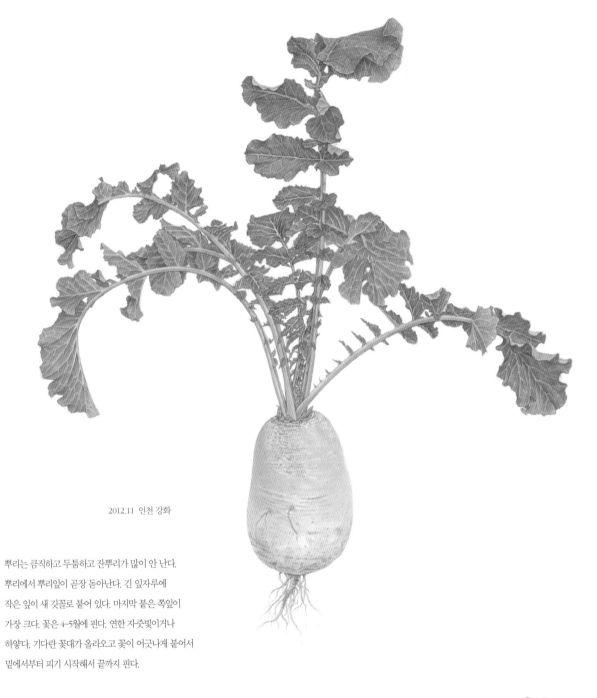

2012.11 인천 강화

뿌리는 큼직하고 두툼하고 잔뿌리가 많이 안 난다.
뿌리에서 뿌리잎이 곧장 돋아난다. 긴 잎자루에
작은 잎이 새 깃꼴로 붙어 있다. 마지막 붙은 쪽잎이
가장 크다. 꽃은 4~5월에 핀다. 연한 자줏빛이거나
하얗다. 기다란 꽃대가 올라오고 꽃이 어긋나게 붙어서
밑에서부터 피기 시작해서 끝까지 핀다.

씨　　　싹　　　　　잎　　　　　꽃　　　　　　　　순무 *Brassica rapa*

갓

Brassica juncea

갓은 밭에서 심어 기르는 두해살이 채소다. 보통 늦여름이나 초가을에 씨를 뿌려서 김장철 무렵에 거둔다. 겨울을 나고 이듬해 봄에 거두어들이기도 한다.

갓 잎은 열무와 생김새가 닮았는데 열무보다 뻣뻣하고 잎자루가 짧다. 색깔도 검은 자줏빛을 띤다. 잎에는 까끌까끌한 털이 나 있어 만지면 깔깔하다. 여수 돌산도에서 나는 갓이 이름이 높다.

갓은 추위에 잘 견디는 편이지만, 너무 추우면 얼어 죽는다. 갓은 봄이나 가을에 기르는데, 김장에 넣으려고 가을에 많이 기른다. 봄에 2~3월에 심으면 5월쯤 거둔다. 가을에 거두려면 7~8월에 심어 10월쯤 거둔다.

갓을 심을 때는 호미로 땅에 골을 파고 씨앗을 뿌린 뒤 살짝 흙을 덮는다. 너무 일찍 씨를 뿌리면 너무 웃자라고, 너무 늦으면 덜 자라니까 김장 담글 때에 맞춰 알맞은 때에 씨를 뿌린다. 씨를 뿌리고 일주일쯤 뒤 싹이 난다. 두 주가 지나면 제법 자란다. 이때 한 번 솎아 준다. 씨를 뿌린 지 두 달쯤 지나면 거둘 만큼 자란다. 갓은 서리를 맞고 기온이 영하로 내려갔다 올라갔다 해야 톡 쏘는 맛이 더 난다. 칼로 뿌리와 줄기를 잘라 내어 거둔다.

갓은 맛이 맵고 결이 뻣뻣해서 그냥 먹기에는 안 좋다. 그러나 김치 속에 넣어서 푹 익혀 먹으면 시원하고 매콤한 맛이 난다. 또 쪽파와 함께 갓김치를 담기도 한다. 갓김치는 땅속에 오래도록 묻어 두었다가 겨울이 끝날 때쯤 꺼내 먹어야 제맛이 난다. 갓을 물김치에 넣으면 잎에서 색이 우러나와서 국물이 불그스름해진다. 노란 갓 씨앗을 갈아 겨자를 만들어서 양념으로도 쓴다. 매콤한 맛이 난다.

갓 씨를 '겨자'라고 한다. 갈거나 빻아서 양념으로 쓴다. 나물이나 고기나 해산물에 무치거나 뿌려 먹는다. 매콤한 맛이 비린내를 없애고 입맛을 돋운다. 우리 옛 속담에 '봄날에 회를 먹을 때는 파가 좋고, 가을에 회를 먹을 때는 갓이 어울린다'고 했다. 갓과 갓 씨앗인 겨자는 약으로도 쓴다.

✳ 두해살이풀

ⓘ 30~150cm

〽 8~9월

✳ 3~6월

◔ 10월

🌾 늦가을

다른 이름 겨자, 상갓

가꾸는 곳 밭

특징 알싸하고 매운 향이 난다.

쓰임새 김치를 담가 먹고,
씨인 '겨자'를 양념으로 쓴다.

2013.11 인천 강화

뿌리에서 나오는 잎은 가장자리가 톱날처럼 되어
있다. 잎 앞뒷면에 가시가 있다. 잎은 풀색이거나
불그스레하거나 보랏빛이 돌기도 한다. 줄기 잎은
긴 타원꼴이고 잎자루가 없다. 꽃은 노랗다. 꽃잎은
넉 장이다.

싹   잎

배추

Brassica rapa var. glabra

밥상에는 어디나 김치가 있고, 그것은 대개 배추김치이다. 배추는 심는 때에 따라서 봄배추, 가을배추로 나눈다. 봄배추는 '얼갈이'라고도 하고 '봄동'이라고도 한다. 속이 찬 김장 배추는 여름에 씨앗을 뿌려서 늦가을에 뽑는다.

배추는 봄에도 심어 먹고, 가을에도 심어 먹는다. 우리나라 사람들은 늘 겨울에 김장을 담기 때문에 가을배추를 가장 많이 심는다. 서늘한 날씨에 잘 자라서 여름에 씨를 뿌리고 김장철인 늦가을이나 초겨울에 뽑는다.

씨앗을 심고 한 달쯤 지나면 잎이 여러 장 나온다. 이때쯤 솎아 낸다. 대개는 모종을 내서 옮겨 심는다. 세 달쯤 지나면 김장 담그기 좋을 만큼 통이 커진다. 이때 겉을 묶어 놓으면 겉잎이 속잎을 감싸 줘서 속이 알차게 차고 배추가 얼지 않는다. 서리가 내릴 때쯤 포기를 줄로 묶어 준다. 서리를 한 번 맞히고 묶어 주면 더 좋다. 묶을 때는 조금 느슨하게 한다. 남쪽 지방에서는 배추를 안 뽑고 그대로 두면 시든 채로 겨울을 난다. 봄이면 다시 싹이 나고 줄기가 곧게 올라온다. 4월쯤에 꽃대에서 노란 꽃이 핀다. 꽃이 지면 열매 꼬투리가 생긴다. 꼬투리가 누렇게 여물면 터지면서 씨앗이 나온다. 이때 씨를 받는다.

배추는 우리나라 사람들이 가장 많이 먹는 채소다. 배추 잎으로 국을 끓이거나 전을 부쳐 먹기도 하고, 쌈으로도 먹는다. 배추로는 뭐니 뭐니 해도 김치를 가장 많이 담근다. 김치는 다른 나라 사람들도 알아주는 이름난 저장 음식이다. 맛은 물론이고 영양가도 높고 겨우내 두고 먹어도 상하지 않는다. 김치를 할 때 다듬고 남은 배춧잎은 말려서 시래기나물로 먹는다. 배추 뿌리도 깎아 먹으면 아삭하고 달다.

서늘하고 바람이 잘 통하는 곳에 두고 신문지로 싸두면 한두 달은 놓고 먹을 수 있다. 김장 배추는 물이 안 고이는 땅을 파고 볏짚이나 신문지를 서너 겹 깐 뒤 묻으면 겨울에도 싱싱한 배추로 쓸 수 있다. 땅에 묻을 때는 겉잎과 뿌리를 떼내지 않는다.

❋ 두해살이풀

🛈 25~30cm

📶 4월, 8월

❋ 4월

🧺 6월, 11월

다른 이름 배차, 백채, 배채, 숭채, 뱁추, 우두숭

가꾸는 곳 밭. 특히 서늘한 고랭지

특징 가장 많이 재배하는 채소이다.

쓰임새 김치를 해 먹거나 나물로 먹는다.

2012.11 인천 강화

뿌리에서 곧장 넓은 뿌리잎이 여러 장 나서
배추통을 이룬다. 뿌리는 곧은 원뿌리가 나고
자잘한 곁뿌리가 뻗는다. 줄기는 곧게 자라고 꽃이 필
때까지 두면 높이가 1m까지 큰다. 줄기잎은 어긋나게
붙는다. 겨울을 넘긴 배추는 4월쯤 되면 노란 꽃이
핀다. 꽃이 지면 꼬투리가 열린다. 꼬투리가 여물면
터져서 까무스름하고 자잘한 씨가 쏟아진다.

싹   잎   배추 포기   배추 포기 묶기   꽃

쌍떡잎식물
콩목
콩과

완두

Pisum sativum

완두는 우리나라에서 기르는 곡식 가운데 가장 먼저 익는다. 그래서 예전에는 벼가 흉년일 때는 더 많이 심도록 했다. 남쪽 지방에서는 애콩이라고도 하고, 보리밭에 심는다고 보리콩이라고도 한다.

완두는 남쪽 지방에서 많이 심는다. 서늘한 날씨를 좋아해서 콩 가운데 추위를 가장 잘 견딘다. 남쪽 지방에서는 11월 중순에 씨를 뿌려 어린 싹으로 겨울을 난다. 이듬해 봄이 되면 무럭무럭 자라서 오뉴월에 거둔다. 중부 지방에서는 이른 봄에 씨를 뿌려서 유월에 풋완두를 먹는다. 하지만 해마다 같은 자리에 심으면 병에 잘 걸린다. 사오 년 심으면 다른 작물을 돌려심기하는 게 좋다.

씨를 심을 때는 서너 알을 넣어 점뿌림한다. 씨앗은 쭈글쭈글하다. 물에 한나절 동안 불렸다가 밭에 바로 씨앗을 심는다. 한 달쯤 지나면 잎이 넓어지고 잎겨드랑이에서 덩굴손이 나온다. 덩굴손이 감고 올라갈 수 있도록 받침대를 세운다. 완두 받침대는 벽처럼 넓게 세우고, 완두가 올라갈 때마다 줄을 쳐서 잡아 주면 좋다. 꼬투리도 많이 달리고, 익은 콩을 하나씩 골라서 딸 때에도 일이 쉬워진다. 덩굴손이 나오고 한 달쯤 지나면 줄기 끝에 나비처럼 생긴 붉은 꽃이 핀다. 꽃이 지면 연두색 꼬투리 열매가 열린다. 조금 더 익어서 풋콩일 때 따서 많이 먹는다. 더 익으면 꼬투리가 누렇게 된다. 6월에 씨로 삼을 수 있을 만큼 익는다. 햇빛에 잘 말린 뒤에 콩깍지에서 열매를 떨어 낸다. 완두 씨는 벌레가 먹기 쉽다. 벌레가 들지 않게 갈무리를 잘 해 두어야 한다.

완두콩은 밥에 넣거나 여러 가지 요리에 쓴다. 다 익은 알보다 풋콩이 더 맛있어서 거의 풋콩으로 먹는다. 완두 알은 쌀과 섞어 밥을 지으면 보기에도 좋고 부드럽고 달달한 맛이 입맛을 돋운다. 어린 아이한테 먹이기에도 좋다. 덜 익은 완두를 꼬투리째로 삶아 먹기도 한다. 갈거나 찧어서 떡이나 과자에 고물로도 쓰고, 풋콩으로 통조림을 만들어서 오래 두고 먹기도 한다. 잎과 줄기는 집짐승을 먹인다.

✿ 두해살이풀

🛈 1~2m

🌐 11월, 3월

✿ 5~6월

⏺ 6월

🧺 6월

다른 이름 애콩, 보리콩, 별콩, 흰완두, 붉은완두

가꾸는 곳 밭

특징 한 해에 가장 먼저 거두는 곡식이다.

쓰임새 밥에 넣어 먹거나 여러 요리에 쓴다.

잎과 줄기는 소를 먹인다.

2006.06 전북 부안

줄기는 속이 비고 둥근 기둥처럼 생겼다.
잎은 어긋나게 붙고, 작은 쪽잎이 1-3쌍으로
나란히 붙은 겹잎이다. 잎 끝에서 덩굴손이 나온다.
받침대를 감고 올라간다. 5월쯤 잎겨드랑이에서
흰색, 붉은색, 자주색 꽃이 핀다. 꽃은 꼭 나비처럼
생겼다. 꽃이 시들면 꼬투리 열매가 맺힌다.

1. 덩굴강낭콩 *Phaseolus vulgaris*
2. 동부 *Vigna sinensis*
3. 작두콩 *Canavalia ensiformis*

팥

Vigna angularis

팥은 밭에 심어 기르는 한해살이 곡식이다. 팥은 콩과 생김새가 많이 닮았다. 잎도 꽃도 꼬투리도 생김새가 닮았다. 하지만 꽃 빛깔이 노랗고 잎끝이 뾰족하게 오므라든다. 꼬투리는 콩보다 가늘고 길다. 꼬투리를 까면 알이 자줏빛이거나 잿빛, 흰빛도 있다. 아주 오래전부터 길러 왔다.

팥은 흔히 붉은팥을 여름에 심어 거두어 먹지만, 줄기가 덩굴로 뻗는 덩굴팥도 있고, 심는 때에 따라 가을팥도 있다. 붉은팥 말고 검정팥, 푸른팥, 얼룩팥 따위도 있다.

팥은 콩 기르는 방법과 같다. 콩밭 옆에 조금 자리를 내서 팥밭을 가꿀 때가 많다. 잎 끝이 뾰족한 것을 보고 팥인 줄 안다. 따뜻한 날씨를 좋아하고 축축한 땅을 싫어한다. 한 곳에 오래 심으면 병에 잘 걸리고 벌레가 많이 꼬이기 때문에 여기저기 다른 밭으로 돌려 심어야 좋다. 심을 때도 콩 심듯이 두세 알을 한두 뼘쯤 띄워서 심는다. 기름진 땅에는 드물게 심고 메마른 땅에는 더 촘촘하게 심는다. 자랄 때 솎아 준다. 하지만 거둘 때는 콩보다 일찍 거둔다. 꼬투리가 더 빨리 터지면서 팥이 튀어나가기 때문이다. 잎과 꼬투리가 어느 정도 누렇게 익으면 거둬서 단을 묶어 세워서 며칠 더 말린다. 바닥에는 그물망이나 거적을 깔아 둔다.

팥은 다른 곡식과 함께 밥을 지어 먹고, 죽을 끓여 먹고, 떡을 쪄 먹는다. 우리 겨레는 팥 색깔이 붉은빛을 띠어서 귀신이나 나쁜 기운을 물리친다고 믿었다. 그래서 한 해가 마무리되는 동짓날에 팥죽을 끓여 먹으면서 풍년이 오기를 빌고, 이사를 하면 팥죽을 해서 문에 바르거나 시루떡을 쪄서 이웃과 나누어 먹었다. 돌잡이 상에 올리는 수수팥떡에도 팥고물이 들어갔다. 요즘에는 설탕과 함께 삶아 빵이나 팥빙수에 많이 넣는다. 양갱도 팥으로 만든다. 팥잎은 쪄서 먹기도 하고 장아찌를 박기도 한다. 마른 팥 깍지를 삶아서 소를 먹이면 잘 먹는다. 옛날부터 먹던 팥 음식으로 팥단자, 팥편, 팥고추장, 팥잎국 들도 있다.

팥은 잘 말린다고 해도, 콩보다 벌레가 잘 꼬인다. 팥바구미 같은 벌레들이다. 흔히 밥밑콩으로 두어 먹는 완두콩처럼, 밥 지을 때 같이 넣을 먹는 콩이나 팥은 갈무리한 뒤에도 아주 서늘한 곳에 두거나, 벌레가 드나들지 못하도록 밀봉해야 한다. 팥바구미는 알에서 깨어난 애벌레가 팥알 속으로 파고 들어가 산다. 얼핏 봐서는 벌레가 들었는지 잘 모른다. 팥을 갈무리해 두면 팥알에서 애벌레가 나와 팥을 갉아먹고, 어른벌레가 되서도 팥을 먹는다.

✽ 한해살이풀	**다른 이름** 잔콩, 소두, 적소두	
❶ 30~60cm	**가꾸는 곳** 밭	
🌧 6~7월	**특징** 붉은 빛을 띠어서 나쁜 기운을 물리친다고 믿었다.	
✽ 8월	**쓰임새** 밥에 넣거나 떡고물을 한다.	
◔ 9~10월	앙금을 낸다.	
🧺 10월		

2005.07 전부 부안

줄기는 콩보다 조금 가늘고 덩굴로 뻗으려 한다.
잎은 어긋나게 붙고 쪽잎 세 잎이 붙은 겹잎이다.
갸름하고 끝이 뾰족하다. 7-8월쯤 잎겨드랑이에서 긴
꽃자루가 나와서 노란 꽃이 핀다. 꽃이 지면 길고 가는
꼬투리가 열린다. 꼬투리 속에는 검붉은 팥알이 열 개
안팎 들어 있다.

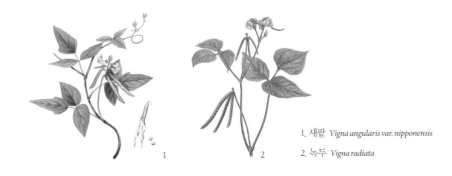

1. 새팥 *Vigna angularis var. nipponensis*

2. 녹두 *Vigna radiata*

1   2

콩

Glycine max

콩은 밭에 심어 기르는 한해살이 곡식이다. 오래전부터 중국과 우리나라에서 자라던 풀이어서 이 지역의 사람들은 콩을 많이 먹는 것에 아주 익숙하다. 콩으로 만든 된장, 간장, 콩나물, 두부는 밥상에서 빠질 수 없는 것이고, 이웃 나라에도 이와 비슷한 음식들이 많다.

콩은 메마르거나 척박한 땅에서도 잘 자란다. 밭에서 가장 많이 심는 게 콩이다. 수수, 옥수수, 고구마 같은 다른 곡식과 함께 심기도 하고, 논두렁, 밭두렁에도 심는다. 밀이나 보리를 밭에 심어 가꿀 때는 콩과 이모작을 할 때가 많다. 초여름 밀밭이나 보리밭 이랑 사이에 심어서 가을에 거둔다. 콩을 심어 기르면 땅이 기름지게 된다. 콩 뿌리에 붙어사는 뿌리혹박테리아가 영양분을 만드는 것이다. 콩과로 분류하는 풀들은 이런 성질이 있는 것이 많아서, 자운영이나 갈퀴나물처럼 아예 거름이 되라고 콩과 식물을 따로 심는 일이 많다.

흔히 '콩'이라고 하면 메주콩으로 쓰는 대두(백태)를 말하지만 콩에는 여러 가지가 있다. 색깔에 따라 누런콩, 흰콩, 검정콩(흑태), 속푸른콩(속청), 청태, 푸르대콩 따위가 있다. 무늬에 따라 호랑이콩, 수박태, 눈까메기콩(눈깜장이콩), 쥐눈이콩(서목태), 알종다리콩, 새알콩, 아주까리콩, 선비잡이콩이 있고, 쓰임새에 따라 나물콩, 밥밑콩, 메주콩, 약콩, 떡콩, 고물콩으로 나누기도 한다.

콩밭을 넓게 가꾸는 것은 다 메주콩이다. 메주콩으로는 메주를 띄워서 장을 담근다. 어느 나라든 흔히 먹는 발효식품이 한 가지쯤 있기 마련인데, 우리나라에서는 콩으로 담근 된장과 간장이 그런 음식이다. 건강을 지키는 중요한 음식인 셈이다. 메주콩으로는 두부도 만든다. 알이 조금 작은 나물콩으로는 콩나물을 기른다. 검정콩은 밥에 많이 넣어 먹고, 졸여서도 먹는다. 메주콩 말고는 밥밑콩으로 밥에 두어 먹는 콩이 많다. 여름에는 콩잎으로 장아찌를 담거나 쪄서 밥을 싸 먹는다. 콩깍지나 마른 콩대는 소가 아주 좋아한다. 또 콩을 짜서 기름을 뽑는다. 우리가 흔히 먹는 식용유가 거의 다 콩기름이다. 비누나 인쇄 물감에도 넣는다.

오랜 옛날부터 콩을 심어 왔지만 지금은 우리가 먹는 양에서 10%쯤만 우리나라에서 나고 나머지는 죄다 다른 나라에서 들여오고 있다. 콩으로 만든 콩기름이나 두유를 만드는 콩도 거의 수입산이다. 대개 미국에서 들여오는데 이것은 유전자변형(GMO) 콩이 대부분이다. GMO 콩은 제초제를 뿌려도 안 죽게 유전자를 바꾼 것이다. 우리 토박이 콩보다 가격이 1/4밖에 안 된다.

✳ 한해살이풀
ⓘ 30~90cm
〰 5~6월
✳ 7~8월
◐ 10월
🧺 9~10월

다른 이름 대두, 백태, 메주콩

가꾸는 곳 밭, 논두렁

특징 장을 담그는 곡식이다.

쓰임새 메주를 쑤어서 된장, 간장을 담근다.
두부, 콩물도 먹는다. 잎과 대는 소를 먹인다.

뿌리에 많은 뿌리혹이 생긴다. 줄기는 둥그랗고 연한 밤색 털로 덮여 있다. 잎은 어긋나게 붙고 쪽잎 석 장으로 된 겹잎이다. 7~8월에 잎겨드랑이에서 나비처럼 생긴 꽃이 핀다. 자주색도 있고 흰색도 있다. 꽃이 지면 긴 타원꼴 꼬투리 열매가 열린다. 씨앗은 처음에는 풀색이다가 누렇게 여문다. 씨앗 색깔이 까만 콩도 있다. 다 여물면 꼬투리가 터지며 씨가 쏟아진다.

2008.05 전북 익산

1. 까치콩 *Lablab purpureus*
2. 서리태 *Glycine max*
3. 쥐눈이콩 *Glycine max*

아욱

Malva verticillata

아욱은 잎을 따서 먹으려고 기르는 한해살이 채소이다. 오래전부터 중국에서 길러 왔다. 고려 시대 책에도 아욱을 길렀다는 기록이 있다. 잎채소로 작은 텃밭에 심어 기르기에도 좋다.

아욱은 한 해에도 여러 번 씨를 뿌려 기를 수 있다. 너무 춥지만 않으면 언제든 씨를 뿌려서 가꾸면 된다. 조그만 텃밭에 씨를 뿌려도 잘 자란다. 어느 땅에서든 잘 자라는 편이다. 씨를 뿌리고 한 달이 조금 넘으면 잎을 거둘 수 있다. 그때그때 위쪽에 난 연한 잎과 줄기를 꺾는다. 자라는 대로 줄기와 잎을 따서 국을 끓여 먹으면 맛있다. 아욱은 순을 짚어 주면 다시 가지를 치면서 자란다. 배게 자란 아욱은 솎아 내서 사이를 넓혀 준다. 다른 잎채소는 꽃대가 올라오면 쇠어서 못 먹게 되지만, 아욱은 꽃이 피어도 잎을 계속 따 먹을 수 있다. 축축한 땅을 좋아하기 때문에 이랑 을 높게 하지는 않는다. 봄에 심은 아욱에서 씨를 받아 가을에 심어도 잘 자란다. 대개는 집에서 찬거리로 해먹을 만큼 텃밭에 조금씩 기르지만, 많이 났을 때는 시래기로 삶아 말려 두었다가 먹 을 수도 있다.

아욱은 서늘한 가을에 뜯는 것이 맛이 좋다고 한다. 가을에 딴 아욱으로 끓인 국은 남달리 맛 이 좋아서, "가을 아욱국은 문 걸어 잠그고 몰래 먹는다."는 말까지 있다. 또 오랜 옛날부터 아욱 씨는 약으로 써 왔다. 똥을 시원하게 못 눌 때 약으로 쓴다. 차를 끓여 마시기도 한다. 우리나라 사람들은 옛부터 된장을 풀어 아욱을 넣고 아욱국을 끓여 먹었다. 아욱을 넣고 죽을 끓여 먹어 도 좋다. 삶아서 쌈을 싸 먹기도 하고, 시래기처럼 말려 겨울에 먹기도 한다. 영양이 풍부한 잎채 소로 시금치를 먼저 떠올리지만 아욱도 그에 못지 않아서, 아욱이나 시금치 같은 채소를 잔뜩 먹 는 것이 건강을 지키는 첫걸음이다. 특히 몸이 점점 자라기 때문에, 먹는 것이 곧 몸이 되는 아이 들일수록 아욱 같은 채소를 충분히 먹어야 한다. 요즘은 고기로 먹는 가축들이 풀은 안 먹고, 거 의 사료만 먹기 때문에 직접 풀을 먹는 게 더 중요해졌다. 아욱 씨는 변비나, 몸이 붓고 오줌이 안 나올 때, 젖이 잘 안 나올 때 달여 먹으면 좋다고 한다.

쑥갓은 아욱이나 상추와 함께 심어 먹기에 좋다. 아욱처럼 그때그때 부드러운 잎과 줄기를 따 서 먹는다. 향기가 좋다. 마당에서 기르거나, 도시에서도 상추, 쑥갓, 아욱 같은 잎채소를 몇 화분 만 키워도 입맛을 돋우는 좋은 찬거리가 된다.

✿ 한해살이풀

ⓘ 60~90cm

🌧 3~5월, 8~9월

✿ 6~7월

🌢 8~9월

🧺 3~11월

다른 이름 아옥, 동규, 노규, 파루초

가꾸는 곳 밭

특징 꽃이 피어도 잎을 계속 따 먹을 수 있다.

쓰임새 줄기와 잎을 따서 먹는다.

씨를 약으로 쓴다.

2004.06 서울 마포

줄기가 곧게 자란다. 잎은 어긋나고 둥글며,
가장자리에는 뭉툭한 톱니가 있다. 잎은 5~7 갈래로
얕게 파인다. 봄부터 가을까지 꽃이 피지만 6~7월에
가장 많이 핀다. 연한 분홍빛 꽃이 잎겨드랑이에
오글오글 모여 핀다. 씨는 둥글고 좁쌀만 하다.

씨

싹

어린잎

쑥갓 *Chrysanthemum coronarium*

미나리

Oenanthe javanica

미나리는 개울가나 도랑가처럼 물기 많은 곳에서 자란다. 여러해살이 풀이어서 베고 난 자리에서 이듬해에도 거둘 수 있다. 우물가나 논에 심어 기르기도 한다.

미나리는 풀이 곧추 자라는 미나리와 땅으로 기는 미나리가 있다. 대부분 곧추 자라는 미나리를 기른다. 또 물에서 자라는 물미나리와 땅에서 나는 돌미나리(멧미나리)가 있다. 돌미나리는 물미나리보다 줄기가 억세고 키가 짧다. 하지만 냄새가 더 좋고 맛도 좋아서 귀하게 여긴다.

미나리는 씨로도 퍼지지만 땅속으로 뻗는 기는줄기 마디에서 새 줄기가 돋아나 퍼지기도 한다. 가을에 미나리를 적당히 잘라서 논에 흩어서 심으면 겨울 동안 새순이 돋아난다. 뭉치로 자라는 미나리를 뿌리째 뽑아 하나씩 하나씩 옮겨 심는데, 모종 뿌리가 뜨지 않게 모내기하듯이 손으로 꽂아둔다. 이렇게 미나리를 기르는 논을 미나리꽝이라고 한다. 미나리는 추위를 잘 견뎌서 얼음이 덮인 물에서도 푸르게 자라고 잘 얼어 죽지 않는다. 겨우내 기른 미나리를 정월 대보름쯤 뜯어 먹기 시작해서 못자리할 때까지 나물로 먹는다. 단오를 넘기면 억세져서 맛이 없다. 요즘은 물을 많이 대고 미나리만 따로 재배하는 곳이 많다. 이런 곳에서는 겨울에 얼음을 깨고 미나리를 캐 올린다. 허리까지 차오르는 얼음물을 헤치고 다니면서 거두는 나물이다. 얼음장에서 살아가는데도 연하고 향긋하다.

겨우내 자란 미나리는 아삭아삭하고 냄새가 좋다. 아주 독특한 냄새가 난다. 한입만 먹어도 미나리향이 입에 가득찬다. 미나리는 줄기가 굵고 뿌리가 허옇게 잘 자란 것을 더 쳐 준다. 날로 초고추장에 찍어 먹으면 맛이 아삭하고 달콤하다. 연한 줄기와 잎을 상추나 회를 먹을 때 함께 쌈을 싸 먹어도 좋다. 미나리를 볶거나 전을 부쳐 먹어도 맛있고, 회나 매운탕에도 넣고, 즙을 짜 먹거나 김치에 양념으로 넣는다. 미나리를 넣으면 비린내가 사라지고 국물 맛이 시원해진다. 돼지고기를 삶아 얇게 썰어 미나리를 감아 초고추장에 찍어 먹어도 맛있다.

미나리를 많이 먹으면 피가 잘 돌아서 어지럼증이 낫는다. 또 똥도 잘 나오고 감기도 낫는다고 한다.

✿ 여러해살이풀

ⓘ 30~50cm

🌿 9월

✿ 4~5월

⏲ 10월

🧺 봄

다른 이름 근채, 수영, 수근, 불미나리, 돌미나리, 멧미나리

가꾸는 곳 우물가, 논

특징 물기 많은 곳에서 자란다. 얼음이 덮인 물에서도 잘 버틴다.

쓰임새 나물로도 먹고 약으로도 쓴다.

2012.07 인천 강화

줄기는 털이 없이 매끈하다. 줄기는 옆으로 뻗다가
곧추선다. 줄기 마디에서 뿌리가 나온다. 줄기는
모가 났고 속이 비었다. 잎은 어긋나게 나고
잎자루가 길다. 6-8월에 줄기 끝이나 잎과 마주난
꽃대에서 하얀 꽃이 핀다.

옮겨심기

잎과 줄기

당근

Daucus carota ssp. *sativus*

당근은 심어 기르는 두해살이 뿌리채소다. 뿌리가 발갛다. 무와 닮아서 빨간무라고도 하고 홍당무라고도 한다. 당근이라는 이름은 당나라에서 들어왔다고 붙여진 이름이다.

당근은 늦은 봄에 씨앗을 뿌려서 늦가을이나 초겨울에 캔다. 늦여름에 뿌리기도 한다. 품종에 따라 봄에 씨앗을 뿌려 여름에 갈무리하는 것도 있지만 겨울에 뽑는 것을 더 많이 먹는다. 맛도 겨울 당근이 더 좋다. 제주에서 많이 기르고, 제주 것이 맛이 좋다고 한다.

어릴 때는 풀을 잘 매 주어야 한다. 봄에 심어 가꿀 때는 날이 더워졌을 때에 무성한 잎 사이로 바람이 잘 통하도록 조금 넓게 솎아 주는 게 좋다. 벌레가 많이 꼬이거나 병에 잘 걸리지는 않지만, 거름을 잘 해야 한다. 거름이 모자라면 잎만 무성하고 뿌리가 잘 안 자라기가 쉽다. 마른 땅이 아니면서도 물 빠짐이 좋아야 잘 자란다. 제주도에서는 가을에 당근을 뽑지 않고 그대로 두면 시든 채로 겨울을 나서, 이듬해 봄이면 줄기가 올라온다. 한여름에 줄기 끝에서 자잘한 흰 꽃들이 모여서 피어나고, 가을이 되어서야 꽃이 지고 씨앗이 영근다.

당근 뿌리는 발갛다. 날로 먹으면 아삭아삭하고 단 맛이 돈다. 날것으로 먹어도 좋고 삶아 먹어도 좋지만, 기름에 볶아 먹으면 영양소가 더 잘 흡수된다. 갈아서 주스나 죽을 만들어 먹기도 한다. 아이들 이유식에 넣으면 좋다. 김치나 다른 반찬을 할 때에도 골고루 쓴다.

당근에는 우리 몸에 좋은 영양소가 많이 들어 있다. 특히 비타민 A가 많이 들어 있어서 어릴 때부터 당근을 많이 먹으면 눈이 밝아진다. 비타민 A는 기름에 잘 녹기 때문에 기름을 넣고 살짝 익혀 먹으면 더 좋다. 또 당근 열매는 음식에 넣어 향을 곁들이기도 하고, 기생충을 없애는 약으로도 쓴다.

✽	두해살이풀	**다른 이름**	홍당무, 빨간무
❶	1m	**가꾸는 곳**	밭
🌀	3월, 8월	**특징** 무와 닮아서 빨간무나 홍당무라고도 한다.	
✽	7–8월	**쓰임새** 날로 먹고, 반찬을 만들어서 먹는다.	
⏱	10월	주스나 죽도 만들어 먹는다.	
🧺	6월, 11월		

2012.11 인천 강화

뿌리는 무처럼 생겼다. 굵은 뿌리에서 잔뿌리가 난다.
줄기가 곧게 자라고, 줄기에는 세로로 줄이 있고
털도 많이 난다. 잎은 뿌리에서 모여 난다.
가늘고 잘게 찢어진 깃꼴 겹잎이다. 7~8월에
가지 끝에서 잘고 흰 꽃이 우산처럼 모여서 핀다.

| 씨 | 잎과 줄기 | 다 자란 당근 | 꽃 |

고구마

Ipomoea batatas

고구마는 밭에서 심어 기르는 여러해살이 뿌리채소다. 고구마는 뿌리, 감자는 줄기이다. 고구마는 본디 남아메리카 열대 지방에서 자라던 것이다. 그래서 여름에 날이 더우면 고구마 농사가 잘 된다. 우리나라에서는 조선 시대 때부터 길러 먹었다고 한다.

고구마는 이른 봄 해가 잘 드는 곳에 구덩이를 깊게 파고 모종으로 쓸 씨고구마를 심는다. 그리고 왕겨나 짚을 덮어 두면 싹이 튼다. 방 안이나 비닐 온상에서 싹을 내기도 한다. 싹 내는 고구마를 고를 때는 너무 작아서도 안 되고, 커서도 안 된다. 4~5월쯤 되면 줄기가 한 뼘쯤 자라는데, 이 순을 잘라서 밭에 심는다. 이렇게 고구마 순을 밭에다 심는 것을 '고구마 순 낸다'고 한다. 비가 와서 땅이 축축하게 젖어 있을 때 순을 내는 게 좋다. 고구마 줄기는 땅 위를 이리저리 어지럽게 기면서 자란다. 때마다 줄기를 꺾어서 나물로 먹고, 첫 서리가 내리기 전에 고구마를 거둔다. 서리를 맞으면 고구마가 썩거나 병이 들어서 오래 두지 못한다.

고구마는 맛이 달아서 구워 먹거나 쪄서 먹고, 연한 줄기와 잎자루는 나물로 많이 먹는다. 고구마를 갈아서 얻은 녹말가루로 식초나 술을 빚기도 하고 엿을 고고 묵을 만든다. 날것으로 그냥 먹어도 맛있다. 한겨울에 날로 깎아 먹으면 막 캐었을 때보다 훨씬 더 달고 맛있다. 옛날에 먹을 것이 없을 때 감자나 고구마를 밥 대신 먹었다. 그래서 고구마를 '구황식물'이라고 한다. 흉년을 이겨 내는 먹을거리라는 뜻이다.

고구마에는 밤고구마, 호박고구마, 물고구마, 자주고구마가 있다. 밤고구마를 찌면 보드라우면서 팍팍하다. 밤 맛이 난다. 호박고구마는 호박처럼 속이 노랗고 맛이 달다. 물고구마는 찌면 물컹물컹하며 찐득한 단물이 나온다. 자주고구마는 겉과 속이 모두 자줏빛인데 약삼아 먹는 것이고 단맛이 거의 나지 않는다.

감자는 줄기 부분이라 다른 잎줄기 채소처럼 영양소가 골고루 많은 편이지만, 고구마는 다른 뿌리채소들처럼 탄수화물이 많이 들어 있다. 그래서 밥 대신 먹어도 배가 부르다. 삶거나 굽거나 튀기거나 죽을 만들어 먹는다. 늦은 겨울 잘 삭은 김치를 죽죽 찢어서 고구마와 함께 먹으면 잘 어울린다. 고구마는 섬유질이 많아서 소화가 잘 되고 똥이 잘 나오게 한다. 섬유질 때문에 몸 안에 있는 나쁜 성분을 몸 밖으로 내보내는 일도 잘한다.

✿ 여러해살이풀	**다른 이름** 김서, 남서, 단감자, 감저
❶ 2–3m	**가꾸는 곳** 밭
〰 3월	**특징** 먹을 것이 없을 때 밥 대신 먹었다.
🧺 가을	**쓰임새** 구워 먹거나 쪄서 먹는다. 줄기, 잎자루를 나물로 먹는다.

줄기는 자줏빛이다. 줄기가 땅을 기면서 줄기
잎자루에서 뿌리가 나온다. 뿌리가 땅으로 뻗으면서
덩이뿌리인 고구마가 달린다. 잎은 어긋나고 잎몸은
심장꼴로 얕게 갈라진다. 꽃은 나팔꽃을 닮았는데
보기 어렵다.

2005.10 충북 청원

심기

땅속 고구마

다 여문 고구마

들깨

Perilla frutescens

들깨는 밭에서 심어 기르는 한해살이풀이다. 흔히 참깨, 들깨를 짝지어 생각하지만, 둘은 아주 다르다. 들깨 잎과 줄기에는 알싸하고 독특한 향기가 난다. 이 냄새 때문에 벌레가 잘 안 꼬인다.

들깨는 씨를 뿌리면 땅을 안 가리고 어디서나 잘 자란다. 길가나 밭두둑에도 심고, 두둑이나 고랑을 내지 않고 다른 채소를 심고 남는 자리에 심기도 한다. 보리나 밀, 고추 같은 다른 농작물 사이에도 섞어 심는다. 짜투리 땅이 있으면 어디나 심는 셈이다. 심을 때는 씨를 뿌려 심고 나는 대로 적당히 솎아 준다. 벌레도 안 먹고, 병도 잘 걸리지 않는다. 들깨가 줄지어 있으면 벌레들이 잘 넘어다니지 않아서, 밭에 벌레가 넓게 퍼지는 것도 막는다. 잎을 따기에 좋은 품종이 있기는 하지만, 크게 상관없이 잎도 따고 나중에 씨도 받는다. 씨를 거둘 때는 다 익기 전에 베서 밑에 깔개를 하고 말렸다가 씨를 턴다.

들깨는 여러 모로 쓸모가 많다. 뿌리를 빼고는 못 먹는 것이 거의 없다. 잎이나 어린 줄기는 날로 먹거나 졸이거나 쪄서 반찬으로 먹는다. 들깻잎 향기가 음식 맛을 돋우어 준다. 또 씨가 여물기 전에 꽃대를 따서 찹쌀 풀을 발라 말렸다가 기름에 튀기면 맛있는 부각으로도 먹을 수 있다. 씨앗으로는 들기름을 짠다. 들기름을 김에 발라 구워서 재고, 나물을 무칠 때 넣는다. 또 들기름을 종이에 먹여 기름종이를 만들기도 한다. 장판을 바르고 난 다음 들기름을 먹이면 장판이 상하지 않고 오래간다. 전기가 들어오기 전에는 비싼 참기름 대신 들기름으로 등잔불을 밝혔다. 깨를 갈아 들깨탕을 끓이거나 다른 국물에 넣어도 맛있다. 또 들깻잎을 매운탕에 넣어 끓이면 비린내와 누린내가 안 난다. 하지만 들깨는 갈거나 기름을 짜면 금세 상하기 때문에 먹을 만큼씩 그때그때 갈거나, 짜서 먹어야 한다. 참기름은 1년을 두고 먹을 수 있지만, 들기름은 냉장고에 넣어도 한 달을 넘기지 않는 게 좋다. 기름을 짜낸 깻묵은 집짐승 먹이나 거름으로 아주 좋다.

들깨는 깨 색깔에 따라 하얀 들깨, 검은 들깨, 밤색 들깨가 있다. 밤색 들깨를 가장 많이 기른다. 그밖에 검정들깨, 돌깨, 물깨, 올깨, 올들깨, 웅촌깨, 잎들깨, 흰올들깨 같은 토박이 들깨가 있다.

✳ 한해살이풀

ⓘ 80~150cm

🌀 4~5월

✳ 8~9월

⏱ 9~10월

🧺 잎/여름, 씨/10월

다른 이름 임, 백소, 소지

가꾸는 곳 밭

특징 들깻잎은 독특한 향기가 있다.
벌레가 잘 안 꼬인다.

쓰임새 잎과 씨를 먹는다. 씨로 기름을 짠다.

2012.09 인천 강화

줄기는 곧게 자라고 큰 것은 높이가 1m가 넘도록
자란다. 어른 가슴께까지 큰다. 줄기나 잎에는
연한 털이 빽빽이 난다. 잎 가장자리에 둔한 톱니가
있다. 잎은 녹색이지만, 뒤쪽이 자줏빛을 띠기도 한다.
8~9월쯤 줄기나 가지 끝에서 자잘한 흰 꽃이 핀다. 꽃이
지면 동그랗고 자잘한 씨앗이 달린다.

씨   싹   잎   자란 잎

가지

Solanum melongena

가지는 밭에 심어 기르는 한해살이 열매채소다. 원래 자라던 인도나 열대 지역에서는 여러해살이풀이다. 그래서 겨울에 따뜻한 방 안에 들여놓고 키우면 여러 해를 키울 수도 있다.

가지는 따로 모종을 내서 심는다. 화분에 심어서 도시에서 키우기에도 좋다. 밑거름을 적당히 하고, 햇빛 잘 드는 곳에 심어 두고 물만 잘 주어도 쑥쑥 잘 자란다. 축축한 땅을 좋아해서 땅이 마르지 않게 물을 자주 주어야 한다. 좋은 모종은 잎이 반질반질하고, 잎 사이가 촘촘하다. 모종을 옮겨 심고 3주쯤 지나면 곁가지가 자라 나온다. 이때쯤 고추나 토마토처럼 받침대를 세우고 줄을 묶어 준다. 줄을 잘 묶어야 비바람에 쓰러지지 않는다. 해마다 같은 밭에 심지 말고 2~3년 간격으로 밭을 돌려가며 심으면 더 좋다. 벌레도 잘 안 붙고 병에도 강한 편이다. 옮겨 심고 한 달 반쯤 지나면 꽃이 핀다. 가지 꽃은 제꽃가루받이를 하므로 헛꽃이 거의 없이 꽃이 핀 자리마다 열매가 열린다. 꽃이 피면 어지럽게 뻗은 곁가지를 조금씩 잘라 낸다. 곁가지를 잘라내야 원줄기가 튼튼하고 가지 열매에 햇빛이 잘 들어 튼튼하게 여문다. 여름부터 늦가을까지 열매가 열리니까 부엌 가까이에 있으면 찬거리로 때마다 따 먹기 좋다. 가지 품종에 따라 노랗거나 하얀 가지도 열린다.

가지는 씨가 여물기 전에 싱싱한 것을 딴다. 볶거나 구워서 먹는 게 맛이 좋다. 찬거리로 해 먹을 때는 찌거나 삶거나 갖은 양념을 해서 먹는다. 김치도 담가 먹는데, 가지김치는 오이소박이처럼 소를 박아 담근다. 가지전은 호박전처럼 둥글길쭉하게 썰어 밀가루를 묻히고 달걀을 입혀 지진다. 장아찌는 날 가지를 고추장이나 된장에 박아 넣는다. 가지를 쪄서 죽죽 찢어 간장 양념에 무쳐 먹기도 한다. 예전에는 밥을 하면서 밥물이 잦아들 때쯤에 가지를 밥 위에 넣고 쪘다. 날가지를 그냥 먹기도 한다. 맛이 달착지근하다.

약으로도 쓰는데, 열매꼭지나 줄기, 잎 따위를 삶은 물은 여드름 난 곳에 바르거나 동상 걸린 곳에 바르면 좋다.

✿ 한해살이풀 **다른 이름** 까지, 가지, 자가, 가쟁이

❶ 60~100cm **가꾸는 곳** 밭에서 심어 기른다.

🗊 4월 **특징** 가꾸기가 쉽고, 여름부터 늦가을까지

✿ 여름~늦가을 열매를 따 먹는다.

⊙ 여름~늦가을 **쓰임새** 반찬도 해 먹고 열매꼭지는

🧺 여름~늦가을 약으로 쓴다.

2012.07 인천 강화

줄기는 검은 보랏빛이다. 줄기에 잿빛 털이나 가시가
나기도 한다. 잎은 어긋나고, 잎자루가 길다. 길쭉한
달걀 모양이고 잎끝이 뾰족하다. 줄기와 가지 마디
사이에서 꽃대가 나와 꽃이 핀다. 꽃과 열매가
자줏빛이다. 열매는 매끈하고 길쭉하게 큰다.

씨   싹   잎   받침대 세우기   꽃과 열매

토마토

Solanum lycopersicum

토마토는 밭에 심어 기르는 한해살이 열매채소다. 가지과에 드는 토마토나 가지나 고추는 겨울에 방 안에 들여 놓으면 여러 해 동안 키워 먹을 수 있다. 우리말로 '땅감'이나 '일년감'이라고도 한다. 온 세계에서 가장 많이 먹는 열매채소 가운데 하나이다.

우리나라에서는 흔히 토마토를 과일 가게에서 팔고 과일 취급을 많이 하지만, 사실은 가지와 고추 친척뻘이 되는 채소다. 토마토 밭에 가면 쌉싸래한 토마토 냄새가 나는데, 줄기를 툭 건드리면 냄새가 더 난다. 이 냄새가 벌레를 쫓아서 벌레가 많이 안 꼬인다. 토마토도 모종을 구해서 심는다. 토마토, 가지, 고추 모두 모종을 기르는 데에 시간이 오래 걸리고 따뜻하게 잘 돌봐야 해서, 모종을 기르는 것은 쉽지 않다. 토마토는 가지를 많이 치고, 땅이 기름지면 크게 자라서 고추나 가지보다 널찍하게 심는 게 좋다. 가지를 너무 많이 치면 어릴 때 적당히 짚어 준다.

토마토는 물 빠짐이 좋고, 볕이 잘 드는 밭에 심는다. 햇볕을 많이 쬐어야 열매가 달고 맛있게 여문다. 뜨겁고 건조한 곳에서 잘 자라기 때문에 장마가 있고, 여름에 습한 우리나라는 토마토를 재배하기에 좋은 날씨는 아니다. 여름이 건조한 나라에서 자란 토마토가 맛이 뛰어나다. 요즘은 우리나라에서도 여러 품종의 토마토를 가꾸는데, 다른 나라에서는 수많은 종류의 토마토를 심어 가꾼다. 토마토는 다 익는 대로 그때그때 먹는 것이 좋다. 갓 땄을 때 맛이 아주 좋다. 하지만 갓 딴 것이라고 해도 온상에서 기른 것 보다는 차라리 제철에 잘 익은 것을 따서 곧바로 통조림으로 만든 게 맛이 낫다. 조금 덜 익어 푸른빛일 때 따서 익힐 수도 있지만 맛이 떨어진다. 덜 익은 토마토는 밖에 둔다. 또 열대에서 자라던 식물이라 서리를 맞으면 말라 죽는다.

우리는 토마토를 날로 많이 먹지만 서양에서는 볶아 먹거나 튀기거나 삶아서 먹는다. 양념으로도 많이 쓴다. 아이들이 좋아하는 케첩도 토마토를 삶아서 만든다. 토마토를 과일처럼 날로 먹을 때는 설탕이나 소금을 찍어 먹으면 더 맛있는데, 소금을 찍어 먹어야 영양소가 몸에 더 잘 흡수된다. 익혀 먹어도 영양소가 잘 흡수된다. 토마토는 병에 견디는 힘도 좋게 한다. 또 소화가 잘되고 변비를 낮게 하고, 살결도 고와진다. 고기나 생선을 먹을 때 토마토를 곁들이면 영양소의 균형도 맞추고, 소화 작용도 돕는다.

✽ 한해살이풀	**다른 이름** 땅감, 일년감, 땅꽈리
❶ 1~1.5m	**가꾸는 곳** 밭에서 심어 기른다.
〰 3~4월	**특징** 서양에서는 채소처럼 먹는다.
✽ 6~9월	**쓰임새** 날로 먹거나 삶아서 양념으로 쓴다.
◔ 7~9월	
🧺 7~9월	

2004.06 경기 양평

처음에는 곧게 자라다가 자라면서 옆으로 눕는다.
줄기가 땅에 닿으면 줄기에서도 뿌리를 내린다.
잎과 줄기에는 가는 털이 성기게 나고 독특한 냄새가
난다. 잎은 어긋나게 붙고 깃꼴로 갈라진 겹잎이다.
5~8월쯤 노란 꽃이 핀다. 꽃이 지면 둥글납작한
열매가 열린다. 열매는 아이 주먹만 하지만, 요즘에는
자잘한 방울토마토도 많이 기른다. 빨갛게 익는다.

씨　　　　　싹　　　　　받침대 세우기　　　　　꽃과 열매

감자

Solanum tuberosum

감자는 밭에 심어 기르는 여러해살이풀이다. 우리나라에서는 조선 시대에 중국에서 가져다가 심어 기르기 시작했다. 흔히 감자는 고구마와 짝지어 비슷한 것으로 여긴다. 그래서 감자를 고구마라고 하고, 감자는 북감자라고 하는 곳도 있고, 고구마를 감자라고 하는 곳도 있다. 하지만 둘은 많이 달라서, 감자는 줄기를 먹는 채소다. 특별한 영양소가 많기 보다 여러 영양소가 골고루 있는 게 잎줄기 채소의 특징인데, 그래서 감자도 여러 영양소가 골고루 있는 편이다.

우리나라 어디에서나 감자 농사를 짓지만, 특히 강원도에서 많이 심어 기른다. 서늘한 날씨를 좋아하고, 밥 대신 먹을 수 있는 밭작물이어서 그렇다. 이른 봄에 심은 것은 장마 전에 거두고, 한여름이 지나서 심은 것은 겨울이 올 때쯤 거둔다. 제주처럼 따뜻한 곳에서는 12월에도 캔다. 대개는 봄 농사로 많이 심어서 하지 무렵에 나는 하지감자를 많이 먹는다.

감자를 심을 때는 눈을 틔워서 심는다. 눈이 한두 개 있도록 해서 반이나 네 조각으로 잘라서 심는다. 자른 씨감자를 서늘한 곳에서 하루이틀 말렸다가 심는다. 가을에 심을 때는 일찍 감자가 열리는 품종을 골라야 하고, 물이 잘 빠지도록 해야 한다. 자라는 기간이 짧아서 거름도 넉넉히 하는 게 좋다. 감자를 거둔 다음에는 잘 말려서 깜깜하고 바람이 잘 통하는 곳에 넣어 둔다. 햇빛을 보면 겉이 푸르게 되는데, 여기에는 솔라닌이라는 독이 있다. 도려내고 먹어야 한다. 또 상처난 것을 오래 두면 물크러지고 썩기 때문에 가끔씩 썩은 것이 없는지 살펴보는 게 좋다. 하나가 썩으면 그 옆으로 퍼져 나간다. 흰 감자를 많이 먹지만 자주감자도 있다.

감자는 쌀이 귀했던 때에 밥 대신에 많이 먹었다. 감자를 조리거나 볶아서 온갖 반찬도 만들어 먹는다. 또 감자밥, 감자국, 감자떡, 감자수제비, 감자범벅, 감자부침개도 만들어 먹고, 굽거나 솥에 찌거나 기름에 튀겨서 주전부리로 먹기도 한다. 과자, 통조림, 녹말, 엿, 당면도 만든다. 알코올을 만들거나 집짐승 먹이로도 쓴다.

햇빛에 얼굴을 그을렸을 때나 불이나 뜨거운 물에 살이 데었을 때 감자를 갈아서 바르면 좋다. 감자를 자주 먹으면 이빨이 덜 썩는다고 한다.

✿ 여러해살이풀

🛈 60~80cm

🌱 3~4월

✿ 5~6월

🧺 6~7월

다른 이름 감저, 북저, 궁김자, 북감자, 지슬

가꾸는 곳 밭에서 기른다.

특징 쌀이 귀할 때 밥 대신에 먹는다.

쓰임새 끼닛거리나 반찬으로 먹는다.

2005.06 서울 마포

뿌리는 수염뿌리로 뻗는다. 땅속 30cm 깊이까지
뻗는다. 줄기는 땅속줄기와 땅 위로 자라는 줄기로
나뉜다. 땅속줄기는 뿌리처럼 뻗다가 끝에 작은 알이
맺혀 커진다. 이것을 먹는다. 땅위줄기는 곧게 자란다.
잎은 쪽잎이 여러 장 모인 겹잎이다. 오뉴월에 줄기 끝
잎겨드랑이에서 꽃대가 길게 뻗어 올라온다.
꽃대 끝에 자주색이나 흰색 꽃이 핀다.

심기   싹   알이 맺히는 감자   잘 여문 감자

고추

Capsicum annuum

고추는 심어 기르는 한해살이 열매채소이지만, 겨울에 온실이나 방 안에 두고 기르면 여러 해 동안 길러 먹을 수 있다. 열매에서 나는 매운맛 때문에 양념 채소로 널리 기른다. 우리나라에서는 조선 시대부터 심어 기르기 시작했다. 고추를 널리 재배하기 전에는 매운맛을 내거나 김치를 담글 때 산초가루 같은 것을 썼는데, 고추를 들여오고 나서는 고추가 널리 쓰이는 채소가 되었다.

고추는 모종판에 씨앗을 심고 따뜻한 곳에 두면 일주일쯤 뒤에 싹이 난다. 싹이 나고 열흘쯤 지나면 본잎이 난다. 씨를 뿌려서 모종을 기르려면 온실이 있어야 한다. 고추는 병이나 벌레가 많이 와서 농사를 짓는 게 쉽지 않은데, 씨를 뿌려서 모종을 기르는 것도 까다롭다. 시골에서 고추 농사를 짓는 사람들도 모종을 사서 심는 경우가 많다. 사오 월에 모종을 심으면 여름부터 늦가을까지 따 먹는다. 열매가 당글당글 잘 열려서 그때그때 풋고추로 따 먹기도 하고, 고춧가루를 낼 때는 빨갛게 익을 때까지 기다렸다가 딴다. 빨갛게 익기를 기다려서 따도 한 해에 여러 번 딴다. 고춧가루를 낼 때는 며칠 볕에 잘 말렸다가 방아에 빻는다. 청양고추처럼 작고 매운 고추가 있는가 하면, 피망처럼 뚱뚱하고 매운맛이 적은 고추도 있다. 요즘은 오이고추라고 해서 전혀 맵지 않은 고추도 길러 낸다. 심을 때 밭게 심거나, 넓은 땅에 고추만 빽빽하게 심으면 쉽게 병이 오고, 벌레가 모여든다.

고추는 품종이 여러 가지여서 우리나라에서는 100여 가지쯤 되는 고추를 심는다. 고추를 키우는 마을 이름을 따서 영양·천안·음성·청양·임실·제천 고추 들이 있다.

우리나라 사람들이 마늘 다음으로 많이 먹는 양념이 고추이다. 김치나 온갖 반찬에 고춧가루가 빠지지 않는다. 여름에는 풋고추를 된장에 찍어 먹고, 고춧잎은 데쳐서 나물로 해 먹는다. 요즘에는 온실에서 기르는 고추를 철을 가리지 않고 먹는다. 간장에 절이거나 된장에 박아 장아찌도 만들고, 국이나 찌개, 매운탕에도 넣는다. 고추 속에 고기를 다져넣어 전을 부쳐 먹기도 한다.

고추장은 고춧가루와 메줏가루를 섞어서 담근다. 밀, 보리, 찹쌀 가루를 써서도 담근다. 된장이나 간장을 담그는 것처럼 오래 걸리지 않아서, 재료를 준비할 수 있으면 도시에서도 어렵지 않게 고추장을 만들 수 있다.

* 한해살이풀
* 50~60cm
* 4~5월(모종)
* 6~7월
* 7~9월
* 7~9월

다른 이름 고초, 당초, 신초, 고치
가꾸는 곳 밭에서 심어 기른다.
특징 고추장을 담고, 온갖 양념으로 쓴다.
쓰임새 가루를 내어 양념으로 쓰고, 날로 먹거나,
반찬을 만들어 먹는다.

2005.07 서울 마포

줄기가 곧게 자라고 가지를 많이 친다. 잎은 어긋나게
붙고 잎자루가 길다. 잎은 넓은 버들잎꼴이고
가장자리가 매끈하다. 6~7월쯤 잎겨드랑이에서 흰색
꽃이 한두 개씩 피고 진다. 고추를 따면 꽃이 이어
핀다. 꽃이 지고 나면 열매가 열린다. 8~9월쯤
빨갛게 익는다.

씨   싹   잎과 줄기   받침대 세우기   다 익은 고추

참깨

Sesamum indicum

참깨는 밭에 심어 기르는 한해살이풀이다. 기름을 얻으려고 기르는 풀 가운데 가장 오래전부터 심어 온 것으로 알려져 있다. 들깨는 잎도 따 먹고 씨도 받지만, 참깨는 잎은 안 먹는다. 참깨는 잎겨드랑이에 꼬투리가 열린다. 들깨는 알이 동글동글하고 참깨는 납작하고 끝이 뾰족하다.

물이 잘 빠지는 땅이라면 전국 어디서나 잘 자란다. 거름도 많이 하지 않아도 괜찮다. 5월 들어서 씨를 뿌려 기른다. 드물게는 한쪽에 모아서 씨를 뿌렸다가, 싹이 난 것을 옮겨 심어 기른다. 이렇게 한 번 옮겨심기를 하는 게 그냥 씨를 뿌리고 솎아서 기른 것보다 잘 자라고 씨도 많이 맺는다. 참깨는 배게 심으면 옆에서 자라는 것보다 자꾸 더 높이 자라려고 해서 키만 크고 약해지기 쉽다. 그래서 적당히 간격을 두고 심어야 한다. 꽃이 피고 나면 아래쪽 꼬투리부터 차례로 익어간다. 맨 아래 꼬투리가 익으면 베다가 바닥에 깔개를 깔고 마저 익히면서 말린다. 익은 참깨 꼬투리는 조금만 흔들려도 참깨가 우수수 떨어진다. 참깨는 오랫동안 길러 왔기 때문에 토박이 참깨가 많다. 씨알 색깔에 따라 흰깨, 누른깨, 검은깨가 있다. 흰참깨는 기름 짜는데 많이 쓰고, 검은깨은 흑임자, 먹깨라고도 해서 약으로 많이 쓴다.

참깨는 씨앗을 털어 참기름을 만든다. 참깨 한 됫박이면 참기름이 작은 소주병으로 두 병쯤 나온다. 품종에 따라서 기름이 나는 양이 다르다. 참기름은 한 방울만 떨어뜨려도 고소한 냄새가 확 퍼진다. 그래서 여러 나물에 넣고 무치거나 밥에 넣어 비벼 먹으면 입맛을 돋운다. 참기름에는 스스로 상하지 않게 하는 성분이 많아서 오랫동안 두어도 맛이 바뀌지 않고 상하지도 않는다. 들기름과 다르다. 그래서 참기름을 적당히 먹으면 늙어서 생기는 병을 막는 힘이 생긴다. 참깨를 볶아서 깨소금을 만들어 여러 가지 음식과 반찬에 넣는다. 참깨를 넣어 송편을 만들면 고소하고 오돌오돌 씹히는 맛이 좋다. 참깨를 과자에도 넣는다. 참기름을 짜고 남은 깻묵은 집짐승을 먹이거나 거름으로 쓰기에 아주 좋다.

참기름이나 참깨를 약으로도 쓴다. 동맥경화를 막고, 몸을 튼튼하게 하고, 살갗에 윤기가 돌고, 골칫거리로 골머리를 썩을 때 마음을 편안하게 해 준다고 한다. 또 자주 먹으면 젊어지고 암이 안 생기도록 해 준다고도 한다. 불에 데거나 상처 난 곳에도 바르면 좋고, 고름을 빨아내는 약도 만든다. 몸이 약한 사람이나 병을 오래 앓은 사람들은 깨죽을 쑤어 먹고 힘을 냈다.

✹ 한해살이풀	**다른 이름** 깨, 호마, 유마	
❶ 1m	**가꾸는 곳** 밭	
〰 4~5월	**특징** 아주 오래전부터 기름을 얻으려고 길렀다.	
✳ 7~8월	**쓰임새** 깨소금을 볶거나 참기름을 짠다.	
⌛ 9~10월		
🧺 9~10월		

2004.06 전북 부안

줄기는 곧게 자라고 마디지며 네모나다. 줄기와
잎에 짧은 솜털이 덮여 있다. 잎은 줄기 밑쪽에서는
마주나고 위에서 어긋난다. 줄기 위쪽
잎겨드랑이에서 연보라색 꽃이 핀다. 열매는 둥근
기둥꼴로 하늘을 보고 솟는다. 열매 속에
노르스름하고 납작한 참깨 씨앗들이 들어 있다.
씨는 하얗거나 누르스름하거나 까맣다.

흰깨 씨   검은깨 씨   싹   잎과 줄기   꼬투리   세워 말리기

오이

Cucumis sativus

오이는 열매를 먹으려고 심어 기르는 한해살이 열매채소다. 오이는 봄에 씨앗을 뿌려 두면 여름 내내 열매를 따 먹을 수 있다. 밭에서 하나씩 따 먹으면 물이 많고 시원해서 목 마른 것이 금세 사라진다.

모종을 내려면 4월에 씨를 심어서 기른다. 모종을 구해서도 심는다. 옥수수는 때마다 따려고 심을 때 나눠가며 심는데, 오이도 금세 자라고 한꺼번에 열매는 맺는 편이라, 나눠 심기도 한다. 먹었을 때 물이 많은 만큼 기를 때도 물이 많이 있어야 한다. 밭이 너무 메마르거나 힘들게 자라면 오이 맛이 쓰다. 덩굴손이 타고 올라가도록 받침대를 세우고 끈을 얼기설기 묶어 준다. 잎겨드랑이에서 곁순이 나오는데, 적당히 질러 준다. 덩굴이 너무 무성해지면 바람이 잘 통하지 않아서 병에 잘 걸린다. 오이는 열매가 자라면 하루하루가 다르다. 너무 키우지 않고 따야 맛이 좋다. 너무 여러 개가 달리면 솎아 가며 키운다.

거두는 때에 따라 여름오이와 가을오이가 있다. 여름오이는 봄에 심어 여름에 먹고, 가을오이는 여름에 심어 가을에 먹는다. 여름오이가 가을오이보다 맛있다. 하지만 가을오이는 많이 거둘 수 있고 키우기가 쉽다. 가을오이로는 오이지나 소박이김치를 많이 담근다.

오이는 그냥 먹어도 시원하고, 김치나 오이지를 담기도 한다. 물이 많고 시원해서 한여름에 먹으면 좋다. 날로 고추장이나 된장에 찍어 먹는다. 싱싱한 오이는 가시처럼 생긴 돌기가 오톨도톨나 있다. 꼭지 쪽은 맛이 쓰다. 누렇게 익은 오이는 노각이라고 한다. 노각은 껍질을 벗기고 씨를 파낸 뒤 무치거나 장아찌를 만들어 먹는다. 파낸 씨를 잘 말려서 이듬해 뿌릴 씨로 갈무리한다.

냉국을 만들어 먹으면 더운 여름에 땀이 쏙 들어간다. 얇게 썰어 샐러드를 만들거나 오이물김치나 오이소박이김치를 담근다. 오이에는 비타민 C를 깨뜨리는 효소가 있다. 그래서 다른 채소와 섞어서 갈아 먹으면 안 좋다. 오이는 열을 식혀 주는 약효를 지니고 있어서 불에 덴 곳이나 햇빛에 탄 곳에 쓰는데, 얇게 썰거나 갈아서 붙이면 잘 낫는다. 땀띠가 났을 때 오이즙을 발라도 좋다. 요즘에는 오이즙으로 화장품을 만든다.

❋ 한해살이풀

ⓘ 2~5m

🔊 4~5월

❋ 5~7월

◐ 6~9월

🧺 6~9월

다른 이름 물외, 외, 우이, 웨

가꾸는 곳 밭에서 심어 기른다.

특징 덩굴로 자라는데 받침대를 꼭 세워 주어야 한다.

쓰임새 열매를 먹고 약으로 쓴다.

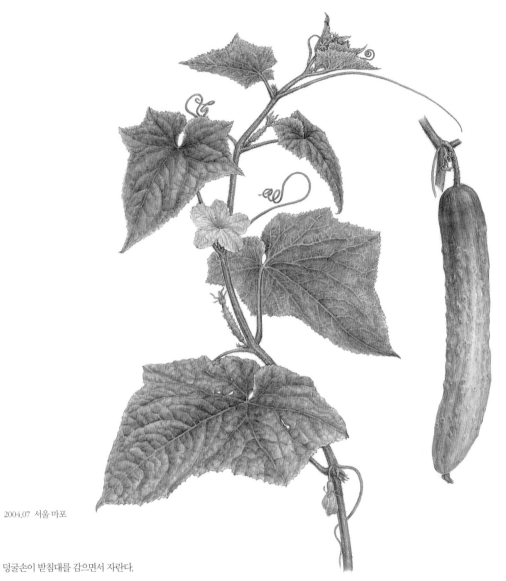

2004.07 서울 마포

덩굴손이 받침대를 감으면서 자란다.
줄기는 오각형으로 모가 났고, 가시털이 빽빽이
난다. 잎은 마주나고 잎자루가 길다.
호박잎과 닮았는데 크기가 좀 작고 더 뾰족한
모양이다. 까끌까끌한 털이 나 있다. 암꽃과 수꽃이
따로 핀다. 오이 열매는 암꽃 씨방이 길게 자란
것이다. 누렇게 익는다.

씨   싹   잎과 줄기   받침대 세우기   암꽃   수꽃

호박

Cucurbita moschata

호박은 밭두렁이나 울타리 옆, 산비탈에 심어 기르는 한해살이 열매채소다. 호박은 덩굴을 뻗는다. 밭두렁이나 빈터에 심으면 덩굴이 뻗으면서 커다란 잎이 가득 뒤덮는다. 암꽃과 수꽃이 따로 피는데 꽃이 커다랗다. 암꽃에서 호박이 열려 커진다. 우리가 먹는 호박은 암꽃 씨방이 자란 것이다. 호박을 심을 때는 거름을 많이 한다. 아예 호박 심을 자리를 염두에 두고 구덩이를 판 다음 겨우내 거름을 해 두기도 한다. 거름을 하는 게 큰 일이기는 하지만 그것만 해 두면 다른 일은 크게 손이 가지 않는다. 처음에 달리는 열매를 따 주고, 한두 번 순을 질러 주기도 하지만, 그마저도 하지 않아도 괜찮다. 두엄자리에 한두 포기만 심으면 온 식구가 한 해 내내 먹을 호박이 하나씩 둘씩 열린다.

우리나라에서 많이 심는 호박은 동양 호박, 서양 호박, 페포 호박(주키니 호박)이 있다. 이 세 가지 호박은 잎과 열매와 씨 생김새가 다 다르다. 동양 호박은 여름 동안 메마른 땅에서도 잘 자란다. 덜 여문 호박 열매는 애호박으로 먹고, 늙은 호박은 겨울내내 오랫동안 두고두고 먹을 수 있다. 익으면 열매가 누렇다. 서양 호박은 '단호박', '밤호박'이라고 한다.

호박은 쓰임새가 무척 많다. 어린순이나 잎은 쪄 먹고, 열매는 어릴 때부터 완전히 익을 때까지 여름 내내 따 먹을 수 있다. 달달한 맛이 조금 나는데, 익을수록 더 달다. 여물기 전에는 애호박이라고 해서 온갖 반찬거리를 만든다. 전도 부쳐 먹고 찌개에도 넣고 볶음도 한다. 호박과 비슷한 박도 어릴 때는 따서 볶아 먹고, 국도 끓여 먹는다. 말려서 박고지를 해 두었다가도 먹는다. 호박은 껍질째 먹지만, 박은 껍질이 아주 쓰다. 다 여문 늙은호박은 껍질을 벗기고 씨앗을 뺀 뒤 범벅이나 죽을 쒀 먹는다. 얇게 썰어서 말려 두었다가 이듬해까지 떡을 해 먹기도 한다. 호박씨는 기름도 짜고 땅콩처럼 날로 까먹기도 한다.

호박씨에는 혈압이 낮아지고 몸속 기생충을 없애고 기침이나 천식을 낫게 하는 효능이 있다고 한다. 아기 낳은 엄마가 젖을 잘 나오게 하려고 먹기도 했다. 또 누런 호박을 삶아서 보약이나 오줌 내기 약으로 쓰기도 한다.

✻	한해살이풀	**다른 이름** 고매기, 낭개, 도애, 만호박
🔊	3~4월	**가꾸는 곳** 밭, 마당
✻	4~5월	**특징** 거름을 넉넉하게 해서 키우는 게 좋다.
◐	10월	**쓰임새** 반찬거리를 만들거나, 전을 부쳐 먹는다.
🧺	6~10월	죽을 쑤어 먹는다. 어린순이나 잎을 쪄 먹는다.

줄기는 덩굴로 뻗는다. 덩굴줄기는 모가 나고
까끌까끌한 털이 많이 있다. 잎은 어긋나게
붙고 잎자루가 길며 손바닥처럼 넓적하다.
가장자리가 다섯 개로 얕게 갈라진다. 여름에
잎겨드랑이에서 꽃이 핀다. 오이나 참외처럼
암꽃과 수꽃이 한 그루에서 핀다. 꽃이 지면서
암꽃에서 열매가 맺는다. 누렇거나 불그스름하게
익는다.

2012.09 서울 마포

씨   싹   잎과 줄기   애호박   단호박   주키니호박

상추

Lactuca sativa

상추는 잎을 먹으려고 심어 기르는 두해살이 잎채소이다. 아주 오래전부터 길러 먹었다. 우리 나라에서도 2천 년 쯤 전부터 기르기 시작했다고 한다.

봄에 씨를 뿌려 초여름부터 잎을 뜯어 먹는다. 장마가 지면 잎이 물크러져서 진다. 또 7월쯤 되면 줄기가 올라오고 꽃이 피는데, 그러면 상추가 뻣뻣해져서 못 먹는다. 가을에도 씨를 뿌려 길러 먹는다. 남쪽 지방에서는 가을에 뿌린 상추가 겨울을 난다. 시금치처럼 겨울을 나고 이른 봄에 뜯어 먹는 상추가 맛이 좋다.

상추는 집에서 기르기 쉽다. 화분에다 몇 포기만 심어 두어도 초여름까지 뜯어 먹을 만큼 잘 자란다. 쑥갓이나 아욱 같은 잎채소와 함께 기르면 도시에서도 찬거리삼아 기르기에 좋다. 상추를 심으려면 봄에 모종을 사다가 심거나 씨앗을 바로 뿌린다. 물만 잘 주면 병도 잘 안 걸리고 벌레도 안 먹는다. 예전에는 뱀을 쫓으려고 상추를 심었다고 한다. 상추를 심으면 신기하게도 뱀이 없다. 상추는 길러서 잎을 따먹기는 쉬워도 씨받기는 조금 어렵다. 씨를 받을 때는 꽃대가 올라오는 것을 두었다가 누렇게 되면 벤다. 그것을 매달아서 더 말린 다음 씨를 받는다.

상추에는 속이 차는 결구상추와 잎상추, 배추상추, 줄기상추 이렇게 네 가지 상추가 있다. 우리 나라에서는 포기잎상추와 치마잎상추를 많이 기른다. 잎상추는 줄기가 자라 오르면서 새 잎이 나는 대로 한 잎씩 뜯어 먹는다. 포기상추는 포기째 뽑아 먹는데 잎이 연하고 물결처럼 생긴 주름이 많이 나 있다.

상추는 날것 그대로 쌈을 싸 먹는다. 밥에 된장이나 고추장을 곁들여서 싸 먹는다. 깻잎과 함께 날 잎으로 가장 많이 쌈을 싸 먹는 채소이다. 겉절이를 해 먹기도 하고, 된장국도 끓여 먹는다. 맛이 쌉싸름하면서 아삭하다. 상추 잎은 따면 그때그때 바로 먹는 것이 좋다. 오래 두면 쉽게 물크러진다. 신문지로 싸서 서늘한 곳에 두면 제법 오래 두고 먹을 수 있다. 상추 잎을 따거나 줄기를 자르면 뜨물 같은 흰 즙이 나오는데, 이 즙에는 잠이 오게 하는 약효가 있다. 그래서 상추를 먹으면 잠이 잘 오는데, 잠이 깨고 나면 머리가 맑아진다.

✼ 두해살이풀
ⓘ 90~120cm
📶 3월, 9월
✼ 여름
◔ 10월
🧺 초여름, 가을

다른 이름 부리, 부루, 상치, 생추

가꾸는 곳 밭

특징 도시에서 상자나 화분에 기르기도 쉽다.

쓰임새 잎을 먹는다.

뿌리에서 잎이 돋아나다가 줄기가 올라오면
잎이 줄기자루를 감싸면서 난다. 잎은 반들반들하고
주름이 많다. 잎 가장자리는 삐뚤삐뚤하다.
뿌리에서 난 잎은 크고 줄기에서 난 잎은 위로
올라갈수록 차츰 작아진다. 꽃이 피었다가 지면
작은 은빛이나 까만 밤빛 씨가 여문다. 씨에는
민들레 씨처럼 하얀 털이 있다.

2004.06 전북 부안

씨   싹   어린잎   다 자란 상추

들풀과 나물

4_1 산과 들의 풀

식물은 어디에서나 자란다. 사람이 살려면 식물이 자라는 땅이어야 한다. 우리나라는 계절이 뚜렷한 날씨에 잘 사는 풀들이 모여 산다. 산이나 들에도 많고, 집 둘레나 길가에도 흔하다. 돌담 밑이나 보도블록 사이에서도 고개를 내밀고 있다. 손바닥만 한 작은 풀에서 사람 키보다 큰 풀까지 저마다 생김새가 다른 풀들이 어울려 자란다.

우리나라는 계절이 뚜렷해서 철마다 나는 풀이 다르다. 봄부터 가을까지 많은 꽃들이 피고 지고, 꿋꿋하게 추위를 견디면서 한겨울을 나는 풀도 있다. 우리 땅에 사는 풀은 봄에서 여름 사이에 잘 자라는데, 비가 많이 오고 날씨가 더운 여름에는 하루가 다르게 쑥쑥 자란다. 또 높은 산등성이나 추운 북쪽보다 따뜻한 남쪽 들판에서 더 잘 자란다.

다른 나라에서 들어와 우리 땅에 살게 된 풀도 있다. 먹을거리나 물건을 다른 나라에 팔거나 사 오는 일이 많아지면서 수많은 풀씨가 우리나라에 들어오기도 하고 다른 나라로 퍼져 나가기도 한다. 이렇게 들어와 살게 된 풀이 어림잡아 340종쯤 된다. 나라마다 사는 풀이 다르지만 이렇게 섞이면서 퍼지고 있다.

우리 조상들은 오랜 옛날부터 풀을 베어다가 소나 염소 같은 집짐승을 먹이기도 하고, 살림살이를 만들어 쓰기도 했다. 집을 지을 때 풀로 지붕을 엮기도 하고 벽을 칠 때 풀을 섞어 넣기도 한다. 또 담을 쌓기도 한다. 옷감을 짜거나 돗자리를 짜기도 하고 염색을 하는 물감으로 쓰기도 했다.

농사를 지을 때에는 풀을 베어다가 두엄을 만들어 논밭에 뿌리고 곡식을 길렀다. 너른 논밭에 거름을 하기에는 풀 거름 만한 것이 없었다. 똥거름이나 깻묵 같은 거름은 조금만 있어도 효과가 좋지만, 아주 많이 구하기는 어렵다. 풀 거름을 할 때는 여름에 쑥쑥 자란 풀이 씨를 맺기 전에 베어다가 삭혀서 썼다. 풀을 짓찧거나 태워서 벌레를 쫓는 데에 쓰기도 했다.

오랜 세월 동안 풀에 들어 있는 약효를 알아내서 병을 고치는 약으로도 썼다. 농부들이 논밭에 심어 정성들여 기르는 곡식도 오랜 옛날에는 그냥 들풀이었다. 들판이나 산에서 자라는 풀을 사람들이 기르기 시작하면서 알곡이 더 많이 맺히는 곡식이 되었다. 사람들이 개량하고 정성들여 기르면서 곡식은 점점 옹골지게 여물고 탐스러워졌다. 요즘에도 들판이나 산에서 자라는 풀 가운데 맛있는 것들은 뜯어서 나물로 먹는다.

식물은 광합성을 하면서 산소를 만들어 낸다. 산소는 생물이 살아가는 데 꼭 필요한 공기다. 산소를 만들어 내는 풀이나 나무가 있기 때문에 우리가 숨쉬고 살아갈 수 있다. 풀은 한여름 뜨거운 땡볕을 식혀 주고, 비가 오면 물을 머금어 홍수를 막아 주기도 한다. 땅속으로 뿌리를 깊게 내리고 넓게 퍼져 흙이 빗물에 안 쓸려 가게 한다. 또 땅속 깊이 있는 온갖 양분을 빨아들여 땅거죽으로 끌어올린다. 풀은 죽으면 썩어서 흙을 기름지게 한다.

식물은 흙 속에 있는 거름을 빨아들여 스스로 영양분을 만든다. 이 영양분은 식물이 살아가는 데 쓰일 뿐만 아니라 동물들을 먹여 살리는 힘이 된다. 풀은 동물들에게 기본이 되는 먹잇감이다. 우리가 흔히 알고 있는 소나 말, 토끼, 사슴 같은 짐승들은 풀을 먹는 동물이라는 뜻으로 '초식 동물'이라고 하는데, 이런 동물들은 풀잎이나 줄기를 뜯어 먹고 뿌리도 캐 먹는다. 들쥐나 다람쥐 같은 작은 동물들은 풀 열매와 씨를 먹고 산다. 새들은 벌레와 지렁이도 잡아먹지만 풀씨를 아주 잘 먹는다. 모두 풀을 먹고 힘을 얻어 살아간다. 사람도 풀을 먹어서 몸을 이루는 영양을 얻는다. 사람이 다른 동물을 먹는 것은 결국 다른 동물이 먹은 풀을 건네 받는 셈이라고도 할 수 있다.

풀이 모여 자라는 풀숲은 여러 동물들이 어울려 살아가는 터전이다. 곤충 애벌레는 풀잎을 갉아먹으면서 자란다. 벌과 나비는 꽃에서 꿀을 빨아 먹는 대신에 풀이 열매를 맺을 수 있게 꽃가루받이를 해 준다. 거미는 거미줄을 쳐서 날벌레를 잡아먹고 사마귀는 숨어 있다가 잽싸게 벌레를 잡아먹는다. 땅강아지와 굼벵이는 땅속에서 풀뿌리를 갉아먹고 산다. 들쥐와 새는 풀숲에 둥지를 틀고 새끼를 기르기도 한다. 땅속에서는 풀뿌리 곁에서 개미나 곤충들이 겨울을 나기도 한다. 동물들은 풀숲에서 먹이를 얻고, 몸을 숨기고, 잠을 자기도 하고, 알이나 새끼를 낳아 기르기도 한다. 풀숲은 동물들에게 보금자리 구실을 한다.

동물들이 풀을 먹고 난 뒤에 누는 똥은 풀을 자라게 하는 거름이 된다. 또 동물이 죽으면 썩어서 흙과 거름이 되어 땅을 기름지게 한다. 풀은 동물들을 먹여 살리고, 동물들은 거름이 되어 풀을 기른다. 풀과 동물들은 이런 관계를 맺으면서 생태계 안에서 조화롭게 살아간다.

4_2 논밭의 잡초

잡초는 따로 정해져 있는 것은 아니다. 사람이 농사를 지을 때 논밭에 심어 가꾸는 곡식이나 채소 말고 다른 풀이 자라면 그것을 두고 잡초라고 한다. 논밭이 아니어도 사람이 바라지 않는 곳에서 자라는 풀들을 흔히 잡초라고 한다. 특히 논밭은 곡식이든 채소든 식물이 잘 자랄 수 있도록 땅을 가꾸고 거름을 해 넣는 땅이어서 다른 풀들도 자라기에 좋다. 논밭에 심어 가꾸는 작물과 비슷한 식물들이 빈 틈만 있으면 뿌리를 내리고 자란다.

논에는 물이나 축축한 땅에서 자라는 풀들이 자란다. 벼를 닮은 피 같은 것은 어릴 때는 벼와 비슷해서 알아보기 어렵다. 논피, 물피, 돌피가 흔하다. 논피는 벼와 비슷하게 자란다. 씨는 다른 피보다 크다. 벼 이삭이 고개를 숙이고 있을 때 진한 녹색 이삭이 고개를 내밀고 올라온다. 물피는 이삭에 까락이 길게 붙어 있는 것이 많다. 줄기가 굵고 포기가 크게 벌어져서 자란다. 잎집이 보랏빛을 띠는 것이 많다. 물피는 골치 아픈 잡초다. 벼가 먹을 거름을 뺏어 먹고 자라기 때문이다. 농사일 가운데 물피나 돌피 같은 피를 뽑아내는 일을 '피사리'라고 한다. 피사리는 뙤약볕에 하루 종일 허리를 구부리며 하는 일이라서 무척 고되다. 돌피도 물피 처럼 옆으로 벌어지면서 자란다.

논에서 자라는 다른 잡초로는 방동사니 무리와 매자기, 벗풀, 가래, 물달개비 따위가 흔하다. 방동사니 무리는 씨가 아주 작은데다가 한번 씨를 맺으면 숫자가 아주 많다. 하지만 물대기를 잘 하면 잘 자라지 못한다. 물달개비는 우리나라 어느 논에서나 쉽게 볼 수 있는 잡초이다. 논이 어떻든 쉽게 적응하고 번져 나간다.

가래는 씨앗으로도 퍼지지만 땅속에 있는 뿌리줄기로 더 잘 퍼진다. 한번 나면 뿌리가 여러 갈래로 뻗으 면서 무리를 크게 이룬다. 논에서 김을 맬 때 뽑아내는데 여러번 뽑아내도 안 죽고 살아남아서 골칫거리다. 줄기가 남으면 싹이 나서 다시 자라고, 마디에서도 뿌리가 새로 나와서 산다. 요즘에는 기계로 농사일을 하다 보니 농기계에 가래가 많이 잘리는데, 그래서 오히려 더 많이 퍼지기도 한다.

올챙이고랭이는 봄에 싹이 트면 무척 빨리 자라서 벼가 잘 못 자라게 한다. 논에서 김매기를 할 때 다른 풀과 함께 뽑아 낸다. 올챙이고랭이 그루터기는 가을에 논갈이를 할 때 땅 위로 나와서 마르거나 모내기 전 에 써레질을 할 때 흙 속에 묻히면 쉽게 죽는다.

자귀풀은 벼가 먹을 양분을 빨아 먹고 햇빛을 가린다. 하지만 콩처럼 뿌리혹에 질소를 모으는 힘이 있어 서 땅을 기름지게 하는 풀로 쓰임새가 있다. 줄기에도 질소를 모으는 혹이 있다. 자귀풀은 콩보다 질소를 여 섯 배나 더 많이 모은다고 한다.

잡초 한 포기에서 나는 씨는 흔히 수천에서 수만 개에 이른다. 그러나 땅속 깊이 묻혀 있어서 싹이 틀 수가 없거나 겨울에 얼어 죽기도 하고, 썩기도 해서 실제로 다음 해에 다시 싹을 틔우는 씨앗은 얼마 되지 않는다. 그렇다고는 해도 땅을 한 해 묵혀서 잡초가 씨를 맺기 시작하면 땅은 걷잡을 수 없이 잡초 차지가 되고, 다시 밭을 가꾸는 일은 땅을 처음 일구는 듯한 생각이 들 만큼 고된 일이 된다. 요즘은 기계로 땅을 갈아서 이런 일이 쉽게 되었지만, 대대로 일구어 온 모든 논밭은 사람들이 손으로 일구어 낸 것이고, 해마다 돌보지 않는 농지는 금세 묵정밭이 된다.

밭에서 흔히 보는 잡초는 지역마다 많이 다르고, 기르는 작물에 따라서도 달라진다. 바랭이는 한 번 나면 빨리 자라서 무리를 짓고 뿌리도 깊게 박혀 뽑기 어렵다. 콩밭에 난 바랭이는 콩 뿌리에 붙어 있는 뿌리혹 개수를 줄어 들게 해서 콩이 덜 여물게 한다.

망초는 꽃이 지면 열매가 달리는데 씨앗에 하얀 갓털이 달려 있어서 바람을 타고 멀리까지 날아간다. 망초는 어디서나 잘 자라서 금방 무리를 이룬다. 밭이나 과수원에 나면 농작물보다 더 잘자라서 농부들에게는 골칫거리다. 뿌리를 땅속으로 30cm까지 깊게 뻗기도 하는데 뽑으려 해도 잘 안 뽑힌다.

쇠비름은 끈질긴 풀이라서 잘 안 죽는다. 밭에 났을 때 뽑아서 밭둑에 던져 두어도 다시 살아나기도 한다. 줄기와 잎에 물기가 많아서 뜨거운 햇볕 아래서도 잘 안 마르기 때문이다. 말라서 죽어가다가도 비가 조금만 오면 곧 살아난다. 줄기가 낫이나 호미에 잘려도 땅에 닿아 있으면 뿌리가 새로 나서 살아난다. 또 뿌리가 뽑혀 있어도 꽃을 피우고 열매를 맺으며, 씨앗도 잘 여문다.

주름잎은 봄부터 가을까지 싹이 나는데 꽃이 피고 지고 하면서 열매를 계속 맺는다. 한해에 여러번 무리지어 나고 자란다. 밭에 나면 뽑아도 나고 또 나는 끈질긴 잡초다.

밭 잡초는 물기가 적은 흙에서도 잘 자라는 것이 많지만 종류에 따라서 물을 좋아하는 성질이 많이 다르다. 벼과와 방동사니과 잡초처럼 잎이 좁은 잡초들이 잎이 넓은 잡초보다 메마른 땅에서도 잘 자라는 편이다. 밭 잡초도 논 잡초와 마찬가지로 일찍 깨어나 자란 것일수록 왕성하게 자라나고, 씨도 많이 맺는다. 6월에 난 쇠비름이 씨를 많이 맺고, 7월이나 8월로 넘어갈수록 씨가 더 적어지게 마련이다.

4_3 산과 들에서 나는 나물

깊은 산에 사는 사람들은 나물밥을 해 먹고, 바닷가에 사는 사람들은 바다나물로 나물밥을 해 먹었다. 곡식이 모자랄 때는 나물로 목숨을 이었다. 산과 들에서 나는 나물은 곡식에서 얻을 수 없는 아주 중요한 영양소가 듬뿍 있는 먹을거리이기도 하고, 요긴한 약재로도 쓰였다.

나물을 많이 먹고 사는 곳에서는 나물 종류를 나눌 때 땅나물, 덤불나물, 칼나물, 큰산나물, 야산나물 하는 식으로 나물이 어디에서 나는지, 어떻게 하는지가 금방 드러나도록 나눈다. 나물을 하는 방법에 따라서 씀바귀, 냉이, 달래, 잔대는 캔다, 쑥은 뜯는다, 돌나물은 걷는다고 하고, 다래나 홑잎, 누린대, 제피는 훑는다고 한다. 고사리는 꺾고, 미나리나 원추리는 칼로 자른다, 혹은 도린다고 한다.

나물은 나는 때가 길지 않다. 그래서 나물이 막 올라오는 며칠 동안 어린 새순이 나는 때부터 쇠어서 못 먹을 때까지 몇 날 며칠 나물 하는 것이 이어진다. 나물이 곧 양식이기 때문이다. 이런 곳에서는 힘이 좋은 사내들까지 나물을 하러 함께 간다. 며칠 내도록 나물을 할 때는 사내들이 달구지나 지게를 이고 가서 함께 했다. 요즘은 이렇게 먹던 나물을 밭에서 기르는 경우도 많지만, 밭에서 재배하는 것은 절로 자란 것과 많이 달라지게 마련이다.

예전부터 먹어 온 나물 몇 가지를 꼽아보자면 산언저리에 많이 나는 것으로 고사리, 취나물, 달래, 엉겅퀴, 양지꽃, 떡쑥, 장대, 솜나물, 둥글레, 제비꽃, 참나리, 원추리, 절굿대, 조개나물 들이 있고, 밭이나 밭둑에서는 씀바귀, 머위, 차조기, 봄맞이, 쑥부쟁이, 짚신나물, 냉이, 꽃다지, 고들빼기, 별꽃나물, 광대나물, 병꽃풀, 망초, 점나도나물, 조뱅이, 지칭개가 있다. 집 가까이나 도랑가에서는 민들레, 꽃마리, 질경이, 돌나물, 미나리, 소리쟁이, 뱀밥, 양지꽃 따위를 해 먹는다. 동네에 따라 해 먹는 방법도 다르고 즐겨 먹는 나물이 저마다 달라서, 한쪽에서 맛있게 먹는 것을 다른 마을에서는 지천에 두고도 안 먹기도 한다.

망초나 개망초는 어디서나 잘 자란다. 잎이 연해서 꽃이 피기 전까지 여러 번 뜯어 먹는다. 살짝 데쳐서 무쳐 먹는다. 지칭개는 어릴 때 모양이 냉이와 닮았다. 하루쯤 쓴맛을 우려내고 먹는다. 콩가루를 묻혀서 삶아 먹기도 하고, 된장국을 끓여먹기도 한다. 머위는 어릴 때는 이파리를 먹고 자라서는 잎자루를 먹는다. 이파리는 우려서 나물로 하거나 기름에 볶아서 먹고, 잎자루는 껍질을 벗겨서 볶아 먹는다. 쑥은 어린잎을 뜯어서 국도 끓이고 떡도 해 먹는다. 봄 내내 뜯어다가 말려서 먹는다. 쑥버무리도 해 먹는다. 엉겅퀴는 잎이 연할 때 살짝 데쳐서도 먹고, 국도 끓여 먹는다. 연한 줄기는 껍질을 벗겨 된장이나 고추장에 박아서 장아찌도 만든다. 냉이는 봄에 잎이 땅에 쫙 깔려 있을 때가 좋다. 향긋한 봄나물로 으뜸이다. 고들빼기는 삶아서 살짝 쓴맛을 우려낸 다음 무쳐 먹는다. 쌉쌀하고 맛있다. 늦가을에 캐서 김치를 담그기도 한다. 씀바귀는 쌉싸름한 맛이 나는데, 입맛을 돋운다. 나물로 많이 무쳐 먹는다. 민들레는 잎이 쌉싸름한 맛이 난다. 잎으로 쌈을 많이 싸 먹고, 날로 고추장에 찍어 먹어도 좋다. 원추리는 나물로도 먹고 꽃을 보려고 일부러 심어 기르기도 한다. 돌나물은 뜯어도 뜯어도 또 돋아난다. 봄에 뾰족뾰족 돋아나서 조금 자란 다음에 뜯는 게 좋다. 달래는 밭에도 자라고 산속에서도 자란다. 잘 씻어서 된장국에 넣어 먹으면 향이 참 좋다. 미나리는 개울가나 도랑가처럼 물기가 많은 곳에서 잘 자란다. 김치를 담가 먹기도 하고 날로도 먹는다. 삶아서 나물로 무쳐 먹기도 한다.

산나물은 사람이 가꾸거나 기르는 것은 아니지만 나물을 하고 갈무리해서 먹는 데에는 오랜 경험과 꽤나 많은 품이 든다. 그래도 농사를 지어서 거두는 것과는 아주 다른 일이어서 나물을 하는 일이 몸에 붙은 사람은 농삿일을 두고도 산으로 나물하러 다니는 것을 그만두지 않는다고 한다.

봄이 오면 낮은 산에서부터 깊은 산까지 온갖 산나물이 올라 온다. 산나물은 봄 한철뿐만 아니라 삶아서 묵나물을 만들면 일 년 내내 두고 먹을 수 있다. 나물마다 생김새나 하는 때나 나는 곳이나 먹는 방법이 다르고, 마을마다 다르다. 나물은 비슷한 때에 올라오기 때문에 산에 오르면 종류를 가리지 않고 보이는 대로 나물을 한다. 나물로 해 먹는 나무순도 보이는 것이 있으면 같이 딴다.

고사리는 옛날부터 즐겨먹던 산나물이다. 고사리 순은 어린잎이 꼬불꼬불 말려 있다. 고사리는 자꾸 꺾어야 또 올라온다. 한 번 꺾어서 또 올라오는 건 맛도 덜 하고 가늘다고 세발고사리라고 한다. 고사리는 독성이 있어서 날로는 잘 안 먹는다. 삶아서 물에 떫은 맛을 우려낸 뒤에 볶아먹기도 하고 국거리로 쓰기도 한다.

흔히 취나물이라고 하는 나물은 꽤 여러 가지이다. 나물취는 취나물 가운데 으뜸이라고 참취라고 한다. 나물취를 보고 참나물이라고도 하는 곳도 있다. 나물취는 야산나물이지만 큰산에서도 난다. 잎 뒤에 보얀 털이 나 있다. 나물취는 삶아도 향긋한 냄새가 난다. 정월 대보름날 아침에 오곡밥을 이 취잎에 싸서 먹는 곳도 있다. 곰취는 나물을 할 때 잎자루 째 딴다. 한번 뜯은 자리에서 두 번은 뜯는다. 곰취 잎은 날로 쌈을 싸 먹거나 기름을 살짝 두르고 볶아 먹는다. 장아찌도 만들어 먹는다. 미역취는 잎사귀가 길쭉길쭉하고 줄기가 불그스름한데 무치거나 볶아서 먹는다. 떡취는 수리취라고도 한다. 생김새는 참취하고 비슷한데 참취보다는 더 넓적하고 잎 뒷면이 훨씬 하얗다. 떡취는 쑥처럼 떡을 해 먹는다.

참나물은 나물 가운데 가장 좋다고 참나물이라고 한다. 잎은 반들거리고, 미나리처럼 향기가 있다. 참나물을 무칠 때는 꾹 짜서 무쳐먹는 것보다 국물을 좀 내서 먹는 게 더 좋다.

삽주나물은 삽주싹이라고도 하는데, 쌈을 싸 먹고, 날로 고추장에 찍어 먹기도 하고, 삶아서 양념해서 무쳐 먹기도 한다. 뿌리는 약으로 쓴다.

어수리는 곰취나 참나물처럼 깊은 산에서 난다. 강원도에서는 어누리라고 하고 경상도에서는 으너리라고 한다. 생김새가 미나리 같지만 덜 반들거리고 미나리보다는 잎이 훨씬 크다. 연한 잎을 무쳐 먹는데 향긋하고 맛이 좋다.

쇠뜨기

Equisetum arvense

쇠뜨기는 소가 잘 뜯어 먹는다고 이런 이름이 붙었다는 이야기도 있지만, 예전에는 흔히 속새라고 했다. 소가 먹으면 배탈이 나고 설사를 하는 풀이다. 어지간해서는 삶아서 먹이더라도 소는 잘 먹지 않고 골라낸다.

쇠뜨기는 밭, 논두렁, 길가, 철길, 과수원, 강둑, 풀밭에 무더기로 나는 여러해살이풀이다. 햇볕이 잘 들고 물기가 많은 곳에서 자라는데 그늘에서는 살지 못한다. 땅속에서 뿌리줄기가 뻗어 나가면서 넓게 퍼져 무리를 이룬다. 고사리처럼 홀씨로 번식을 한다. 농사를 지을 만한 땅에서 잘 자란다. 하지만 쇠뜨기가 많이 자라는 땅은 성질이 산성으로 되어 있다는 표시이기도 하다. 화학 비료를 많이 쓰는 땅 주위에서 자랄 때가 있다.

이른 봄에 뿌리줄기에서 볏짚 빛을 띤 연한 줄기가 땅 위로 올라온다. 이것을 '생식줄기'라고 하는데 줄기 끝에 홀씨주머니가 달린다. 뱀 머리처럼 생겼다고 '뱀밥'이라고도 한다. 뱀밥은 20cm쯤 자라는데 늦봄이 되면 홀씨주머니에서 홀씨가 나온다. 홀씨는 바람에 날리거나 짐승 몸에 붙어서 널리 퍼지는데 싹이 잘 안 돋는다. 일본에서는 뱀밥을 많이 먹는다. 귀한 나물로 친다.

뱀밥이 시들 때쯤, 새파랗고 곧게 자라는 영양줄기가 땅 위로 올라온다. 이것이 사람들이 쇠뜨기라고 알고 있는 것이다. 영양줄기는 광합성을 하는데 속이 비어 있고 마디져 있다. 마디마다 가는 가지가 돌려나는데 가지도 마디져 있다. 줄기를 잡아 당기면 뚝뚝 끊어진다.

뱀밥은 껍질을 벗기고 데쳐서 나물로 먹는다. 어린 영양줄기는 조려 먹거나 튀겨 먹기도 하고 장아찌를 담그기도 한다. 또 말려 두었다가 차를 끓여 먹는다. 하지만 너무 자주 먹거나 많이 먹으면 몸에 부담을 줄 수 있다.

✿ 여러해살이풀

🌐 30~40cm

✿ 4~5월

다른 이름 쇠띠, 속새, 공방초, 마초, 뱀밥, 준솔, 필두채

나는 곳 밭, 길가, 강둑

특징 뱀밥이라고 하는 생식줄기가 따로 난다.

쓰임새 뱀밥을 나물로 먹는다. 차를 끓여 먹기도 한다.

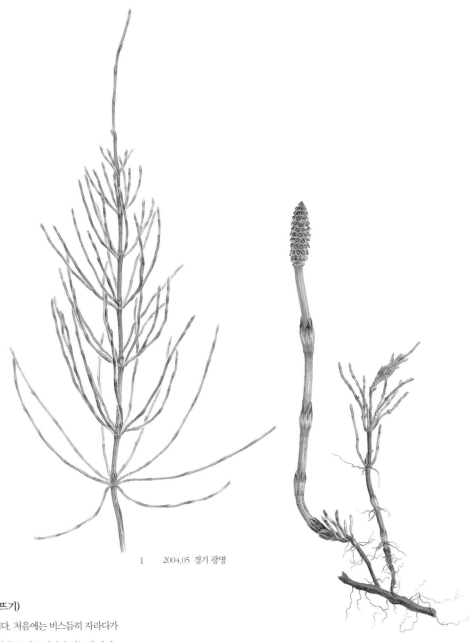

1   2004.05 경기 광명

2   2004.04 서울 양천

1. 영양줄기(쇠뜨기)

키가 30~40cm이다. 처음에는 비스듬히 자라다가
나중에는 곧추선다. 줄기는 마디져 있는데 마디
끝에 작은 비늘잎이 돌려난다. 줄기는 거칠고
딱딱하다.

2. 생식줄기(뱀밥)

4~5월에 땅 위로 솟아 나온다. 끝에 홀씨주머니
이삭이 하나 달린다. 이삭은 동그란데 거북이
등처럼 육각형 무늬가 있다.

고사리

Pteridium aquilinum var. latiusculum

고사리는 산이나 숲 속에서 자라는 여러해살이풀이다. 산이면 어디에서나 자라지만 오염이 많이 된 땅에서는 드물다. 햇빛이 잘 드는 곳에서도 나지만 나무 아래 그늘지고 물기가 많은 곳에서 더 잘 자란다.

고사리는 줄기가 따로 없다. 흔히 줄기처럼 보이는 것은 기다란 잎자루다. 이른 봄에 잎자루가 올라오는데 잎이 펴지기 전에 꺾어서 먹는다. 고사리에는 독이 들어 있어서 그냥 먹으면 안 되고, 뜨거운 물에 삶아서 독을 우려낸 다음에 먹는다. 연하고 통통한 순을 삶은 뒤에 무쳐 먹거나 국에 넣어 먹는다. 삶아서 말려 두었다가 물에 불려 볶아 먹기도 한다. 봄에 시골 마을에서는 장독대 위에 고사리를 삶아 널어 말리는 모습을 흔히 볼 수 있다. 봄에 꺾은 고사리 새순은 단백질이 많아서 '산에서 나는 소고기'라고도 한다.

요즘은 밭에서 일부러 기르는 게 많다. 밭에 심어 기를 때는 뿌리를 얻어 와서 심는다. 자리를 잡고 나기 시작하면 사방으로 점점 퍼져 나간다. 하지만, 밭에서 기르는 것은 거름을 많이 하기 때문에 산에서 저절로 자라는 것보다 대가 굵고 크다. 맛이나 영양도 덜하다.

고사리는 꽃을 피우지 않고 홀씨로 번식하는 양치식물이다. 여름부터 가을까지 잎 뒷면 가장자리에 갈색 홀씨주머니가 생겨나 포자를 퍼트린다. 잘 자란 잎은 포자를 삼억 개나 날린다. 뿌리줄기를 옆으로 뻗으면서 새싹을 내 무리를 늘리기도 한다. 땅속줄기는 얼기설기 뻗어 있고 비늘에 싸여 있다.

고비는 고사리와 닮았다. 더 높은 산에 많고 고사리와 다르게 그늘지고 축축한 곳에서도 자란다. 고비는 꼬치미라고도 하는데, 고사리보다 고비 나물을 더 쳐주기도 한다.

✿ 여러해살이풀

ⓘ 1m쯤

✿ 홀씨로 퍼진다.

다른 이름 꼬사리, 길상채, 권두채

나는 곳 볕이 잘 드는 산자락, 숲 속

특징 한 번 꺾은 자리에서 다시 난다.

쓰임새 나물로 즐겨 먹는다.

2004.04 경기 광주

키는 1m쯤이다. 잎자루는 길이가
20~80cm인데 연한 볏짚 색이다. 잎은
쪽잎들이 깃털 모양으로 나란히 모여 있다.

고사리 어린잎

고비 *Osmunda japonica*

부들

Typha orientalis

부들은 잎 겉면이 부드럽다. 물가에서 흔히 보는 갈대나 줄 같은 풀은 잎 겉면이 까끌거린다. 잎 겉면이 부드러운 것은 부들 무리밖에 없다. 꽃가루받이를 할 때 부들부들 떨어서 이런 이름이 붙었다는 이야기도 있다. 물가에서 자라는 여러해살이풀인데 묵은 논이나 논도랑, 저수지, 강가, 연못, 늪, 습지에서 흔하게 볼 수 있다. 더러운 물에서도 잘 살고 오염된 물을 깨끗하게 한다. 그래서 사람들이 일부러 심기도 하는데 잘 퍼지고 무리를 크게 이루어 자란다.

부들은 키가 무척 큰데 잘 자라면 2m도 넘게 자란다. 잎은 넓고 기다랗다. 여름에 줄기 끝에서 꽃이삭이 나온다. 방망이처럼 통통하게 생긴 암꽃이삭 위에 노란 수꽃이삭이 달린다. 가을에 꽃이 지고 이삭 속에서 씨앗이 여문다. 이삭은 씨앗을 퍼뜨릴 즈음 솜방망이처럼 부풀어오르다가 터진다. 다 여문 이삭을 따서 살짝 건드리면 톡 터진다. 씨앗은 작고 납작한데 하얗고 보송보송한 털이 있어서 바람에 멀리까지 날아간다.

옛날에는 부들로 여러 가지 살림살이를 만들어 썼다. 잎을 엮어서 방석을 만들거나 줄기로 발이나 돗자리를 짰다. 부들로 만든 돗자리를 늘자리, 부들자리, 포석이라고 한다. 비 올 때 쓰는 도롱이도 만들고 삿갓이나 부채도 만들었다. 또 이삭을 따다가 이불이나 베개 속에 넣기도 했다. 어린 뿌리줄기와 잎, 꽃이삭은 약으로도 쓴다. 서양에서는 아주 오래전에 부들로 종이를 만들어 쓰기도 했는데, 최근에 우리나라에서 부들로 종이를 만들고, 에너지 자원으로 쓰이는 에탄올을 만들어 내는 방법을 찾았다.

애기부들은 부들보다 꽃이삭은 작지만 잎이 더 튼튼하고 키도 크다. 부들이 얕은 묵정논이나 습지 가장자리에서 많이 보인다면 애기부들은 그보다는 물이 깊은 곳에서 산다. 저수지나 웅덩이 가장자리를 좋아한다. 더러운 물을 견디는 힘도 부들보다 세다. 소금기가 있는 물가에서까지 살 수 있다. 꽃이삭이 떨어져 있는데 위쪽이 수꽃 아래쪽이 암꽃이다.

✿ 여러해살이풀

❶ 1~2m

✿ 4~5월

다른 이름 잘포, 향포, 포채, 포황, 포약, 포봉

나는 곳 논도랑, 강가, 연못, 늪

특징 잎이 부드럽다. 꽃 이삭이 방망이처럼 생겼다.

쓰임새 잎을 엮어서 방석을 만들거나 줄기로 돗자리를 짰다. 종이도 만든다.

부들꽃

줄기는 곧게 자라며 잎은 가늘고 길다. 잎자루가
줄기를 감싼다. 꽃은 줄기 끝에 둥근 통처럼 달린다.
수꽃과 암꽃은 꽃잎이 없다.

2003.08 경기 광명

애기부들 *Typha angustifolia*

잔디

Zoysia japonica

잔디는 햇볕이 잘 들고 거름기가 적은 모래땅에서 자라는 여러해살이풀이다. 낮은 산이나 들판, 냇가 모래밭이나 길가에서도 흔하게 볼 수 있다. 집 마당이나 공원, 운동장, 무덤에 일부러 심어 기른다. 넓은 땅을 잔디로 덮어서 가꾸기도 한다.

잔디 줄기는 기는줄기인데 땅에 붙어서 옆으로 뻗으며 자란다. 줄기 마디마다 가는 수염뿌리가 나오고 새싹이 돋는다. 잔디는 땅속과 땅 위를 빽빽하게 덮으며 넓게 자리를 잡고 산다. 봄에 꽃대가 나오고 끝에 꽃이삭이 달린다. 여름에 작고 매끄러운 까만 씨앗이 이삭에 다닥다닥 붙어서 여문다. 이삭은 누르스름하다가 다 여물면 짙은 밤색이 된다. 잔디는 뿌리나 땅속줄기에 붙은 눈으로 겨울을 난다. 금잔디는 잎이 곱고 추위에 약하다.

잔디는 씨앗을 심어 기르는데, 가꾼 잔디를 흙째 파내서 다른 곳에 옮겨 심어 기르기도 한다. 흙째로 파서 떠 놓은 잔디 덩어리를 '뗏장'이라고 한다. 잔디를 가꿀 때 자주 깎아 주면 둘레로 퍼지면서 잘 자란다. 잔디를 심으면 모래나 흙이 쓸려 내리는 것을 막고 먼지가 이는 것을 줄일 수 있다. 잔디 뿌리는 술을 담가서 신경통이나 피부병 약으로 쓰기도 한다.

운동 경기를 하는 곳에서는 넘어졌을 때 덜 다치라고 잔디를 깐다. 넓은 운동장 같은 곳에서는 잔디가 아주 많이 필요하다. 그래서 이런 곳에 심기 좋은 잔디 품종을 만드는 데에 연구를 많이 하고 돈을 많이 쓰고 있다. 하지만 이렇게 넓은 곳에서 잔디만 기르다 보면 벌레한테 해를 많이 입는다. 살충제 같은 농약도 많이 쓰게 된다. 잡초가 나는 것도 막을 수 없기 때문에 제초제를 많이 쓴다. 요즘은 다른 풀들을 싹 다 죽이는 특별한 제초제에 견디는 잔디 품종을 만들어 내서 제초제와 거기에 견디는 잔디를 깔기도 한다. 학교 운동장에도 이런 잔디를 심어서 운동장에 다른 풀을 다 죽여버리는 제초제를 마구 뿌리는 경우가 있다. 학교 운동장이나 아이들이 뛰어 노는 곳에 잔디를 깔면 흙에서 할 수 있는 놀이를 못하게 되고, 잔디를 기르느라 뿌리는 제초제나 살충제가 있는 땅에서 아이들이 뛰게 된다. 골프장 같은 곳에도 제초제나 살충제를 너무 많이 써서 골프장 가까이에서는 농사를 잘 못 짓는 경우가 많다.

❋ 여러해살이풀

ⓘ 5~20cm

❋ 5~6월

다른 이름 떼, 뗏장, 테역

나는 곳 들판, 냇가 모래밭, 길가, 공원

특징 너른 땅을 가꾸려고 심어 기른다.

쓰임새 무덤을 덮고, 운동장에 깐다.

닮은 종 갯잔디, 금잔디, 왕잔디

2003.06 경기 광릉

키는 5~20cm이다. 줄기가 땅을 기면서 새로운
뿌리를 내린다. 잎은 가늘고 긴데 어긋나게 붙는다.
잎혀와 잎집이 만나는 곳에 긴 털이 달린다.

강아지풀

Setaria viridis

강아지풀은 이삭에 털이 많이 달려 있어서 복슬복슬한 강아지 꼬리와 닮았다고 '개꼬리풀'이라고도 하는데, 다른 나라에서도 강아지풀을 이르는 이름을 짐승 꼬리에 빗대어 지은 것이 많다. 유럽에서는 '여우꼬리'라고 하고 중국에서도 같은 뜻으로 '구미초'라고 하거나 이리의 꼬리라는 뜻으로 '낭미초'라고 한다.

강아지풀은 길가에 흔히 자라는 한해살이풀이다. 무더운 여름철에 가뭄으로 땅이 말라도 꿋꿋하게 잘 견딘다. 줄기는 여러 개가 뭉쳐나고 마디가 길다. 잎은 벼처럼 길쭉하다. 뿌리는 수염뿌리다. 꽃은 한여름에 피는데 줄기 끝에 길쭉한 방망이 모양으로 생긴 이삭이 달린다.

강아지풀 이삭으로는 재미있는 놀이를 할 수 있다. 털이 많이 나 있어서 동무 얼굴을 간질이기도 하고, 이삭을 뜯어서 거꾸로 쥐고 손가락을 쥐락펴락하면 신기하게도 이삭이 조금씩 위로 올라온다. 요즘에는 강아지풀을 먹는 사람이 없지만 옛날에는 흉년이 들었을 때 강아지풀을 먹었다고도 한다. 아주 먹을 것이 없었을 때는 이삭이 달리는 것이라면 무엇이든 먹으려고 했다. 늦여름이나 가을에 씨앗이 여물면 말려서 껍질을 벗긴 뒤에 밥을 짓거나 죽을 쑤어 먹었다. 뿌리를 캐어 기생충 약으로도 썼다.

강아지풀 무리 가운데 갯강아지풀은 바닷가에 산다. 금강아지풀은 다 익어도 고개를 숙이지 않고 빳빳하게 서 있는다. 가을에 이삭이 피고 노란색 빛이 난다. 가을강아지풀은 키가 크고 고개를 많이 숙인다.

수크령은 강아지풀보다 이삭이 크고 검어서 쉽게 구별할 수 있다. 시골길에 많다고 '길갱이'라고도 한다. 수크령은 뿌리에서 줄기가 여러 개 올라와 포기를 크게 이루며 자란다. 잎은 가늘고 긴데 가운데쯤에서 아래로 처진다. 8~10월에 줄기 끝에 꽃이삭이 달리는데 검은 보랏빛이고 털이 많이 붙어 있다. 가을에 이삭이 다 익으면 털이 복슬복슬해서 만졌을 때는 강아지풀보다 더 짐승털을 만지는 느낌이 난다. 꼭 병을 닦는 솔처럼 생겼다.

✽ 한해살이풀
❶ 20~70cm
✽ 6~9월

다른 이름 개꼬리풀, 구미초, 가라지, 모구초, 올롱가지
나는 곳 밭, 과수원, 길가
특징 이삭이 강아지 꼬리처럼 생겼다.
쓰임새 아이들이 이삭으로 여러 가지
놀이를 한다. 약으로도 썼다.

2003.08 경기 광명

키는 20~70cm이며 곧게 자란다. 아래쪽에서
가지를 치고 잎은 길쭉하다. 잎 가장자리에
털이 나 있다. 큰 이삭에 작은 이삭이 달린다.

1. 금강아지풀 *Setaria glauca*

2. 수크령 *Pennisetum alopecuroides*

바랭이

Digitaria ciliaris

바랭이는 논길이나 밭둑, 산길이나 빈 땅에서 자라는 한해살이풀이다. 메마른 땅에서도 아주 잘 자라서 다른 풀이 다 말라 비틀어져도 바랭이는 잘 산다. 줄기는 연하고 독이 없어서 소나 토끼도 곧잘 먹는 풀이다. 속이 비어 있다. 또 줄기로 쌀을 이는 조리를 만들어 쓰기도 했는데 그래서 '조리풀'이라고도 한다.

바랭이는 봄에 싹이 나서 여름과 가을에 꽃이 피고 열매를 맺는다. 줄기가 땅 위를 기면서 자라는데 마디마다 새 뿌리를 내리면서 빠르게 둘레로 뻗어 나간다. 풀숲에서 나면 다른 풀에 기대어 곧게 자란다. 장마가 지나고 나서 한창 날이 뜨거울 때 아주 잘 자란다.

꽃은 7~8월에 피는데 줄기 끝에 이삭이 우산살처럼 퍼진다. 이 이삭으로 아이들끼리 '풀 우산'을 만들어 놀기도 했다. 꽃대를 꺾어서 여러 개로 늘어진 바랭이 이삭 끝을 줄기에 묶으면 둥그런 풀 우산이 된다.

씨앗은 빗물에 둥둥 뜨거나 바람에 날리거나 짐승 털에 붙어서 퍼진다. 새벽녘에 논에서 일을 하고 오면 이슬에 젖은 바짓가랑이에도 바랭이 씨앗이 잔뜩 붙는다. 짐승이 먹으면 뱃속에서 소화가 안 되고 똥에 섞여 나와서 씨가 퍼진다.

바랭이는 콩밭에 많이 나는데 김매기를 할 때 호미로 뽑아 낸다. 바랭이는 한 번 나면 빨리 자라서 큰 무리를 만들고 뿌리도 깊게 박혀 뽑기 어렵다. 콩 뿌리에 붙어 있는 뿌리혹 개수를 줄어들게 해서 콩이 덜 여물게 한다.

잔디바랭이는 이름에 잔디가 붙은 것에서 알 수 있듯이 바랭이보다 키가 작다. 남쪽 지방에 더 흔하다. 나도바랭이새는 개울 가까이나 숲 가장자리 길가에서 무리를 짓는다. 바랭이만큼 키가 크다.

✽ 한해살이풀

❶ 40~90cm

✽ 7~8월

다른 이름 보래기, 바래기, 조리풀, 바랑이

나는 곳 밭, 논둑, 길가

특징 밭에 흔히 나는 잡초다. 마른 땅에서도 잘 자란다.

쓰임새 줄기로 조리를 만들어 쓰기도 했다.
소를 먹이기도 한다.

2004.07 경기 광명

키는 40~90cm이다. 줄기는 옆으로 뻗고 마디에서
뿌리를 내린다. 잎은 긴 끈처럼 생겼다. 꽃이삭은
3~8개가 손가락처럼 갈라지는데 연한 초록색이거나
자줏빛이 돈다.

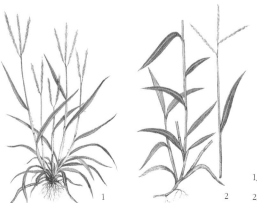

1. 잔디바랭이 *Dimeria ornithopoda*
2. 나도바랭이새 *Microstegium vimineum*

1   2

물피

Echinochloa crus-galli var. echinatum

물피는 이름이 '물에서 사는 피'라는 뜻이다. 논이나 도랑처럼 얕은 물에서 무리지어 자라는 한해살이풀이다. 땅이 눅눅한 밭이나 밭둑에서도 난다. 물피는 돌피가 변해서 생긴 종인데 작은 이삭에 길이가 다른 기다란 까끄라기가 달려 있어서 돌피와 다르다. 돌피보다 물을 더 좋아해서 벼 사이에서 쉽게 볼 수 있다.

물피 줄기는 곧추서고 가지가 갈라진다. 논에서 자라면 땅에 비스듬히 눕는데 줄기 아래쪽이 자주색을 띠어 쉽게 알아볼 수 있다. 잎은 판판하고 털이 없다. 꽃은 7~10월에 피는데 이삭이 나오는 때는 고르지 않다. 작은 이삭은 붉은빛이 돌고 겉에 가시 같은 까락이 있다. 씨앗은 익으면 쉽게 떨어지고 멀리 퍼진다. 물피 같은 풀씨는 새들이 즐겨 먹는 먹이다.

물피는 농부들 속을 썩이는 골치 아픈 잡초다. 벼가 먹을 거름을 먹고 자라기 때문이다. 농사일 가운데 물피나 돌피 같은 피를 뽑아 내는 일을 '피사리'라고 한다. 피사리는 뙤약볕에 하루 종일 허리를 구부리며 하는 일이라서 무척 고되다. 피사리를 할 때 물피를 뿌리째 뽑아서 논두렁이나 길가로 던져야 다시 살아나지 못한다.

개피는 논에서 자라는 피와 닮았다고 '개피'라는 이름이 붙었다. 하지만 피하고는 다르게 생겼다. 논두렁, 도랑, 묵은 논, 냇가, 연못가, 늪에서 흔하게 자란다. 햇빛이 잘 드는 기름진 땅이나 퇴비를 많이 넣은 논에서는 더 잘 자란다. 가을걷이를 마친 논에 나서 다음 해 모내기 전에 열매를 맺는다. 벼가 자라는 때와 겹치지 않아서 농사에 해를 주지는 않는다. 개피는 베어다가 집짐승을 먹이기도 한다.

개피는 가을에 나서 겨울을 보내는 한해살이풀이다. 어린싹으로 겨울을 보내고 이른 봄에 다시 자란다. 개피는 뚝새풀과 함께 가을 논에 해마다 난다. 벼농사를 짓기 전에 씨앗이 익어서 떨어지는데 논물에 둥둥 떠 있다가 물속으로 가라앉는다. 기온이 높은 여름을 보내면서 싹틀 준비를 한다. 가을이 되어 날씨가 추워지기 시작하면 싹이 돋는다.

피는 오래전부터 심어 기르던 곡식이었다. 벼를 기르기 전에 피를 길러 먹었다. 옛날에 오곡이라고 할 때에는 보리, 기장, 피, 콩, 참깨를 말했다. 벼보다 키가 크게 자란다.

✽ 한해살이풀

❶ 80~100cm

✽ 7~8월

다른 이름 피나지, 피낟

나는 곳 논, 도랑, 눅눅한 밭

특징 논에 많이 나는 잡초다.

쓰임새 예전에는 오곡에 드는 곡식이었다.

2003.08 경기 고양

키는 80~100cm이다. 줄기는 뭉쳐나고 곧게 자란다.

잎길이는 30~50cm이며 잎집 아래쪽이 불그스름하다.

작은 이삭은 달걀처럼 생겼는데 아주 작다.

1. 돌피 *Echinochloa crus-galli*

2. 피 *Echinochloa esculenta*

3. 개피 *Beckmannia syzigachne*

억새

Miscanthus sinensis

억새는 산과 들에 흔한 여러해살이풀이다. 햇빛이 잘 드는 곳에서 자란다. 갈대와 닮아서 사람들이 헷갈리기도 하지만 여러 모로 다른 점이 많다. 갈대는 물가에서 자라지만 억새는 물기가 없는 땅에서 자라고 메마른 땅에서도 잘 산다. 갈대 이삭은 밤색이지만 억새 이삭은 노란빛이 도는 밝은 갈색이다. 이삭이 달리는 모양도 다른데 갈대 이삭은 원뿔 모양이고 억새 이삭은 빗자루처럼 생겼다.

억새는 마디가 굵고 짧은 뿌리줄기가 있다. 줄기는 모여나는데 속이 비어 있다. 잎은 얇고 길며 나란히맥이다. 잎 가장자리에 있는 톱니가 날카로워서 스치기라도 하면 쉽게 베일 수 있다. 그래서 억새가 많은 곳에서는 긴 옷을 입어야 한다. 9월이 되면 줄기 끝에 꽃이삭이 달리고 시간이 지나면 이삭이 보송보송하게 피어난다. 억새는 무리지어 사는데 가을이 되면 억새밭이 온통 하얗게 된다.

옛날에 볏짚이 귀한 산마을에서는 볏짚 대신 억새로 지붕을 엮었다. 억새로 인 지붕은 볏짚으로 인 것보다 벌레가 덜 꼬이고 훨씬 오래간다. 억새로 발이나 삼태기도 엮고, 신도 삼고, 밧줄도 꼬아 썼다. 또 흙으로 집을 지을 때 마른 억새를 잘라서 흙과 반죽한 뒤에 벽을 쌓기도 했다. 소나 말을 먹이거나 잘 말렸다가 땔감으로 쓰기도 했다. 약으로도 쓰는데 이삭과 뿌리는 오줌을 잘 나오게 하는 데 쓰고, 줄기는 열을 내리는 데 쓴다.

갈대는 흔히 억새와 헷갈려 하지만, 이삭 차례를 살펴 보면 구별하기는 어렵지 않다. 갈대는 산에는 없고 물가에서만 산다. 갈대는 '가는 대나무'라는 뜻으로 이런 이름이 붙었다. 뿌리를 말렸다가 약으로 쓴다. 열이 많이 날 때 달여 먹는다. 물고기나 게를 먹고 탈이 나거나, 술을 많이 마시고 탈이 났을 때 먹어도 좋다. 요즘은 위암이나 폐암을 고치는 약으로도 쓴다.

✿ 여러해살이풀

ⓘ 60~200cm

✿ 9월

다른 이름 으악새, 속새, 어욱, 자주억새

나는 곳 들판, 산등성이

특징 가을에 보송보송한 이삭이 달린다.

쓰임새 지붕을 이고, 신을 삼거나 밧줄도 꼬아 썼다.
땔깜으로 쓰고, 약으로도 쓴다.

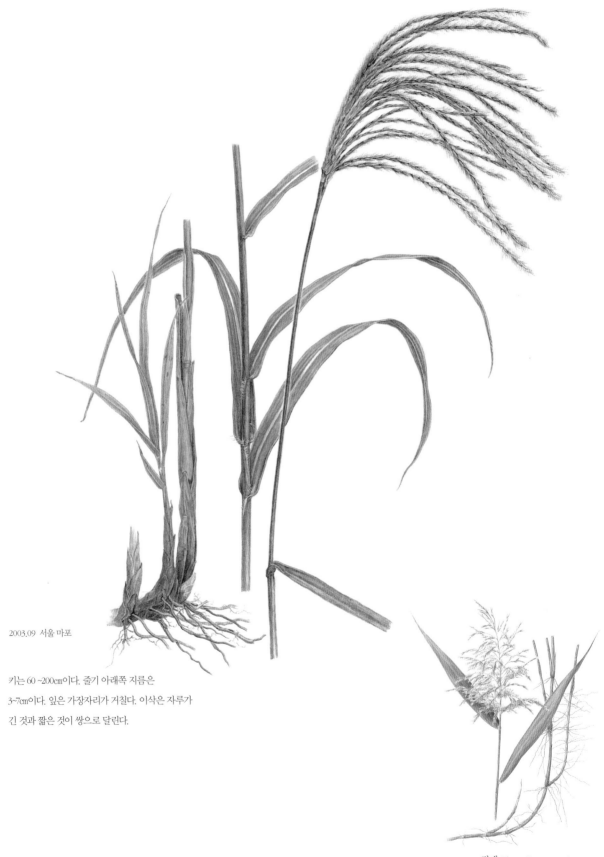

2003.09 서울 마포

키는 60~200cm이다. 줄기 아래쪽 지름은
3~7cm이다. 잎은 가장자리가 거칠다. 이삭은 자루가
긴 것과 짧은 것이 쌍으로 달린다.

갈대 *Phragmites communis*

금방동사니

Cyperus microiria

금방동사니는 햇빛이 잘 들고 기름진 땅에서 흔히 자라는 한해살이풀이다. 밭과 과수원에서 무리를 지어 자라기도 한다. 콩밭에 많이 나는데 바랭이, 돌피, 쇠비름과 더불어 골칫거리 잡초다. 농부들이 밭에서 김을 맬 때 손으로 뽑아 낸다. 밭을 묵혀서 한 해쯤 지나면 금방동사니가 무리 지어 자란다.

금방동사니는 뿌리에서 줄기 몇 개가 비스듬히 모여난다. 줄기는 납작한데 세모꼴이다. 줄기 아래쪽에 잎이 1~3장 달리는데 줄기보다 짧다. 잎집이 줄기를 감싼다. 줄기 끝에 꽃대가 여러 갈래로 나와서 우산살처럼 펴지고 그 끝에 꽃이삭이 달린다. 이삭은 누른빛이 도는 밤색이다.

방동사니 무리에는 금방동사니 말고도 방동사니, 쇠방동사니, 우산방동사니, 병아리방동사니, 참방동사니, 향부자 따위가 있다. 방동사니 무리를 '개왕골'이라고도 한다. 왕골은 돗자리 따위를 만들지만 방동사니는 따로 쓸모가 없다. 하지만 아이들은 방동사니 이삭을 머리에 꽂아 장식을 하며 놀기도 하고 모난 줄기를 가르며 놀기도 한다.

참방동사니는 금방동사니와 많이 닮아서 가려내기가 어렵다. 이삭이 패어 있지 않으면 방동사니를 잘 아는 사람도 쉽게 구별하지 못한다. 이삭이 패면 그것을 보고 아는데, 이삭 길이가 금방동사니 절반쯤이다. 금방동사니보다 조금 더 따뜻하고, 조금 더 축축한 곳을 좋아한다.

쇠방동사니는 이삭 가운데에 짙은 빛깔의 억센 털이 있고, 잎이 길어서 아래로 축 늘어진다. 이것을 보고 다른 방동사니와 쉽게 구별할 수 있다.

방동사니는 무리 가운데 꽃이 늦게 피어서 가을에 꽃이 핀다. 잎과 꽃줄기를 약으로 쓰기도 한다.

✽ 한해살이풀
ⓘ 20~60cm
✽ 8월

다른 이름 금방동산이, 개왕골, 방동사니

나는 곳 밭, 과수원

특징 밭에 흔한 잡초이다. 꽃 이삭이 우산살처럼 펴진다.

키는 20~60cm이다. 줄기는 모여난다. 잎은
줄기마다 두세 장씩 달린다. 꽃이삭 가지는 5~10개로
갈라진다.

2004.09 서울 구로

1. 참방동사니 *Cyperus iria*

2. 쇠방동사니 *Cyperus orthostachyus*

3. 방동사니 *Cyperus amuricus*

개구리밥

Spirodela polyrhiza

개구리가 먹어서 붙은 이름은 아니고, 개구리가 많이 살고, 개구리가 숨기에 좋다고 '개구리밥'이라는 이름이 붙었다. 논, 도랑, 연못, 늪, 물웅덩이 같은 고여 있는 물에 둥둥 떠서 산다. 특히 논에서 쉽게 볼 수 있다. 개구리는 개구리밥 사이에 잘 숨는데 눈만 빠꼼히 내놓고 밖을 살핀다. 요즘에는 개구리밥을 연못이나 어항에다 일부러 키우기도 한다. 가루를 내어 약으로도 쓰고, 집짐승이나 물고기 먹이로도 쓴다.

개구리밥은 줄기와 잎이 따로 나누어지지 않고 한 몸으로 되어 있다. 물에 떠서 살기 좋게 동글납작하게 생겼다. 하나 하나가 온전하게 생겼지만 여럿이 가는 줄기로 이어져서 무리를 이룬다. 논을 뒤덮을 만큼이 되면 물속에 산소가 모자라져서 벼가 자라는 데에 방해가 된다고도 하지만, 그보다는 물밑에서 다른 잡초가 자라지 못하도록 그늘을 드리우기 때문에 일부러 개구리밥이 퍼지도록 하는 농사법도 있다.

잎마다 가느다란 뿌리가 5~11개 나 있는데, 이 뿌리들은 개구리밥이 뒤집히는 것을 막아 주고 바람이나 물결에 쉽게 떠내려가지 않게 해 준다. 6~8월에 흰색 꽃이 핀다. 꽃이 피는 일이 아주 드물고, 너무 작기 때문에 보기 어렵다. 꽃잎은 없다. 열매는 10월에 익는다.

개구리밥은 날씨가 따뜻할 때에는 계속 새 잎을 만들어 퍼져 나간다. 잎 뒤에 가는 실뿌리가 5~11개 나오고, 그 옆에 새로운 싹이 생겨난다. 한여름에는 논을 온통 뒤덮을 만큼 퍼지기도 한다. 겨울이 다가와 날씨가 추워지면 겨울눈을 만든다. 작은 겨울눈이 몸에서 떨어져 물 밑으로 가라앉는다. 이듬해 봄이 되면 물 위로 떠올라서 다시 자란다. 여름에 꽃을 피우고 씨앗을 맺기도 하지만 씨로 번식하는 일은 아주 드물다.

좀개구리밥은 호수처럼 물이 깊은 곳을 더 좋아한다. 물이 더러워도 잘 견딘다. 중부 지방 남쪽에서만 산다. 물새 몸에 묻어서 다른 곳으로 널리 퍼져 나간다. 약으로도 쓰이는데 수평이라고 한다. 한여름에 많이 퍼지고 늘어난다.

❀ 여러해살이풀

❶ 5~9mm

❀ 7~8월

다른 이름 머구리밥, 부평초, 수평, 자평

특징 개구리가 많은 논이나 도랑에서 산다.

쓰임새 약으로도 쓰고 물고기 먹이로도 쓴다.
논 잡초를 잡으려고 일부러 기르기도 한다.

2004.08 경기 고양

크기는 길이 5~9mm, 너비 4~6mm이다. 잎은
동글납작하다. 앞면은 반들반들한 풀색이고 뒷면은
보랏빛이 돈다. 잎이 서너 장씩 붙은 채 살아가다가
떨어져 나와 새로운 무리를 이룬다.

좀개구리밥 *Lemna perpusilla*

닭의장풀

Commelina communis

꽃이 닭 볏을 닮아서 '닭의장풀'이라는 이름이 붙었다. 아침에는 꽃이 싱싱하다가도 햇빛이 쨍쨍 내리쬐면 시들시들해진다. 이슬 내릴 때만 핀다고 다른 나라에서는 '이슬풀'이라고 한다. 흔히 '달개비'라고도 한다.

닭의장풀은 밭둑이나 길가, 풀밭, 담장 밑에서 무리지어 자라는 한해살이풀이다. 햇빛이 잘 드는 곳에서도 자라지만 눅눅하고 그늘진 곳을 더 좋아한다. 닭의장풀이 자라고 있는 땅이라면 물기가 있다는 뜻이다. 줄기는 옆으로 기다가 끝으로 갈수록 곧게 선다. 땅에 닿은 줄기 마디에서 새 뿌리를 내린다. 잎은 어긋나게 달리는데 끝이 뾰족하다.

꽃은 7~8월에 피는데 잎겨드랑이에서 꽃줄기가 나오고 끝에 송편처럼 생긴 포엽이 달린다. 포엽은 꽃이나 눈을 보호하기 위해 생긴 잎이다. 포엽 사이로 새파란 꽃이 고개를 내밀면서 핀다. 꽃잎은 세 장인데, 두 장은 파란색으로 눈에 잘 띄지만 나머지 한 장은 흰색이고 아래쪽에 조그맣게 달린다. 두 꽃잎 아래에는 샛노란 꽃가루주머니가 있다.

봄에 난 어린 줄기와 잎을 나물로 먹는다. 잎은 열이 높거나 오줌이 잘 나오지 않을 때 약으로 쓴다. 불에 데었을 때 생잎을 찧어 즙을 바르기도 한다. 생선을 먹고 두드러기가 났을 때 꽃을 따서 먹으면 좋다고 한다. 여름에 꽃을 따서 햇볕에 말려 두었다가 차로 마시면 겨울에도 두드러기를 예방할 수 있다. 꽃에서 물감을 얻기도 했다.

자주달개비는 가까이 두고 보려고 많이 심는다. 닭의장풀과 꽃이 비슷하지만 외국에서 들여온 풀이다. 덩굴닭의장풀은 산골짜기 물기가 많은 곳에 산다. 줄기가 덩굴을 이루며 자란다. 어린 순과 줄기를 나물로 먹는다.

사마귀풀은 논에 많이 나는 잡초이다. 모내기를 하고 나면 금세 자라나서 장마가 지나는 동안 제대로 김을 매지 않으면 금세 무리를 지어 퍼진다.

✽ 한해살이풀

ⓘ 20~50cm

✽ 7~8월

다른 이름 달개비, 닭의밑씻개, 닭의꼬꼬, 닭의씨까비

나는 곳 밭둑, 길가, 눅눅한 풀밭.

특징 꽃이 닭 볏처럼 생겼다. 한여름에 파란색 꽃이 핀다.

쓰임새 어린 줄기와 잎을 나물로 먹는다.

약으로도 쓴다.

2003.08 경기 광명

키는 20~50cm이다. 줄기 아랫부분이 옆으로
뻗으며 가지가 갈라진다. 잎은 길쭉하고
둥그스름한데 끝이 뾰족하다. 잎겨드랑이에서
꽃대가 나와 파란 꽃이 핀다.

1. 자주달개비 *Tradescantia ohiensis*

2. 덩굴닭의장풀 *Streptolirion volubile*

3. 사마귀풀 *Murdannia keisak*

물옥잠

Monochoria korsakowii

물옥잠은 늪이나 도랑, 연못에서 자라는 한해살이풀이다. 얕은 물에서 자라며 햇빛이 잘 드는 곳을 좋아한다. 잎이랑 꽃 피는 모양이 옥잠화와 닮았는데 물에 산다고 '물옥잠'이라고 한다. 늪이나 농사를 안 짓는 묵은 논에 무리 지어 나기도 한다. 논에 나면 벼가 먹을 양분을 빼앗는 잡초다.

물옥잠은 물에 떠서 사는 부레옥잠과는 달리 물속 땅에 뿌리를 내리고 산다. 그래서 얕은 물에 사는데 자라기 시작할 무렵에 물이 깊어지면 잎자루를 길게 뻗어 물 밖으로 잎을 내놓는다. 하지만 갑자기 비가 많이 오거나 물이 차올라 물속에 잠기면 죽어 버리고 만다. 광합성을 하지 못하기 때문이다.

물옥잠 잎은 심장 모양인데 빤들빤들 윤이 난다. 가장자리는 밋밋하고 끝이 뾰족하다. 뿌리에서 난 잎은 잎자루가 아주 길고, 줄기에서 나온 잎은 잎자루가 짧다. 꽃은 여름부터 가을까지 피는데 줄기 끝에 여러 개 모여서 핀다. 꽃잎은 푸른색이고 가운데 수술은 노란색이다.

물옥잠은 꽃을 보려고 연못이나 물가에 일부러 심어 기른다. 또 어항이나 꽃병에 담아 집 안에 두면 자연스레 습기를 조절해 준다. 옛날에는 줄기와 잎을 먹기도 했다. 열이 나거나 천식이 있을 때 약으로도 쓴다.

물달개비는 이름은 물에 사는 달개비라는 뜻이어도, 생긴 것이나 사는 것은 물옥잠과 닮았다. 물옥잠보다 꽃이 작고 꽃대가 낮다. 논에 나면 자꾸 퍼져서 논을 맬 때 건져 낸다. 논에 화학비료나 퇴비를 많이 넣으면 물달개비도 금세 퍼진다. 나기 시작할 때 얼른 걷지 않으면 금방 무리가 늘어난다.

부레옥잠은 물에 떠서 산다. 더운 나라에서 들여온 풀이다. 물확, 어항이나 연못에서 기른다. 물을 깨끗하게 하는 힘이 커서 집 안에서 물을 담아 물풀을 기를 때 많이 기른다.

✽ 한해살이풀
ⓘ 20~40cm
✽ 6~8월

다른 이름 우구

나는 곳 늪, 도랑, 연못

특징 연못에 심어 기른다.

쓰임새 꽃을 보려고 일부러 심어 기른다.
약으로도 쓴다.

2004.09 경기 고양

키는 20~40cm쯤이다. 줄기 속에는 구멍이 많이
나 있다. 잎은 짙은 초록색이고 두껍고 윤이 난다.
잎자루는 5~20cm이다. 꽃은 푸른색이고 꽃잎은
둥글고 길다.

1

2

1. 물달개비 *Monochoria vaginalis*

2. 부레옥잠 *Eichhornia crassipes*

환삼덩굴

Humulus japonicus

환삼덩굴은 덩굴로 자라는 한해살이풀이다. 길가, 집 둘레, 밭, 과수원, 강둑, 산기슭에서 흔하게 볼 수 있다. 햇빛이 잘 드는 곳이면 어디든지 자라는데 물기가 있고 거름기가 많은 땅에서 잘 자란다. 쓰레기가 뒹구는 지저분한 곳에서도 잘 자라서 흔히 사람을 따라다니는 잡초라고 한다. 환삼덩굴이 한번 자리를 잡고 퍼지기 시작하면 온 땅을 뒤덮어서 다른 풀을 자라지 못하게 한다. 더러운 곳에서 풀밭을 뒤덮는 것을 보고 외국에서 들어온 외래종이라고 생각하기 쉽지만 본디 이땅에서 살던 풀이다.

환삼덩굴은 이른 봄에 나는데 줄기가 땅 위를 기면서 자라다가 키 큰 풀이나 나무를 만나면 깔끄러운 가시를 잇대어 걸고 빙 둘러 감아 오른다. 줄기를 넓게 뻗어 풀숲을 뒤덮기도 한다. 과수원에서 자라면 나무를 휘감아 햇빛을 막고, 밭으로 들어와 채소가 자라는 것을 방해하기도 한다. 줄기에 가시가 있어서 손이나 종아리가 쓸리고 상처를 입기 쉽다. 가시가 다른 물체에 쉽게 걸리게 되어 있어서 자기들끼리도 자꾸 들러붙는다. 그래서 걷어낸 환삼덩굴을 둘둘 뭉치면 실타래 엉기듯이 둥그렇게 뭉쳐진다.

꽃은 7~8월 사이에 피는데 암꽃과 수꽃이 서로 다른 그루에서 핀다. 수꽃은 고깔 모양으로 퍼져서 피고 암꽃은 동그랗게 모여서 핀다. 열매는 9~10월에 맺는데 둥글고 불룩하다. 밤색 반점이 있다. 씨앗은 빗물에 쓸려 가서 퍼지거나, 들쥐나 새가 먹어서 퍼트리기도 한다.

환삼덩굴은 줄기에 가시가 많아서 까끌까끌하다. 줄기에 살갗이 쓸리면 따갑고 아리니까 조심해야 한다. 환삼덩굴 줄기는 걷어다가 말려서 약으로 쓴다. 열매와 뿌리도 약으로 쓰고, 어린순은 나물로 먹기도 한다.

호프는 환삼덩굴과 비슷하게 생겼는데, 암꽃은 맥주의 맛이나 색을 내는 데에 쓰인다. 약으로도 쓴다.

✿ 한해살이풀

ℹ 2~3cm

✿ 7~8월

다른 이름 한삼덩굴, 범상덩굴, 언겅퀴, 좀환삼덩굴

나는 곳 길가, 집 둘레 지저분한 곳, 밭, 산기슭

특징 잎이 삼 잎을 닮았다. 지저분한 자리에 다른 풀보다 먼저 자리를 잡는다.

쓰임새 어린순을 나물로 먹고, 줄기, 열매, 뿌리를 약으로도 쓴다. 거름으로도 좋다.

2003.08 경기 광명

줄기가 2~3m쯤 자란다. 줄기와 잎에 잔가시가 많다.
잎은 마주나는데 손바닥처럼 생겼고 잎자루 끝에서
5~7갈래로 갈라진다. 꽃은 연노란 풀색이다.

환삼덩굴 암꽃

호프 *Humulus lupulus*

며느리밑씻개

Persicaria senticosa

며느리밑씻개는 덩굴로 자라는 한해살이풀이다. 풀 이름에 '며느리'라는 말이 들어간 풀이 몇 가지 있는데, 며느리밑씻개는 일제강점기에 들어온 이름으로 알려져 있다. 며느리배꼽을 두고 사광이풀이라고 했고, 며느리배꼽을 닮은 며느리밑씻개는 사광이아재비라고 했다.

며느리밑씻개는 길가나 풀밭, 개울가, 밭, 과수원, 햇빛이 잘 드는 산기슭에 흔하게 산다. 줄기와 잎에 난 가시가 억세서 긁히면 아주 따갑고 아프다. 밭둑 같은 곳에서 많이 자라서 김을 매다가 많이 다친다. 한번 다치면 일하는 내내 신경이 쓰일 만큼 따갑다.

며느리밑씻개 줄기는 길게 뻗고 가지가 여러 갈래로 퍼진다. 가늘고 붉은데 네모지게 생겼다. 줄기에는 갈고리처럼 생긴 가시가 있어서 다른 풀이나 나무를 붙들어 감고 올라가며 자란다. 잎은 세모지게 생겼는데 어긋난다. 잎자루에도 가시가 있고 턱잎이 있다.

꽃은 7~8월에 피는데 가지 끝에 둥글게 모여 달린다. 꽃 하나에 암술과 수술이 모두 들어 있다. 꽃잎은 없고 꽃받침이 꽃잎 노릇을 한다. 열매는 꽃받침에 싸여 있고 세모지고 끝이 뾰족하다. 열매는 검게 익는데 겉이 거칠다.

어린잎은 신맛이 나는데 나물로 먹는다. 자란 잎은 약으로 쓴다. 줄기와 잎을 짓찧어서 쓰기도 하고 말렸다가 가루를 내서 바르거나 끓여서 쓴다. 살갗에 난 부스럼이나 습진에 잘 듣고 치질에도 쓴다.

며느리배꼽은 며느리밑씻개와 많이 닮았다. 잎자루가 어디에 붙었는지를 보고 어느 풀인지 알 수 있다. 땅이 메마르고 더운 곳일수록 며느리배꼽이 더 많다. 밭둑에 자리를 잡고 자라면 금세 퍼진다. 덩굴이 지면서 자라는 데다가 줄기가 질기고 가시가 있어서 낫으로 베어 내기도 쉽지 않다.

❀ 한해살이풀	**다른 이름** 사광이아재비, 보리탈, 가시모밀, 가시덩굴여뀌
❶ 1~2m	**나는 곳** 길가, 풀밭, 밭
❀ 7~8월	**특징** 줄기와 잎에 난 가시가 억세서 긁히면 아주 아프다.
	쓰임새 어린잎을 나물로 먹는다. 약으로도 쓴다.

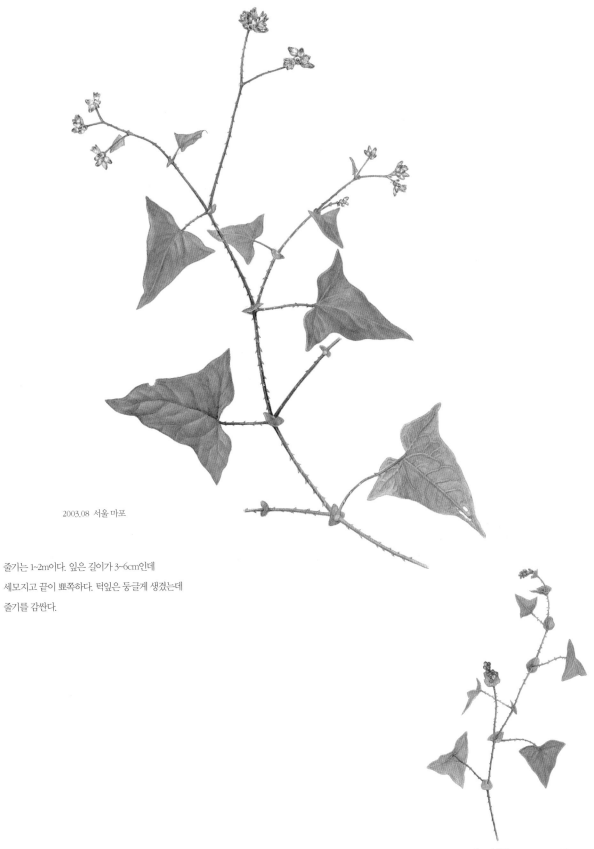

2003.08 서울 마포

줄기는 1~2m이다. 잎은 길이가 3~6cm인데
세모지고 끝이 뾰족하다. 턱잎은 둥글게 생겼는데
줄기를 감싼다.

며느리배꼽 *Persicaria perfoliata*

고마리

Persicaria thunbergii

고마리는 물가에서 흔히 볼 수 있는 한해살이풀이다. 여름이 되면 우리나라 어디든 논도랑이나 냇가, 늪, 논둑에 무리지어 자라는 고마리를 쉽게 볼 수 있다. 고랑과 이어지는 물길을 흔히 '물꼬'라고 하는데, '고'라고도 한다. 고마리는 이렇게 '고'에서 흔하게 보는 풀이라는 뜻이 있다고도 한다.

물이 마르지 않고 비가 많이 내릴 때에 금세 물이 불어나는 자리를 좋아한다. 또 햇볕이 잘 드는 곳을 좋아한다. 도랑가에 많이 나고, 산속 약수터 둘레에서도 자란다. 빨리 퍼져서 묵은 논을 한두 해 만에 뒤덮어 버린다. 고마리 풀숲에 꽃뱀이 잘 숨는다고 전라도에서는 '뱀풀'이라고도 한다.

물이 깨끗하거나 더럽거나 별로 가리지 않고 잘 자란다. 짐승 똥이나 음식 쓰레기 같은 것이 섞여서 더러워진 물을 맑게 하는 힘이 있다. 하지만 공장에서 나오는 산업폐기물로 더러워지는 것에는 민감해서, 조금만 그런 낌새가 있어도 잘 자라지 못한다.

고마리 줄기는 땅 위를 기는데 끝으로 갈수록 비스듬하게 선다. 누운 줄기 마디에서는 뿌리를 내린다. 잎은 어긋나고 세모꼴인데 방패처럼 생겼다. 8~9월에 꽃이 피는데 흰색이나 분홍색 꽃이 줄기 끝에 10~20개씩 뭉쳐 핀다. 꽃받침이 마치 꽃처럼 보인다. 열매는 10~11월에 익는데 세모지고 잿빛을 띠는 밤색이다. 꽃받침에 싸여 있다.

옛날에는 홍역을 앓으면 고마리를 베어다가 짓찧어서 걸쭉한 즙을 내 물에 타 먹었다. 줄기와 잎은 피를 멈추게 하는 약효가 있다고 한다. 고마리 어린순은 나물로도 먹는다. 집짐승을 먹이기도 했는데, 특히 소한테 많이 먹였다.

❀ 한해살이풀

❶ 30~70cm

❀ 8~9월

다른 이름 고만이, 꼬마리, 줄고만이, 뱀풀

나는 곳 물가, 논도랑, 늪, 냇가

특징 물을 맑게 해 준다.

쓰임새 어린순을 나물로 먹고, 집짐승도 먹인다.
약으로도 쓴다.

고마리꽃

2003.09 경기 광명

키는 30~70cm이다. 줄기는 모가 나 있고, 갈고리
같은 잔가시가 성글게 나 있다. 잎은 길이가
4~7cm이고, 가운데에 거무스름한 무늬가 있다.
잎 앞뒤에 털이 성기게 나 있다.

쪽

Persicaria tinctoria

쪽은 축축한 곳에서 자라는 한해살이풀이다. 밭둑이나 도랑 가, 길가, 산기슭 풀밭에 많이 난다. 여뀌와 닮았는데 여뀌에 견주어 잎이 훨씬 넓고 줄기에서 가지도 많이 친다. 본디 중국에서 사는 풀인데 아주 오랜 옛날에 우리나라에 들어왔다. 물감으로 쓰려고 일부러 밭에 심어 기르기도 한다.

쪽은 줄기가 곧게 서고 여러 갈래로 가지를 친다. 줄기는 붉은 자주색을 띠고 털은 없다. 잎은 어긋나고 달걀꼴인데 마르면 검은빛이 도는 남색으로 짙어진다. 줄기를 감싼 턱잎 끝에 털이 있다. 꽃은 8~10월에 가지 끝에 줄줄이 붙어서 핀다. 꽃은 하얗거나 빨갛다. 열매는 세모진 달걀꼴인데 검게 익고 윤기가 난다. 꽃받침은 다섯 장이다. 씨앗은 바람에 날리거나 물살에 실려 널리 퍼진다.

쪽은 아주 오랜 옛날부터 물감으로 썼다. 쪽으로 물을 들일 때에는 꽃이 필 때 즈음 쪽을 베어 낸다. 베어 낸 쪽은 항아리에 넣고 물을 부어서 하루 이틀 우려낸다. 쪽을 건져내고 굴이나 꼬막을 구워 만든 석회를 항아리 속에 넣고 저어 준다. 다음날이 되면 푸른 빛을 머금은 석회가 항아리 밑에 가라앉아 있는데, 이것을 잘 말려서 염료로 쓴다. 옷감에 물을 들이는 것은 양잿물을 만들어서 섞어서 발효시킨 다음에야 할 수 있다. 손이 아주 많이 가고 좋은 쪽빛을 내는 것이 쉽지 않다. 그렇게 쪽잎으로 천에 물을 들이면 푸르스름하고 맑은 남색을 얻을 수 있다. '남'이 쪽이라는 뜻의 한자이다.

잎과 열매를 약으로도 쓰는데 독을 풀어 주고 열을 내리는 약효가 있다. 벌레에 쏘여 아플 때 짓찧어서 붙이면 잘 가라앉는다. 한방에서는 열매를 '남실'이라고 하고 가루 낸 것은 '청대'라고 한다.

❀ 한해살이풀
❶ 40~60cm
❀ 8~10월

다른 이름 목람, 청대, 남실

나는 곳 도랑, 밭둑, 길가

특징 잎으로 천을 물들인다.

쓰임새 오랜 옛날부터 물감으로 썼다.
천을 쪽빛으로 물들인다.

2003.07 경기 광릉

키는 40~60cm이다. 줄기는 붉은빛을 띠고
가지가 많이 갈라진다. 잎은 길이가 3~5cm쯤이다.
열매는 꽃덮개에 싸여 있다.

여뀌

Persicaria hydropiper

여뀌는 물가에서 무리지어 자라는 한해살이풀이다. 냇가나 늪, 도랑처럼 물기가 많은 곳이라면 어디서나 잘 사는데 논둑에 많이 난다. 거름기가 많고 햇빛이 잘 드는 땅을 좋아한다.

줄기 아래쪽은 눕듯이 퍼지고 위쪽은 곧게 자란다. 잎은 버들잎처럼 생겼는데 끄트머리가 가늘고 뾰족하다. 6~9월에 연분홍색이나 연보라색 꽃이삭이 핀다. 가을에 씨앗이 이삭에 다닥다닥 붙어서 여문다. 씨앗은 딱딱하고 두꺼운 껍질에 싸여 있지만 가벼워서 물에 뜬다. 물살에 실려 널리 퍼지기도 하고 바람에 날리거나 들짐승 몸에 붙어서 퍼지기도 한다. 씨앗으로 번식을 하지만 줄기가 땅에 닿으면 마디에서 뿌리를 내리기도 한다.

여뀌는 줄기와 잎에 매운맛이 있다. 잎사귀를 뜯어서 씹으면 혀가 얼얼할 정도로 독한데 이 맛 때문에 짐승들은 안 먹는다. 사람들은 여뀌로 물고기를 잡기도 한다. 여뀌를 짓찧어서 개울에 풀면 물고기가 비실거린다. 물고기를 취하게 하는 풀이라고 여뀌를 '어독초'라고도 한다.

동남아시아에서는 쌉싸래한 여뀌 잎을 향신료로 쓴다. 일본에서는 생선회에 곁들여 먹기도 한다. 여뀌 잎과 줄기는 피를 멎게 하고 혈압을 내리는 약효가 있다. 벌레에 물렸을 때 잎을 찧어 즙을 내어 바르면 부기가 빠지고 덜 가렵다.

여뀌 무리는 거의 꽃잎이 없거나 알이 맺힌 것으로 보일 만큼 자잘하다. 쪽과 성질이 비슷해서 여뀌 무리에 드는 풀도 염색을 하는 데에 쓰거나, 향신료로 쓴다. 약으로도 쓴다. 개여뀌는 여뀌 가운데에서도 아주 흔하다. 마을 근처가 길가에 많다. 늦은 가을까지 꽃이 핀다. 장대여뀌는 숲 가장자리 그늘이 지는 자리에 산다. 흰여뀌는 물기가 많은 곳에서 자란다. 묵은 논에서 볼 수 있다. 이삭여뀌는 숲 가장자리에서 흔히 볼 수 있다. 온몸에 길고 거친 털이 많다. 한여름에 꽃이 핀다. 붉은빛으로 피지만 가끔 흰빛 꽃도 있다.

✽ 한해살이풀

❶ 40~80cm

✽ 6~9월

다른 이름 버들여뀌, 매운여뀌, 독풀, 어독초, 해박

나는 곳 물가, 냇가, 늪, 도랑, 논둑

특징 줄기와 잎에 매운맛이 있다. 향신료로 쓴다.

쓰임새 향신료로 쓰거나, 염색을 하는 데에 쓴다.
약으로도 쓴다. 물고기를 잡을 때에도 쓴다.

2003.09 서울 마포

키가 40~80cm이다. 가지를 많이 친다. 잎은
끝이 뾰족하고 어긋나기로 달린다. 잎 뒷면에
작은 점이 많다.

1. 개여뀌 *Polygonum longisetum*
2. 장대여뀌 *Polygonum posumbu*
3. 흰여뀌 *Polygonum lapathifolium*
4. 이삭여뀌 *Polygonum filiforme*

흰명아주

Chenopodium album

흰명아주는 햇볕이 잘 드는 밭이나 집 둘레나 길가에서 자라는 한해살이풀이다. 우리나라는 흰명아주보다 명아주가 흔하고 일본에서는 명아주보다 흰명아주가 흔하다. 명아주 무리는 날이 덥고 메마른 땅에서도 잘 자라는데, 흰명아주 보다 명아주가 메마른 땅을 더 좋아하기 때문에 우리나라에 더 많다.

명아주나 흰명아주나 어디서나 잘 자라고 금방 무리를 이룬다. 명아주는 어린잎이 붉은 빛을 띠고, 잎자루에도 붉은 빛이 돈다. 흰명아주는 어린잎이나 줄기 모두 붉은 빛이 보이지 않는다.

흰명아주는 키가 아주 큰데 2m가 넘는 것들도 있다. 줄기는 곧게 나고, 자라면서 나무처럼 단단해진다. 줄기에 초록색 세로줄이 나 있다. 잎은 어긋나게 달리는데 잎자루가 길고 세모꼴이다. 가장자리에는 톱니가 물결 모양으로 나 있다. 새로 난 어린잎에는 하얀 알갱이 같은 털이 다닥다닥 많이 붙어 있어서 하얗게 보인다.

6~7월에 꽃이 피는데 줄기 끝에 꽃이삭이 모여난다. 꽃은 꽃잎이 없지만 꽃받침이 별 모양으로 생겨서 꽃잎처럼 보인다. 9~10월에 열매가 다 익으면 터지면서 씨앗이 튀어나온다. 열매는 납작하면서 가운데가 볼록하게 생겼다. 땅에 떨어진 씨앗들은 바람이나 빗물을 타고 퍼져 나간다.

어린잎은 끓는 물에 데쳐서 나물로 먹는다. 옛날 먹을 게 없을 때에는 씨앗을 먹기도 했다. 약으로도 썼다. 명아주 무리는 모두 키가 크고, 줄기가 단단해서 옛날부터 지팡이를 만들어 썼다. 명아주로 만든 지팡이를 '청려장'이라고 하는데 가볍고 단단해서 할머니나 할아버지들이 아주 좋아한다. 명아주 무리에 드는 풀들은 전세계에 가장 넓게 퍼져 사는 풀 가운데 하나이다. 씨는 아주 오랜 시간이 지나서도 싹이 잘 난다. 그리고 살아가기가 어려울 때에는 몸집이 아주 작아진다. 그렇게 작아도 씨를 맺어 남긴다.

참명아주는 산속 그늘이 지는 곳에서 산다. 명아주와 약효가 비슷하다. 취명아주는 몸이 작다. 약으로 쓰이는 것이 비슷하다.

✿ 한해살이풀

❶ 60~150cm

✿ 6~7월

다른 이름 흰능쟁이, 가는명아주, 제쿨, 맹아대

나는 곳 밭, 집 둘레, 길가

특징 줄기로 지팡이를 만들어 쓴다.

쓰임새 어린잎을 나물로 먹는다. 약으로도 쓴다.

흰명아주꽃

2007.08 경기 파주

키는 60~150cm이다. 줄기가 아주 굵다. 잎은
세모꼴인데 어긋나게 달린다. 꽃잎이 따로 없고
수술 다섯 개와 암술대 두 개가 있다.

1. 참명아주 *Chenopodium koraiense*

2. 취명아주 *Chenopodium glaucum*

1   2

쇠비름

Portulaca oleracea

쇠비름은 밭에 흔하게 자라는 한해살이풀이다. 집 둘레나 과수원, 길가에도 많이 난다. 줄기가 땅에 납작하게 붙어서 기면서 자라고 가지가 여러 갈래로 뻗는다. 줄기는 갈색이고 아주 통통하다. 잎도 통통하고 달걀처럼 생겼다. 꽃은 초여름에서 가을까지 피는데 노란색이고 꽃잎은 다섯 장이다. 꽃은 해가 날 때 잠깐 피었다가 곧 진다.

쇠비름은 끈질긴 풀이라서 잘 안 죽는다. 밭에 났을 때 뽑아서 밭둑에 던져 두어도 곧잘 뿌리를 다시 내린다. 줄기와 잎에 물기가 많아서 뜨거운 햇볕 아래서도 잘 안 마른다. 말라서 죽어 가다가도 비가 조금만 오면 곧 살아난다. 줄기가 낫이나 호미에 잘려도 땅에 닿아 있으면 뿌리가 새로 나서 살아난다. 또 뿌리가 뽑혀 있어도 꽃이 피고 열매를 맺는다. 뽑기 전에 달려 있던 열매의 씨앗은 여문다.

쇠비름은 부드러운 잎과 줄기를 소금물에 살짝 데쳐서 나물로 먹는다. 햇볕에 바싹 말려 묵나물로 갈무리해 두었다가 물에 불려 양념에 버무리거나 기름에 볶아 먹으면 맛이 좋다. 나물로 두고 먹으면 똥과 오줌이 잘 나온다고 한다. 줄기와 잎을 짓찧어서 생긴 물을 벌레 물린 데 바르면 잘 가라앉고 버짐, 옴, 무좀 같은 피부병을 낫게 한다.

채송화는 쇠비름과 비슷하지만 꽃을 볼려고 심어 기르는 풀이다. 마당 한켠이나 담벼락 아래에 많이 심었다. 양지바른 곳에서 잘 자란다. 줄기는 붉은 빛을 띠고 가지가 많이 갈라져서 퍼진다. 남아메리카가 원산지인데 18세기쯤 들여왔다고 한다. 약으로 쓸 때는 반지련이라고 한다.

✿ 한해살이풀

ⓘ 15~50cm

✿ 6~8월

다른 이름 말비름, 돼지풀, 도둑풀, 마치현, 오행초, 마치채

나는 곳 밭, 과수원, 길가

특징 밭에 흔한 잡초다. 작게 잘린 줄기라도 땅에 닿아 있으면 뿌리를 내린다.

쓰임새 나물로 먹는다. 약으로도 쓴다.

2004.08 경기 광명

줄기 길이는 15~50cm이다. 땅에 납작 붙어
자라거나 비스듬히 자란다. 잎은 어긋나거나
마주난다.

채송화 *Portulaca grandiflora*

냉이

Capsella bursa-pastoris

냉이는 봄나물로 많이 먹는 두해살이풀이다. 이른 봄에 눈이 녹으면 겨울을 난 싹을 뿌리째 캐어다 살짝 데친 뒤에 무쳐 먹는다. 된장에 무치기도 하고 고추장이나 간장을 넣어 무치기도 한다. 된장국에 넣거나 콩가루를 묻혀 냉잇국을 끓이기도 한다. 쌉싸래하고 향긋한 맛 때문에 사람들이 좋아하는 나물이다. 그래서 일부러 밭에다 기르기도 한다. 눈을 밝게 하고 위를 튼튼하게 하는 약으로도 쓴다.

냉이는 햇빛이 잘 드는 들이나 밭, 길가에 흔히 자란다. 아무 데서나 잘 자라는 편이지만 환경에 따라 잎 모양이나 색깔이 달라진다. 꽃다지나 달맞이꽃처럼 가을에 싹이 터서 뿌리잎을 방석처럼 납작하게 펼친 채 겨울을 난다. 뿌리잎은 새의 깃 모양으로 깊게 갈라져 있다. 이런 잎을 '깃꼴잎'이라고 한다. 깊게 갈라지지 않는 뿌리잎도 있다. 겨울에는 조금 붉고 거무죽죽한 색이지만 봄이 되면 초록색으로 바뀐다. 봄에 뿌리잎 가운데에서 줄기가 올라온다. 줄기에 나는 잎은 둥글고 길쭉하게 생겼다. 4~5월에 줄기 끝에 하얀 꽃이 모여난다. 꽃자루 끝에 열매가 달리는데 심장 모양이다. 열매가 여러 개 달린 냉이를 뜯어서 줄기 아래쪽을 잡고 비벼서 돌리면 재미있는 소리가 난다.

봄에 싹이 터서 자라는 것은 여름을 보내고 가을에 씨를 맺는다. 가을에 싹이 난 것은 겨울을 로제트로 보내고 이른 봄에 씨를 맺고 죽는다.

냉이 무리에 드는 풀은 거의 어린잎을 나물로 먹는다. 황새냉이는 이른 봄 논바닥에 가장 흔하게 보이는 아주 작은 두해살이풀이다. 물기가 많은 곳에서 산다. 겨울을 로제트로 나는데, 살아가는 조건이 맞으면 여러해살이로 살기도 한다. 논냉이는 황새냉이보다 물을 더 좋아한다. 애기장대는 들판에서 자란다. 싹이 난 다음 다시 씨를 맺을 때까지 한 달 반밖에 걸리지 않아서 식물 연구를 하는 데에 많이 쓰인다.

❀ 두해살이풀
❶ 10~50cm
❀ 5~6월

다른 이름 나이, 나시, 나생이, 나숭게, 내생이

나는 곳 밭, 들판, 길가

특징 뿌리잎을 펼친 채 겨울을 난다.

쓰임새 봄에 캐어서 나물로 많이 먹는다.

잎

2004.03 서울 마포

키는 10~50cm이다. 줄기는 곧게 자란다.

줄기잎은 위로 갈수록 작아지고 잎자루가 없어진다.

꽃자루가 길며 꽃잎은 네 장이다.

1. 황새냉이 *Cardamine flexuosa*

2. 논냉이 *Cardamine lyrata*

3. 애기장대 *Arabidopsis thaliana*

꽃다지

Draba nemorosa

꽃다지는 밭둑이나 길가에서 흔히 자라는 두해살이풀이다. 냉이와 많이 닮았다고 하지만, 두 풀의 생김새를 조금만 눈에 익히면 어느 한 구석 닮지 않았다는 것을 알 수 있다. 다만 둘이 사는 곳이 비슷해서 서로 경쟁하듯 땅을 차지한다. 꽃다지를 '두루미냉이'라고도 한다. 냉이는 꽃이 하얗고 꽃다지는 노랗다. 냉이처럼 봄에 캐어 먹는 나물이다. 하지만 냉이 만큼 많이 먹지는 않는다. 그래서 냉이를 캐 먹고 나면 그 자리를 꽃다지가 차지한다. 어린잎과 줄기를 살짝 데쳐서 먹는다.

꽃다지는 늦가을에 싹이 터서 겨울을 난다. 뿌리에서 잎자루 없는 잎이 여러 장 모여나 납작하게 퍼진다. 겨울에는 추위를 이기려고 땅바닥에 바짝 붙어 있는 것이다. 이렇게 땅에 붙어서 겨울을 나는 식물을 '방석식물'이라고 한다. 잎이 난 모양이 장미꽃 모양과 비슷하다고 서양에서는 이런 어린잎을 '로제트'라고 한다.

봄이 되어 날이 따뜻해지면 줄기가 올라온다. 줄기는 곧게 자라고 잎은 둥글고 길쭉한데 어긋나게 달린다. 줄기와 잎에는 하얗고 보송보송한 털이 빽빽이 나 있다. 가까이 들여다보면 꼭 한번은 쓰다듬어 보고 싶은 마음이 들 정도이다. 꽃은 4~6월에 피는데 줄기 끝에 노란 꽃이 여러 개 모여 핀다. 주걱 모양 꽃잎이 네 장 달린다.

꽃다지 씨앗을 말려서 기침이 나거나 오줌이 잘 나오지 않을 때 약으로 쓴다. 부스럼이 났을 때 씨를 달여서 마시거나 그 물로 몸을 씻으면 좋다고 한다.

✽ 두해살이풀
❶ 30~40cm
✽ 4~6월

다른 이름 코딱지나물, 두루미냉이, 코따대기

나는 곳 길가, 밭둑

특징 줄기와 잎에 하얗고 보송보송한 털이 나 있다.

쓰임새 어린순을 나물로 먹는다.

약으로도 쓴다.

2004.04 서울 마포

키는 35cm쯤이다. 줄기는 곧추서고 아래쪽에서
가지가 갈라진다. 줄기잎은 어긋나는데
가장자리에 톱니가 있다. 열매는 길이가 5~8mm이고
잔털이 나 있다.

돌나물

Sedum sarmentosum

　돌나물은 축축한 바위틈이나 산기슭에서 자라는 여러해살이풀이다. 돌 틈에서 잘 자라 '돌나물'이라는 이름이 붙었다. 우리 겨레가 옛날부터 나물로 흔히 먹던 풀이다. 집 둘레에 저절로 나기도 하는데 나물로 먹으려고 돌담 밑이나 텃밭 가에 심어 기르기도 한다. 옮겨 심기도 무척 쉽다. 줄기를 잘라 땅에 묻어 두면 금방 새 뿌리를 내리고 무리를 늘린다.

　이른 봄에 싹이 나면 캐어다가 무쳐서 나물로 먹거나 물김치를 담가 먹는다. 새콤달콤한 초고추장에 무쳐 먹기도 하고 묵이나 두부 요리에 곁들여 먹기도 한다. 비타민과 칼슘이 많이 들어 있어서 몸에도 좋다. 돌나물은 약으로 쓰기도 하는데, 열을 내리거나 부기를 가라앉히는 데 좋다. 불에 데었을 때나 벌레에 물렸을 때도 쓴다.

　돌나물 줄기는 땅 위를 기면서 자라는데 마디에서 새로운 뿌리가 나온다. 줄기로 번식하는 힘이 뛰어나서 열매는 맺지 않는다. 잎은 마디마다 세 장씩 돌려나는데 잎자루가 없다. 빛깔은 연두색인데 물이 많이 들어 있어서 오동통하다. 물이 많다고 돌나물을 '수분초'라고도 한다. 꽃은 5~6월에 핀다. 꽃자루 끝에 별처럼 생긴 노란 꽃이 여러 개 모여난다. 빨리 자라고 꽃이 오랫동안 피어 있어서 잔디 대신 심기도 한다.

　바위채송화는 산속 바위 위에서 볼 수 있다. 돌나물처럼 어린순을 먹는다. 땅채송화는 바닷가 햇볕이 잘 드는 바위 위에서 많이 자란다. 기린초는 돌나물처럼 돌 옆으로 많이 자라는데 잎이 돌나물과 다르게 생겼다. 정원을 꾸밀 때 많이 심는다.

✽ 여러해살이풀
🛈 10~20cm
✽ 5~6월

다른 이름 돈나물, 석상채, 불갑초, 석련화, 수분초

나는 곳 돌 틈, 집 둘레

특징 줄기를 잘라 묻으면 금세 뿌리를 내리고 자란다.

쓰임새 오래전부터 나물로 먹었다.
약으로도 쓴다.

2004.06 서울 마포

잎은 길이가 1~2cm쯤 되고 둥글고 길쭉하다.
꽃잎은 다섯 장인데 끝이 뾰족하다.
줄기와 잎은 물이 많아서 만지면 말랑말랑하다.

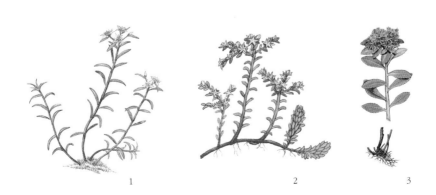

1. 바위채송화 *Sedum polytrichoides*
2. 땅채송화 *Sedum oryzifolium*
3. 기린초 *Sedum kamtschaticum*

자운영

Astragalus sinicus

봄에 붉은빛을 띤 꽃들이 들판 한가득 피어나면 자줏빛 구름처럼 아름답다고 '자운영'이라는 이름이 붙었다. 바람이 불면 빨간 꽃이 바람에 물결처럼 흔들린다. 본디 중국에서 자라는 풀인데 우리나라에 들어와서 자리를 잡고 살게 되었다.

자운영은 논둑, 밭, 냇가, 강둑, 길가에서 자라는 두해살이풀이다. 줄기가 비스듬히 눕다가 곧추선다. 잎자루 하나에 달걀꼴로 생긴 작은 잎이 9~11개쯤 마주나는데 홀수로 달린다. 꽃은 4~5월에 피는데 잎겨드랑이에서 꽃대가 올라오고 끝에 꽃이 여러 개 달린다. 아까시나무처럼 꽃에 꿀이 많아서 벌이 많이 꼬인다. 꽃이 지면 납작한 열매가 열리는데 꼬투리 한 개 속에는 씨가 2~5개 들어 있다.

남쪽 지방에서는 가을걷이를 마친 논에 자운영 씨를 뿌려서 일부러 기른다. 이듬해 봄에 꽃이 필 때쯤, 쟁기로 땅을 갈아엎고 썩혀서 거름으로 쓴다. 자운영은 다른 콩과 식물들처럼 뿌리혹에 질소를 모으는 세균이 살고 있다. 그래서 농사를 짓기 전에 논이나 밭에 거름으로 쓰려고 심어 기른다. 자운영같이 농사에 비료로 쓰는 식물을 '녹비 식물'이라고 한다.

자운영 어린순은 캐서 나물로 먹는다. 너른 들판에 길러서 집짐승을 먹이기도 한다. 봄에 뿌리째 캐어 말려서 약으로도 쓰는데 열을 내리는 데 좋다. 씨앗은 눈병이 났을 때 약으로 쓴다.

갈퀴나물 무리도 자운영처럼 녹비작물로 쓴다. 갈퀴나물은 어린순을 나물로 먹고 통증을 가라앉히는 효과가 있어서 약으로도 쓴다. 등갈퀴나물도 갈퀴나물 같은 덩굴식물이다. 넓은잎갈퀴도 다른 갈퀴나물 무리와 비슷하게 어린순을 먹기도 하고 사료로도 쓴다.

✽ 두해살이풀

❶ 10~40cm

✽ 4~5월

다른 이름 연화초, 홍화채, 쇄미제, 야화생

나는 곳 논둑, 밭, 냇가, 길가

특징 다른 콩과 식물들처럼 땅을 거름지게 한다.

쓰임새 나물로 먹고 집짐승을 먹인다.

거름 작물로 기른다.

열매

2004.05 경기 용인

키는 10~40cm이다. 줄기 아래쪽에서 가지가 많이
갈라진다. 줄기에 하얀 털이 조금 나 있다.
꽃은 7~10개쯤 우산 모양으로 달리며 꽃 하나는
길이가 12mm쯤이다.

1. 갈퀴나물 *Vicia amoena*
2. 등갈퀴나물 *Vicia cracca*
3. 넓은잎갈퀴 *Vicia japonica*

토끼풀

Trifolium repens

토끼가 잘 먹는다고 '토끼풀'이라는 이름이 붙었다. 소나 염소처럼 풀을 먹고 사는 집짐승도 잘 먹는다. 햇빛이 잘 드는 길가나 풀밭, 강둑, 밭둑, 집 둘레에서 사는 여러해살이풀이다. 추위에는 강하지만 그늘진 곳에서는 잘 못 자란다. 메마른 땅이나 거름기가 적은 땅에서도 잘 자란다.

토끼풀 줄기는 땅 위를 기면서 자라는데 마디에서 가지를 치고 새 뿌리를 내리기도 한다. 조금이라도 뿌리가 남아 있으면 거기에서 금세 다시 자라난다.

줄기 마디마다 잎자루가 올라오는데 끝에 동그란 잎이 세 장씩 달린다. 드물게 잎이 네 장 달리는 것도 있다. 이런 잎을 '네 잎 클로버'라고 한다. 사람들은 이런 잎을 찾으면 행운이 찾아 온다고 좋아한다.

꽃은 6~7월에 피는데 마디에서 꽃대가 올라와 맨 위에 하얀 꽃이 달린다. 작은 꽃이 모여서 둥근 꽃송이를 이룬다. 꽃은 시든 뒤에도 떨어지지 않고 열매를 감싼다. 열매 속에는 씨앗이 2~6개 들어 있다. 씨앗은 단단해서 동물이 먹어도 소화되지 않고 똥과 함께 다시 나온다.

토끼풀은 본디 유럽이나 아시아에서 나는 풀인데 집짐승에게 먹이려고 우리나라에 들여왔다. 붉은토끼풀도 토끼풀이 들어올 때 함께 들어왔다. 토끼풀이나 붉은토끼풀이나 자운영과 같은 콩과 식물이어서 밭을 기름지게 하려고 일부러 심기도 한다. 개자리는 녹비작물로 심었던 것이 널리 퍼졌다. 줄기에 잔털이 있고 가지가 많이 갈라진다. 자주개자리는 흔히 '알팔파'라고 하는 것인데, 녹비작물로도 뛰어나고, 작은 동물 사료로도 쓴다.

✿ 여러해살이풀   **다른 이름** 돌풀씨, 말풀, 토까이풀, 클로버

ⓘ 5~15cm   **나는 곳** 길가, 풀밭, 강둑, 밭둑, 집 둘레

✿ 6~7월   **특징** 집짐승들이 잘 먹는다.

쓰임새 집짐승을 먹이고, 밭을 거름지게 한다.

2004.06 경기 고양

줄기는 5~15cm이다. 줄기와 잎에 털이 없고
매끈하다. 잎자루는 길이가 5~15cm이다.
잎 가장자리에 자잘한 톱니가 있고, 흰색 줄이
나 있다.

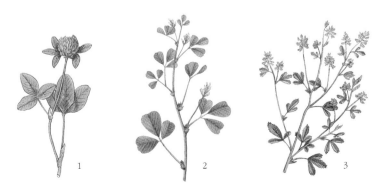

1. 붉은토끼풀 *Trifolium pratense*

2. 개자리 *Medicago polymorpha*

3. 자주개자리 *Medicago sativa*

돌콩

Glycine soja

　돌콩은 햇볕이 잘 들고 기름진 땅에서 잘 자라는 한해살이풀이다. 집 둘레나 길가, 산기슭, 밭둑, 과수원, 냇가, 강둑, 물기가 많은 묵은 논에서 산다. 땅이 메마른 곳에서도 잘 자란다.

　돌콩은 가까이에 있는 풀이나 나무를 휘감고 올라가면서 자란다. 잎은 어긋나게 달리는데 잎자루 하나에 쪽잎 세 장이 달려 있는 겹잎이다. 잎과 줄기에 거친 밤색 털이 나 있다. 7~8월에 잎 겨드랑이에서 꽃줄기가 나오고 끝에 나비처럼 생긴 자주색 꽃이 달린다. 열매는 꼬투리로 달리는데 밤색 털이 나 있다. 꼬투리 하나에는 밤색 콩알이 서너 개 들어 있다.

　돌콩은 우리가 먹으려고 기르는 콩의 조상이 되는 풀이다. 그래서 콩을 여러 가지 품종으로 개량할 때 돌콩이 쓸모가 많다. 하지만 돌콩이 밭에 나면 줄기가 곡식이나 채소를 휘감아 버린다. 그러면 곡식은 햇빛을 못 받아서 제대로 자라지 못한다.

　돌콩 씨앗은 약으로 쓴다. 서목태, 야대두라고 하는데, 눈을 밝게 하고 위장을 튼튼하게 하고 소화를 돕는다. 아이를 낳은 뒤에 먹어도 좋다. 또 씨앗에는 지방, 단백질, 탄수화물, 비타민이 많이 들어 있어서 몸에 이롭다. 돌콩은 베어다가 집짐승을 먹이기도 한다.

✽ 한해살이풀

🛈 2m쯤

✽ 7~8월

다른 이름 야생콩, 야료두

나는 곳 집 둘레, 길가, 밭둑, 묵은 논

특징 나무나 풀을 휘감고 자란다.

쓰임새 씨를 약으로 쓴다. 집짐승을 먹인다.

돌콩 꼬투리

2004.08 강원 횡성

키가 2m쯤 된다. 줄기는 가늘고 긴데 덩굴지며
자란다. 잎겨드랑이에서 꽃자루가 나오는데
2~5cm쯤 자란다. 열매는 밤색 꼬투리인데 길이가
2~3cm이다.

괭이밥

Oxalis corniculata

괭이밥은 고양이가 뜯어 먹는다고 '괭이밥'이라는 이름이 붙었다. 고양이는 소화가 안 되면 괭이밥을 뜯어 먹는다고 한다. 잎이나 줄기를 씹으면 시큼한 맛이 나기 때문에 '새큼풀'이라고 도 한다.

괭이밥은 집 둘레, 길가, 과수원, 밭에서 흔히 자라는 여러해살이풀이다. 그늘진 곳이나 양지바른 곳이나 가리지 않고 잘 자란다. 줄기가 땅 위를 기면서 뻗어 나가는데 마디마다 뿌리를 내린다. 줄기는 가냘프지만 뿌리는 굵고 땅속 깊숙이 박혀서 쉽게 안 뽑힌다. 잎은 거꾸로 된 심장 모양인데 토끼풀 잎처럼 세 장씩 맞붙어 있다. 꽃은 봄부터 가을까지 피는데 잎겨드랑이에서 꽃자루가 올라와 끝에 작고 샛노란 꽃이 달린다. 꽃이 지면 길쭉한 열매가 열린다. 열매가 다 익으면 껍질이 툭 터져서 씨앗이 여기저기로 튀어나간다.

괭이밥은 밤에 잎을 오므리는 재미있는 성질이 있다. 낮에는 광합성을 하려고 잎을 쫙 폈다가 밤이 되거나 날씨가 흐려서 햇빛이 사라지면 잎을 접는다. 이것을 잎이 잠을 잔다는 뜻으로 '수면 운동'이라고 한다. 자귀나무, 미모사, 결명자, 땅콩도 수면 운동을 하는 풀들이다.

손톱에 봉숭아 물을 들일 때 물이 잘 들라고 식초나 백반을 넣는데 괭이밥을 대신 찧어 넣어도 된다. 괭이밥 잎에 신맛을 내는 성분이 있는데 이것이 꽃물이 잘 들게 도와준다. 옛날에는 벌레에 물리면 괭이밥 잎을 찧어서 바르기도 했다. 먹을 것이 없을 때 괭이밥을 먹기도 했다.

선괭이밥은 길가나 산에서 자라는데 줄기가 곧게 선다고 선괭이밥이다. 제주도에서는 개자리풀이라고 한다. 애기괭이밥은 깊은 산골짜기나 물기가 많은 곳에서 산다. 잎과 꽃이 작다. 꽃은 흰 빛이다.

✿ 여러해살이풀

⬇ 10~30cm

✿ 5~9월

다른 이름 새큼풀, 시금초, 괭이싱아, 고양이밥

나는 곳 집 둘레, 길가, 밭

특징 잎에서 시큼한 맛이 난다. 밤이 되면 잎을 접는다.

쓰임새 벌레 물린 데에 바른다.

2004.09 경기 고양

줄기는 10~30cm이며 가지를 많이 친다.
줄기와 잎에 가는 털이 있고 뿌리를 땅속 깊이
내린다. 잎은 긴 잎자루에 어긋나게 달리는데
세 갈래로 갈라진다.

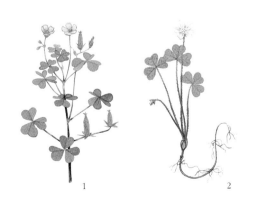

1

2

1. 선괭이밥 *Oxalis stricta*
2. 애기괭이밥 *Oxalis acetosella*

목화

Gossypium hirsutum

    목화는 열매에 솜털이 있다. 이것으로 솜이불을 만들고, 실을 짜서 무명천을 짰다. 삼베와 더불어서 천을 짜는 데에 가장 널리 쓰인 식물이다. 예전에는 집집마다 목화밭을 가꾸어서 필요한 실을 잣고, 천을 짜서 옷을 해 입었다. 솜이불도 만들었다. 목화를 가꾸는 것부터 옷을 해 입는 것까지, 한 집안에서 모든 일을 해낼 줄 알았다.

    목화는 물이 잘 빠지는 땅을 좋아한다. 거름은 많이 필요하지 않아서, 땅이 조금 박한 곳에서도 잘 자라는 편이다. 봄에 씨를 뿌린다. 목화씨는 껍질이 아주 딱딱하고, 기름기가 있다. 그래서 물에 불렸다가 씨를 뿌린다. 예전에는 물에 적신 씨를 재와 섞어서 심거나, 오줌에 하룻밤 담갔다가 심기도 했다. 초여름이 되어서 보리를 거둔 밭에 심을 때는 미리 모종을 내었다가 옮겨 심는다.

    꽃이 지고 나서 솜이 터지기 전 열매를 다래라고 하는데, 맛이 달달해서 아이들이 하나씩 따 먹을 때가 많았다. 목홧대는 땔감으로 쓰거나, 종이를 만들기도 했다.

    솜을 거둘 때는 다래가 벌어진 것부터 하나씩 딴다. 서리가 내리기 전까지 딴 솜이 질이 좋다. 서리가 내리고 나면 목화가 말라 죽으면서 다래가 벌어진다. 이 솜은 그리 좋지 않다. 거둔 솜에서 씨를 따로 빼낸 다음 솜뭉치를 얻는다. 이 솜에서 물레를 써서 실을 잣고, 베틀로 무명천을 짰다. 솜뭉치는 뭉쳐서 이불솜이나 옷솜으로 쓴다.

    씨는 따로 모아서 기름을 짠다. 면화유, 면실유라고 하는 것이 목화씨 기름이다. 목화는 전세계에서 많이 재배한다. 요즘은 콩이나 옥수수처럼 목화도 유전자를 조작한 품종을 재배하는 나라가 많다. 그래서 좋은 기름으로 대접받는 면실유라고 해도, 유전자조작(GMO) 식품일 가능성이 있다.

✿ 한해살이풀
🛈 1m쯤
✿ 7~9월

다른 이름 미영, 면화, 초면, 미면, 명, 멘네, 메나

나는 곳 집 둘레, 밭

특징 열매에 솜뭉치가 달린다.

쓰임새 실을 잣아서 무명천을 짠다. 솜이불을 만든다. 씨에서 기름을 짠다.

씨

2012.10 경기 양주

어른 허리높이까지 자란다. 줄기가 곧게 자라
올라온 다음 가지를 친다. 뿌리도 곧게 뻗는다.
잎은 어긋나고 손바닥 모양으로 넓게 갈라진다.
꽃이 핀 다음 열매가 익으면 저절로 벌어진다.
솜털 사이에 씨가 있다.

마름

Trapa japonica

마름 생김새를 두고 마름모꼴이라는 말이 생겼다. 냇물이나 도랑, 연못, 웅덩이, 늪, 강에서 자라는 한해살이 물풀이다. 물살이 센 곳보다는 늪이나 저수지처럼 고인 물에서 잘 자란다. 경남 창녕 우포늪과 낙동강 둘레에 있는 늪은 마름이 떼를 이루어 사는 곳으로 이름이 나 있다.

마름은 진흙 속에 뿌리를 내리며 산다. 그래서 저수지 가운데에도 물이 깊은 곳보다는 깊이가 어른 무릎 정도되는 늪이나 연못에서 잘 자란다. 아주 맑은 물에서는 살지 않는다. 영양이 많이 고이는 물에서 잘 자란다. 마름이 자라는 것을 보고 물이 아주 맑지는 않고 영양물질이 많다는 것을 알 수 있다. 겨울에 우리나라로 오는 고니나 기러기가 마름 열매를 아주 잘 먹는다. 물속에 있던 영양을 가득 담은 열매이기 때문이다.

줄기는 가늘고 긴데 물 깊이에 따라서 길이가 달라진다. 물이 깊어지면 마디 사이가 길어진다. 잎은 줄기 끝에 나는데 물 위에 뜨고 여러 쪽으로 퍼진다. 잎자루에 뭉툭하게 부풀어오른 공기주머니가 있어서 잎이 물 위로 잘 뜬다. 한여름에 꽃대가 올라와서 흰색 꽃이나 붉은빛이 도는 꽃이 핀다. 꽃이 지면 납작한 열매가 맺히는데 거꾸로 된 세모꼴로 생겼고 양쪽에 가시 같은 뿔이 두 개 있다. 마름이 많이 사는 곳에 들어갈 때는 열매에 찔리지 않게 조심해야 한다.

가을이 되면 열매가 물속으로 떨어져 진흙에 묻힌다. 이듬해 봄이 오면 싹이 트고 줄기가 나오면서 퍼진다. 가을에 검은 껍질을 깨면 하얀 속살이 나온다. 이것을 '말밤' 또는 '말밥'이라고 한다. 쪄서 먹거나 날로 먹는데 고소한 맛이 난다. 옛날에는 밤 대신 마름 열매를 제사상에 올렸다고도 한다. 하지만 열매를 많이 먹으면 배탈이 날 수도 있다.

붕어마름이나 매화마름이나 이름에 마름이 붙기는 하지만 마름과는 아주 다른 물풀이다. 물속에 가라앉은 채로 산다. 물속에 산소를 공급한다. 물속에서 꽃이 피어서 꽃가루받이도 물속에서 이루어진다.

✱ 한해살이풀
✼ 7~8월

다른 이름 릉, 릉각, 릉화, 새발마름
나는 곳 냇물, 도랑, 연못, 늪, 강
특징 잎이 마름모꼴이다.
쓰임새 열매 속살을 쪄서 먹거나 날로 먹는다.

마름열매

2005.09 경기 광명

잎은 길이가 2~5cm이고 너비는 3~8cm쯤이다.
잎 가에 잔 톱니가 있다. 흰 꽃이 피는데 꽃잎은
네 장이다. 열매는 아주 딱딱하다.

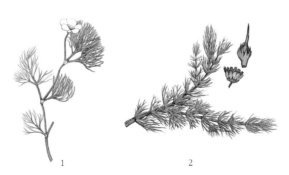

1. 매화마름 *Ranunculus trichophyllus*
2. 붕어마름 *Ceratophyllum demersum*

1   2

달맞이꽃

Oenothera biennis

달맞이꽃은 밤에 꽃이 핀다. 낮에는 꽃잎을 곱게 접고 있다가 밤이 되면 달을 맞이하듯이 활짝 피어난다고 이름이 '달맞이꽃'이다. 밤이 깊어 갈수록 향기를 내뿜으며 밤을 밝힌다고 '야래향'이나 '월하향'이라고도 한다. 구름이 많이 끼거나 안개가 짙어 어두운 날에는 낮에 꽃이 피기도 한다.

달맞이꽃은 길가, 냇가나 산에서 자주 볼 수 있는 두해살이풀이다. 어디서나 잘 자라고 금방 무리를 이룬다. 겨울을 나는 두해살이풀인데 여름이나 가을에 싹이 터서 땅에 바짝 붙어 겨울을 보낸다. 이듬해 봄에 줄기가 곧게 올라오고 잎이 어긋나게 달린다. 잎은 둥글고 길쭉하게 생겼다. 봄에 새순이 나올 때 나물로 먹으면 맛이 좋다.

꽃은 6~9월 사이에 피는데, 잎겨드랑이에서 꽃대가 올라오고 끝에 샛노란 꽃이 핀다. 시원한 밤 바람에 꽃가루받이를 하고 열매를 맺는다. 꽃을 따서 차를 끓여 마시기도 하고, 날로 양념을 해서 먹거나 튀겨 먹기도 한다.

열매 속에는 씨앗이 많이 들어 있는데, 이 씨앗으로 기름을 짜서 먹기도 하고 약으로도 쓴다. 요즘은 아토피나 갱년기, 비만에 효과가 있다고 해서 아주 귀한 약으로 대접받고 있다.

한방에서는 달맞이꽃 씨앗을 '월견자'라고 하여 약재로 써 왔다. 여드름이나 습진 같은 피부병에도 좋고 혈압이 높거나 당뇨병이 있는 사람에게도 약효가 있다. 외국에서는 달맞이꽃을 통째로 물에 달여서 피부염이나 종기에 썼다. 기침이 나거나 통증을 낫게 할 때에 달여 먹기도 했다.

❋ 두해살이풀 **다른 이름** 월견초, 야래향, 월하향, 해방초

❶ 2m쯤 **나는 곳** 길가, 냇가, 산기슭

❋ 6~9월 **특징** 꽃이 밤에 핀다.

쓰임새 어린순을 나물로 먹는다. 씨에서 기름을 짜서 먹고 약으로 쓴다. 꽃을 따서 차로 마신다.

2003.08 경기 고양

키는 2m쯤 자란다. 줄기는 가지를 치고 긴 털이
성글게 난다. 꽃잎은 네 장인데 가운데가 오목하게
들어가 있다. 열매는 2cm쯤으로 길쭉하게 생겼다.

달맞이꽃 어린잎

큰개불알풀

Veronica persica

큰개불알풀은 이른 봄에 꽃을 피워 가장 먼저 봄을 알린다. 밭둑에 하늘색 꽃이 무리지어 올 망졸망 핀다. 날씨가 따뜻한 남부 지방에서는 한겨울에 꽃이 피기도 한다. 반가운 소식을 알리는 까치처럼 봄 소식을 알린다고 '봄까치꽃'이라고도 한다. 어린순은 나물로 먹고 뼈가 부러지거나 어긋났을 때 약으로 쓴다.

큰개불알풀은 물기가 많고 기름진 땅을 좋아하는 두해살이풀이다. 밭, 길가, 논둑, 과수원, 산 기슭에서 자란다. 줄기는 밑에서 가지를 많이 내는데 옆으로 뻗다가 위로 비스듬히 자라고, 끝이 곧게 선다. 줄기 아래쪽에는 잎이 마주나고, 위쪽은 어긋난다. 잎은 손톱만 하고 가장자리에 톱니 가 서너 쌍 있다. 줄기와 잎에 작고 부드러운 털이 많다. 꽃은 3~6월에 피는데 잎겨드랑이에서 꽃 자루가 한 개씩 나오고 끝에 달린다. 통꽃인데 꽃잎이 네 개로 깊게 갈라진다. 씨앗은 물에 뜨거 나 바람에 날려서 널리 퍼진다. 씨앗은 납작한 열매 껍질 안쪽에 단단히 붙어 있다가 바람에 날 려 아주 멀리까지 흩어진다.

큰개불알풀은 본디 유럽에서 사는 풀이다. 우리나라에서는 1940년에 전라남도에서 처음으로 발견했다. 개불알풀 무리에서 개불알풀을 빼고 큰개불알풀, 눈개불알풀, 선개불알풀 모두 귀화 식물이다.

개불알풀 무리는 한해살이인데, 남쪽 지방에서는 겨울을 넘겨 살아간다. 바람을 막아 주고 볕 이 잘 드는 자리가 있으면 한겨울에도 꽃이 핀다. 농약에 예민해서 농약을 많이 치는 밭 가까이 에는 살지 않는다.

✿ 두해살이풀

ⓘ 10~25cm

✿ 6~8월

다른 이름 봄까치꽃, 지금초, 큰지금

나는 곳 밭, 길가, 산기슭

특징 추위에 잘 버텨서 남쪽 지방에서는
한겨울에 꽃이 피기도 한다.

쓰임새 어린순을 나물로 먹고 약으로도 쓴다.

2005.03 경기 고양

키는 10~25cm이다. 줄기가 없다. 잎이 뿌리에
모여나고 잎자루가 길다. 꽃은 하얀색이고 열매는
뺨처럼 생겼다. 열매 하나에는 까만 씨앗이 6~8개
들어 있다.

개불알풀 *Veronica polita*

질경이

Plantago asiatica

질경이는 길에 많이 난다고 '길경이'라고 한다. 이 이름이 바뀌어서 질경이가 되었다. 찻길에 사는 풀이라고 한자말로 '차전초'라고도 한다. 사람들 발이나 수레바퀴에 밟혀도 끄떡없이 자란다. 잎이 잘리거나 뭉개져도 새잎이 곧 나온다. 들길이나 산길, 집 둘레, 논둑이나 밭둑에 흔한 여러해살이풀인데 다른 풀이 자라기 어려운 메마르고 단단한 땅에서 잘 자란다. 밟고 누르고 하는 것은 잘 버티지만 도시에서 나오는 매연이나 산업폐기물에는 약하다. 그래서 큰 도시에서는 보기 어렵다.

봄에 어린잎을 뜯어서 나물로 먹는데 된장국에 넣으면 맛이 좋다. 상추처럼 쌈을 싸 먹기도 하고 튀겨 먹기도 하고 김치를 담가 먹기도 한다. 씨앗 말린 것은 '차전자'라고 하는데 가래를 삭이고 변비를 치료하는 약으로 쓴다.

질경이는 잎이 뿌리에서 바로 나와서 옆으로 퍼진다. 잎이 누워 땅에 바짝 붙기도 한다. 잎은 둥그스름한데, 잎맥이 세로로 여러 개가 두드러지게 나 있다. 6~8월에 뿌리에서 꽃대가 올라오고 끝에 길쭉하고 하얀 꽃이 이삭이 달린다. 씨앗은 습기를 먹으면 끈적거리는 성질이 있어서 사람이나 짐승 발, 수레바퀴에 묻어 멀리 퍼진다.

질경이 꽃대는 뽑아서 '질경이 싸움'이라는 놀이를 한다. 질경이 싸움은 둘이서 하는데 꽃대를 잇대어 걸고 양쪽 끝을 두손으로 붙잡고 서로 잡아당긴다. 꽃대가 먼저 끊어진 쪽이 지고, 버티는 쪽이 이긴다. 꽃대가 굵다고 질긴 것도 아니고 작고 얇다고 무른 게 아니어서 꽃대를 잘 찾으면 질경이 싸움에서 여러 번 이길 수 있다. 또 아이들은 질경이를 뿌리째 뽑아서 제기처럼 차고 놀기도 한다.

털질경이는 질경이와 아주 비슷해서 서로 어떤 풀인지 쉽게 가려내기 어렵다. 다만 온몸에 억센 털이 많다. 북녘에서는 질경이보다 털질경이가 더 흔하다고 한다. 창질경이는 질경이처럼 흔하지는 않다. 잎이 수북하게 나고 창처럼 길고 뾰족한 모양이다.

❀ 여러해살이풀
❶ 10~25cm
❀ 6~8월

다른 이름 길경이, 빼뿌쟁이, 차전초, 길짱구, 부이
나는 곳 길, 집 둘레, 밭둑, 메마르고 단단한 땅
특징 발에 밟혀도 끄떡없이 잘 자란다.
쓰임새 나물로 먹고 약으로도 쓴다.

2004.06 서울 마포

키는 10~25cm이다. 줄기가 없다. 잎이 뿌리에
모여나고 잎자루가 길다. 꽃은 하얀색이고
열매는 뿔처럼 생겼다. 열매 하나에는 까만 씨앗이
6~8개 들어 있다.

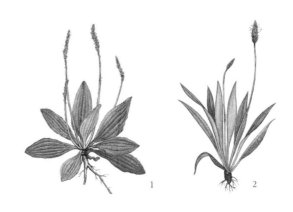

1
2

1. 털질경이 *Plantago depressa*
2. 창질경이 *Plantago lanceolata*

개망초

Erigeron annuus

개망초는 풀밭이나 빈 땅, 길가에서 자라는 두해살이풀이다. 어떤 땅이든 가리지 않고 잘 자라서 우리나라 어디에서나 흔히 볼 수 있다. 다른 나라에서 들어 온 귀화식물 가운데 가장 흔히 볼 수 있다. 한 번 자리를 잡으면 둘레에 금방 퍼져 빨리 무리를 짓는다. 개망초 꽃이 무리지어 피면 들판이 하얗게 된다.

개망초는 가을에 싹이 나서 겨울을 보내고 이듬해 봄에 쑥쑥 자란다. 겨울을 보내는 뿌리잎은 잎자루가 길고 달걀꼴이다. 봄이 되면 줄기가 곧게 자라는데 가지를 많이 친다. 줄기와 잎에 잔털이 많이 나 있다. 줄기가 잘리면 바로 밑에서 새 줄기가 나온다. 줄기잎은 어긋나고 끝이 뾰족하다. 5~10월에 줄기 끝에 가운데가 노랗고 둘레가 하얀 작은 꽃이 달린다. 꽃이 달걀처럼 생겼는데 흰자에 노른자를 얹어 놓은 것처럼 보인다고 '계란꽃'이라고도 한다.

개망초는 본디 북아메리카가 고향인 식물인데 일제 강점기 즈음에 우리나라에 들어왔다. 나라가 망한 뒤에 나기 시작한 풀이라고 '개망초'라는 이름이 붙었다. 어린잎은 나물로 먹고, 약으로도 쓰는데 오줌이 잘 나오지 않을 때 먹으면 좋다.

망초도 개망초를 들여 올 무렵에 함께 들어왔다. '망'은 우거진다는 뜻이다. 묵은 밭에 가면 망초와 개망초가 우거진 것을 볼 수 있다. 개망초는 어느 정도 오염된 도시에서도 살지만, 망초는 그렇지 못하다.

실망초와 큰망초도 닮았다. 망초는 북아메리카에서 온 것이고 이 두 종은 남아메리카에서 온 것이다. 지구온난화와 더불어 우리나라 어디에서든 보기 쉬워졌다. 특히 실망초는 개망초 만큼이나 오염된 도시에서도 잘 버티고 살아간다.

❋ 두해살이풀
❶ 20~130cm
❋ 5~10월

다른 이름 개망풀, 망국초, 왜풀, 버들개망초, 계란꽃

나는 곳 풀밭, 묵은 밭, 길가

특징 다른 나라에서 온 귀화식물 가운데 가장 흔한 편이다.

쓰임새 어린순을 나물로 먹는다. 약으로도 쓴다.

개망초 어린잎

2004.07 서울 구로

키는 20~130cm이다. 줄기는 곧게 자라고 가지를
많이 친다. 잎은 길이가 15cm쯤이고 가장자리에
뾰족한 톱니가 있다. 잎자루에 날개가 있다

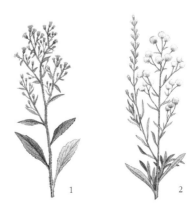

1

2

1. 망초 *Conyza canadensis*

2. 실망초 *Conyza bonariensis*

곰취

Ligularia fischeri

곰취는 깊은 산속 나무 아래에서 자라는 여러해살이풀이다. 잎이 곰 발바닥을 닮았다고 '곰취'라는 이름이 붙었는데, 곰이 사는 깊은 산에 많이 나서 그렇게 이른다고도 한다. 햇볕이 쨍하게 내리쬐는 곳보다 조금 그늘지고 땅이 촉촉한 곳을 좋아한다. 더운 곳에서는 잘 못 자라고 바람이 잘 통하는 높은 산에 흔하다. 우리나라 높은 산 어디에나 자라지만 강원도에서 많이 난다.

곰취는 키가 2m까지 자라고 줄기는 곧게 뻗는다. 줄기에는 거미줄 같은 하얀 털이 나 있다. 뿌리에서 난 잎은 심장 모양으로 아주 넓고 가장자리에 톱니가 있다. 줄기에는 잎이 세 장쯤 달리는데 뿌리에서 난 잎보다 작고 잎자루도 짧다. 7~9월에 줄기 끝에 노란 꽃이 모여서 핀다.

곰취는 참취나 미역취와 더불어 우리 겨레가 즐겨 먹는 산나물이다. 취 가운데 가장 흔히 먹는 것은 참취이다. 곰취 어린잎은 맛도 있지만 칼슘과 비타민이 많이 들어 있어 몸에도 좋다. 상추처럼 날로 쌈을 싸 먹고, 잎이 거세지면 데쳐서 나물로 무쳐 먹는다. 곰취 잎은 삶아도 향이 그대로 남아 있다. 깻잎처럼 포개 놓고 간장에 절여 장아찌를 담가 먹기도 한다. 초여름에 딴 잎을 말려 두었다가 겨우내 묵나물로 먹어도 맛있다. 떡을 해 먹기도 하는데 쑥떡보다 빛깔이 더 푸르다. 뿌리는 기침이 많이 날 때나 숨이 찰 때 약으로 쓴다.

취 무리는 거의 모두 맛이 좋다. 가장 흔히 먹는 참취를 '취나물'이라고 하기도 한다. 단풍취는 괴발딱지라고도 하는데 어릴 때 나물로 먹는다. 미역취는 울릉도에서 많이 기른다. 나물로도 맛이 좋다. 작고 노란꽃이 다닥다닥 붙어 있다. 개미취는 나물로 먹으려고 재배하기도 한다. 관상용으로도 심는다.

✽ 여러해살이풀

🛈 1~2m

✽ 7~9월

다른 이름 왕곰취, 곰달래, 마제엽, 웅소

나는 곳 깊은 산

특징 깊은 산에서만 자라는데 독특한 향이 있다.

쓰임새 쌈을 싸 먹거나, 나물로 무쳐 먹는다.
장아찌도 담가 먹는다. 묵나물도 만든다.

2004.07 강원 평창

키는 1~2m쯤이다. 뿌리에서 난 잎은 폭이
40cm쯤으로 넓고 크다. 잎자루는 60cm이다.
꽃은 노란색인데 지름이 4~5cm이다.

1. 단풍취 *Ainsliaea acerifolia*

2. 미역취 *Solidago virgaurea*

3. 개미취 *Aster tataricus*

4. 참취 *Aster scaber*

엉겅퀴

Cirsium japonicum

엉겅퀴는 낮은 산이나 들판에서 자라는 여러해살이풀이다. 양지바른 곳을 좋아하고, 모래가 섞인 땅에서 잘 자란다. 잎 가장자리에 날카로운 가시가 나 있어 '가시나물'이라고도 한다. 요즘 많이 줄어들어서 찾아보기가 어렵다.

엉겅퀴는 줄기가 곧게 자라고 온몸에 흰 털이 나 있다. 잎은 어긋나게 붙는데 깃털처럼 깊게 갈라지고 가장자리에 톱니와 함께 큰 가시가 나 있다. 잎을 잘못 만지면 가시에 찔려 피가 나거나 살갗이 긁혀서 따끔거린다. 꽃은 6~8월에 핀다. 줄기 끝과 잎겨드랑이에서 나온 꽃자루 끝에 동그랗고 짙은 자줏빛 꽃이 달린다. 꽃이 한 개처럼 보이지만 꽃송이 하나에 수많은 작은 꽃들이 다닥다닥 뭉쳐서 핀 것이다.

엉겅퀴 어린잎은 나물로 무쳐 먹거나 국을 끓여 먹는다. 나물로 먹을 때는 살짝 데쳐서 쓴맛을 우려내고 먹는다. 엉겅퀴는 피를 멎게 하는 약효가 있어서 코피같이 몸에서 피가 날 때 약으로 쓴다. 또 신경통이나 관절염에도 좋다. 허리와 무릎이 아플 때 엉겅퀴 뿌리를 캐서 짓이긴 다음 밀가루와 같이 반죽해서 붙이면 아픈 곳이 한결 시원해진다고 한다. 짐승들도 몸이 안 좋을 때에 일부러 엉겅퀴를 찾아 먹는다고 한다.

엉겅퀴 무리는 엉겅퀴만 빼고 대개 꽃이 가을에 핀다. 조뱅이는 약으로도 먹고, 통째로 삶아 먹기도 했다. 조뱅이는 메마른 땅을 좋아한다. 박한 땅에서도 잘 자라고, 날이 가물어도 잘 버틴다. 지느러미엉겅퀴는 줄기에 물고기 지느러미 같은 날개가 있다. 지칭개는 들판에 흔한 풀인데, 언뜻 보면 엉겅퀴와 헷갈리기 쉽다. 마른 땅에서는 잘 자라지 않고, 겨울을 로제트로 넘기는 한해살이풀이다. 엉겅퀴처럼 약효가 있지는 않다.

고려엉겅퀴는 흔히 곤드레나물이라고 하는 것이다. 아주 맛이 좋다. 묵나물로 저장해 두고서는 곤드레밥을 해 먹는다. 꽃이 엉겅퀴를 닮았다고 고려엉겅퀴라는 이름이 붙었지만 엉겅퀴하고는 아주 다른 풀이다.

❋ 여러해살이풀

🔄 50~100cm

❋ 6~8월

다른 이름 가시나물, 엉거시, 항가시

나는 곳 낮은 산, 볕이 좋은 들판

특징 잎에 날카로운 가시가 나 있다.

쓰임새 어린순을 나물로 먹는다.
약으로도 쓴다.

2003.09 강원 인제

키가 50~100cm쯤으로 큰 풀이다. 잎은 길이가
15~30cm이고 위로 갈수록 작아진다. 방망이처럼
생긴 꽃송이는 지름이 2~4cm이고 작은 꽃
한 개 길이는 15~20mm이다.

1. 고려엉겅퀴 *Cirsium setidens*
2. 지칭개 *Hemistepta lyrata*
3. 지느러미엉겅퀴 *Carduus crispus*
4. 조뱅이 *Breea segeta*

고들빼기

Crepidiastrum sonchifolium

고들빼기는 겨울을 나는 두해살이풀인데 들이나 밭, 길가나 빈 땅에서 자란다. 우리나라 어디에서나 흔하게 나는데 너무 축축하거나 메마른 땅보다는 물이 잘 빠져서 물기가 알맞은 땅을 좋아한다. 고들빼기는 옛날부터 우리 겨레가 나물로 즐겨 먹던 풀이다. 이른 봄에 어린싹을 캐서 데친 뒤에 간장이나 고추장에 버무려 나물로 먹는다.

고들빼기는 가을에 싹이 터서 땅바닥에 잎을 납작하게 펼친 채로 붙어서 겨울을 난다. 이듬해 봄이 되면 줄기가 올라오고 여름부터 가을까지 꽃이 핀다. 줄기는 곧게 자라고 가지를 많이 친다. 뿌리에서 나온 잎은 잎자루가 없고 길쭉한데 가장자리가 빗살처럼 갈라진다. 줄기에 달리는 잎은 어긋나고 가장자리에 나온 톱니가 뾰족뾰족하다. 꽃은 5~9월에 피는데 옅은 노란색이다. 열매는 익으면 까맣게 되는데 끝에 하얀 털이 달린다. 밭에서 기를 때는 씨를 모래나 흙에 섞어서 뿌려준다. 따로 흙을 덮지 않는다. 축축한 땅에서 싹이 잘 나기 때문에, 씨를 뿌린 다음 부직포 같은 것으로 덮어 주기도 한다. 흙이 거름지면 잘 자란다.

고들빼기로는 가을에 김치를 담가 먹는다. 뿌리까지 통째로 소금물에 이틀쯤 담가서 쓴맛을 우려낸 뒤에 김치를 담근다. 뿌리째 캐어다 종기를 없애거나 열을 내리는 약으로 쓰기도 한다. 요즘에는 사람들이 많이 찾아서 일부러 밭에 기르기도 한다.

씀바귀나 선씀바귀도 고들빼기처럼 봄에 나온 어린잎을 뿌리째 캐어 나물로 먹는다. 산기슭이나 풀밭, 길가에 흔히 자란다. 맛이 쌉싸름해서 이런 이름이 붙었다. 나물로 먹을 때에도 고들빼기처럼 쓴맛을 우려낸 뒤에 먹는다. 데쳐서 무쳐 먹기도 하고, 김치를 담그거나 장아찌를 담그기도 한다. 씀바귀나 선씀바귀 모두 뿌리째 약으로 쓴다. 열을 내리고 피를 맑게 한다.

✿ 두해살이풀
❶ 20~80cm
✿ 4~9월

다른 이름 씬나물, 참꼬들빽이, 쓴나물, 황화채

나는 곳 밭, 길가, 들판

특징 뿌리가 굵게 자란다. 뿌리까지 먹는다.

쓰임새 어릴 때 나물로 먹는다. 김치도 담근다.
약으로도 쓴다.

2004.05 서울 마포

키는 20~80cm이다. 줄기는 곧게 자라고 가지를 많이
치는데 붉은빛이 돈다. 온몸은 털이 없이 미끈하다.
꽃자루는 길이가 5~9mm이고 가지 끝에 꽃이 달린다.

고들빼기 어린잎

1. 왕고들빼기 *Lactuca indica* var. *laciniata*

2. 이고들빼기 *Crepidiastrum denticulatum*

3. 씀바귀 *Ixeridium dentatum*

4. 선씀바귀 *Ixeris chinensis*

약초

5_1 우리 땅에서 나는 약초

약초는 여러 가지 풀 가운데 병을 고치는 힘이 도드라진 풀이다. 흔히 사람들은 깊은 산속을 평생 헤매야 겨우 한두 뿌리 얻을 수 있는 산삼처럼, 약초는 드물고 귀할 거라고만 생각한다. 하지만 풀이 모두 저마다 다른 성질이 있듯이 약으로 쓰일 만한 풀은 가까이에 아주 많다. 예전에는 따로 약을 구하기 어려워서, 가까이에 나는 풀들이 어떤 약효가 있는지 잘 알고 있었다. 지금은 우리가 그냥 잡초라고 지나치거나 쑥쑥 뽑아버리는 풀 가운데 예전부터 약초로 써 온 풀이 아주 많다. 한약방에 가면 죄다 어려운 한자말로 약재 이름을 써 놓아서 이렇게 흔히 보는 풀들이 약초가 된다는 사실을 알기 어렵다. 길가나 빈터나 산기슭에서 자라는 민들레, 애기똥풀, 쑥, 제비꽃, 할미꽃, 엉겅퀴 같은 풀들이 죄다 약초이다. 마당에서 부러 가꿨던 나팔꽃, 수세미오이, 봉선화도 약초로 쓰기에 좋은 것을 집안에 심어 두었다. 산에서 자라는 감국, 원추리, 개미취, 짚신나물도 약초로 쓰고 물가나 물에서 자라는 갈대, 가시연, 석창포 같은 풀도 약초이다.

예전에는 마당에 꽃밭을 가꾸거나, 마을 어귀에 풀이나 나무를 심어 가꿀 때, 그저 보기 좋은 것만 고르는 것이 아니라 저마다 쓰임새가 있는 풀과 나무를 골라 심었다. 마당에 심어 가꾸는 풀은 그래서 거의 약으로 쓰거나 먹을거리로 쓰이는 풀이 많다. 지금은 그런 쓰임새가 거의 잊혀졌다.

우리는 몸에 병이 났을 때 약을 먹는다. 병이란 '몸에 탈이 나서 몸을 제대로 못 움직이거나 아프고 괴로운 현상'이다. 병은 바이러스나 세균, 벌레 따위가 몸에 들어와 걸리기도 하고, 몸속에 나쁜 것들이 쌓여 앓기도 하고, 부모님에게서 물려받아 생기기도 한다. '병에는 장사 없다', '병 만나기 쉬워도 병 고치기 힘들다'는 속담이 있을 만큼 병이 들면 자기 몸도 힘들고 돌봐 주는 사람도 힘들다. 흔히 가난과 질병이야말로 요즘 사람들을 가장 힘들게 하는 것이라고 한다. 어렵지 않게 구할 수 있는 약초를 잘 알고 있으면 병을 물리치는 데에도 도움이 된다. 병이 여러 가지 있는 것만큼 병을 고치는 약도 여러 가지가 있다. 병에 알맞게 약을 쓰면 병을 잘 다스리고 낫게 할 수 있다. 우리나라 사람들은 수천 년 오랜 세월 동안 우리 땅에서 나는 여러 가지 약초로 여러 가지 병을 다스려 왔다.

들이나 집 둘레에서 나는 약초 민들레, 쑥, 나팔꽃, 수세미오이

물가에서 나는 약초 갈대, 석창포

밭에서 많이 기르는 약초 인삼, 도라지

깊은 산에서 자라는 약초 반하, 족도리풀, 박하

몸에 병이 나면 우선은 몸을 잘 살펴야 한다. 병만 고친다고 달려들어서는 금세 다시 병이 걸리기 쉽다. 병은 몸이 더 망가지지 않도록 몸이 보내는 신호라고 생각할 수 있다. 그렇게 무엇 때문에 병이 생겼는지 스스로 사는 모양새를 잘 살피고, 병을 고쳐야 한다. 몸이 아파지는 것은 대개, 제대로 된 음식을 잘 먹지 않고, 나쁜 음식만 아무렇게나 먹어서 생기거나, 몸을 움직이고 놀리는 것이 너무 적거나 잘못 쓸 때 생기거나, 마음에 큰 짐이 있을 때 생긴다. 병을 고치는 것도 살아가는 것을 모두 돌봐야만 고칠 수 있다. 병이 생기기까지 어느 쪽으로든 잘못된 것이 차곡차곡 쌓여 있거나, 사고를 당한 것이므로 병을 고칠 때는 아주 큰 공력을 들여서 병에 맞서는 게 좋다. 그렇게 병이 시작되면 약초의 힘을 빌려서 스스로 몸을 돌보는 데에 큰 도움을 얻을 수 있다.

약초에 따라서 여러 병에 두루 쓰이는 풀도 있고, 한 가지 병에 특별한 힘을 쓰는 풀도 있다. 또 병만 고치려 하지 않고 몸 전체가 병을 이길 수 있도록 기운을 북돋워 주기도 한다. 한 가지 성분만 뽑아서 만든 약보다 부작용이 덜 하고, 금방 병이 낫기보다 꾸준히 먹어야 낫는다. 약국에서 파는 약은 병이 난 곳만 재빨리 고치는 약이라면, 약초는 몸 전체가 병을 이길 수 있도록 해 주는 약이라고 보면 된다.

사람들은 수천 년 동안 이러저러한 약초를 먹고 바르고 해서 몸과 병을 다스려 왔다. 몇 가지 성분을 따로 골라내서 만드는 요즘 약들도 이런 경험에 바탕을 두고 약을 만든다. 그렇게 오랫동안 쌓은 경험과 효과를 정리해 놓은 학문을 한자말로 '본초학'이라고 한다. 약은 잘못 쓰면 독이 된다. '병은 사람을 못 잡아도 약은 사람을 잡는다'는 속담이 있을 정도로 조심해서 써야 한다. 그래서 약초는 꼭 필요한 곳에 알맞게 써야 한다. 올바르게 쓰려면 어떤 사람이 아픈지, 어디가 어떻게 아픈지, 어떻게 살다가 병이 났는지 따위를 잘 헤아려 봐야 한다. 또 약과 함께 먹지 말아야 할 것과 먹으면 안 되는 사람도 가려야 한다. 더구나 독이 아주 센 풀들은 함부로 먹으면 안 된다.

기침감기에 좋은 약초 도라지

뼈마디가 아플 때 쓰는 약초 진득찰, 쇠무릎

기생충을 없애는 약초 목향, 담배풀

5_2 약초 캐기와 약으로 만들기

약초를 캐려면 어디서 자라는지, 어느 때에 캐는지, 어디를 쓰는지 알아야 한다. 약초는 풀이기 때문에 한 해 동안 싹이 돋아 자라고 꽃이 피고 열매를 맺고 시든다. 그러니 약으로 쓰는 부위가 어디냐에 따라 때에 맞춰 거두는 것이 중요하다. 그래야 약효를 제대로 볼 수 있다. 옛사람들은 《향약채취월령》이라는 책을 펴내서 약초마다 캐는 때가 언제인지 자세하게 적어 놓았다.

뿌리나 뿌리줄기나 덩이줄기 따위를 약으로 쓰는 약초는 봄이나 가을에 캔다. 싹이 안 돋거나 풀이 시들 면 뿌리에 영양분이 많이 들어 있기 때문이다. 그래서 이른 봄이나 늦은 가을에 거둘수록 좋다. 그런데 이때 는 어떤 약초인지 구별할 꽃이나 잎이 없어서 찾기가 쉽지 않다.

잎, 줄기, 꽃, 뿌리 모두를 포기째 약으로 쓸 때는 꽃이 활짝 피기 전에 거두는 것이 좋다. 꽃이 활짝 피려 면 아무래도 힘을 써야 하기 때문에 그 전에 거두는 것이 좋다. 뿌리까지 뽑아서 쓰기도 하지만 주로 풀을 베 어 쓴다.

잎을 쓰는 약초는 꽃이 필 때쯤에 거둔다. 이때가 가장 풀이 기운차고 영양분이 많을 때이기 때문이다. 꽃을 쓰는 약초는 꽃이 필 때, 열매나 씨를 쓰는 약초는 열매가 여물 때 거두면 된다.

약초는 해마다 캐서 쓸 수 있는 것도 있지만 몇 해가 지나야 약이 되는 풀도 있다. 당귀는 2~3년, 도라지 는 4~5년, 산작약은 15년은 되어야 약으로 쓸 수 있다. 그러니 무작정 캐기만 해서는 안 된다. 싹쓸이해서 캐 면 그때는 좋겠지만 다음에는 더 이상 캘 수 없게 된다. 어린 것은 캐지 말고, 번식할 수 있는 약초는 남겨 놓 아야 한다. 씨로 퍼지는 약초는 씨를 부근에 심어 놓고, 뿌리줄기로 퍼지는 약초는 뿌리줄기 일부를 심어 놓 아야 한다. 잎이나 꽃이나 열매를 거둘 때는 식물이 자라는 데 큰 무리가 없도록 해야 한다. 풀 전체를 쓸 때 는 약초가 나는 곳 여기저기를 돌아가면서 거두어야 해마다 거둘 수 있다.

약초를 거두면 약으로 쓸 수 있게 만들어야 한다. 함부로 다루었다가는 힘들게 거둔 약초가 쓸모없어져 버린다. 약초를 거두면 먼저 약으로 쓸 수 있는 곳을 잘 골라낸다. 썩거나 무르거나 부스러진 것을 골라낸다. 뿌리를 캐면 깨끗하게 잘 씻고 잔뿌리나 꼭지처럼 쓸모없는 곳은 다듬어 버린다. 풀 전체나 꽃이나 열매나 씨 에는 흙과 다른 잡티가 섞이지 않도록 잘 골라낸다. 그리고 거둔 약초는 햇볕이나 그늘이나 때로는 불을 때 서 잘 말려야 한다. 그래야 약재가 썩거나 변질되지 않고, 약효를 그대로 지니게 된다. 또 곰팡이가 피거나 벌 레가 꾀지 않도록 잘 갈무리해 둔다. 약재를 만들려면 약초에 들어 있는 약효 성분을 그대로 지니도록 저마 다 약초에 알맞은 방법을 써야 한다.

이렇게 만든 약재는 약효를 더 높이거나 독을 빼내거나 약효를 다르게 만들기 위해 여러 가지 방법을 써서 다시 만든다. 한자말로 '포제'라고 한다. 포제하는 방법은 손쉬운 것부터 복잡한 것까지 있다. 손쉽게는 불순물을 없애거나, 약재를 자르고 짓찧어 쓰기 좋게 하거나, 물이나 쌀뜨물이나 술에 담그는 방법이 있다. 조금 더 복잡하게는 약재를 볶거나 달구거나 굽거나 찌거나 삶는 방법이 있다. 이때는 술, 소금물, 꿀, 쌀뜨물, 생강즙, 참기름 같은 도움 재료를 써서 원하는 약효를 낼 수 있도록 한다.

옛날에는 집집마다 약을 달이는 탕기가 하나씩 있어서 식구가 아플 때 집에서 약을 달여 먹곤 했다. 이렇게 약재는 흔히 달여 먹는다. 약재에 알맞게 물을 붓고 잔잔한 불로 느긋하게 달이면 온 집 안이 약초 달이는 냄새로 가득 찬다. 약재에 따라 오래 달이기도 하고 재빨리 달이기도 한다. 달일 때는 센 불보다 약한 불로 뭉근하니 달여야 약 성분이 잘 우러나 약효가 좋다. 보통 약재는 30~40분 끓이고, 보약은 1~2시간, 특이한 향이 있는 약은 20~25분쯤 끓인다. 그리고 달인 물을 약재와 함께 약수건에 쏟아 꼭 비틀어 짠다. 한 번 끓여 낸 약 찌꺼기에는 아직 약효 성분이 많이 남아 있기 때문에 말렸다가 다시 한 번 달이는데, 이를 '재탕'이라고 한다. 먼저 달인 약과 나중에 달인 약을 섞어서 먹는다.

약재를 달여 먹기도 하지만 가루를 내거나 가루를 둥근 알약으로 만들어 먹기도 한다. 또 짓찧어서 붙이기도 하고 찐득찐득한 고약을 만들어 붙이기도 한다. 술에 담가 약술을 만들어 먹기도 하고 뜸을 뜨기도 한다. 달인 물과 가루와 알약은 몸에서 빨아들이는 시간이 다르기 때문에 약 성질이나 몸 상태에 따라 가려 먹는다. 달인 물은 흡수가 빠르고 알약은 흡수가 느리다. 또 살갗에 난 상처에는 약초를 짓찧어 바르거나 고약을 만들어 붙이다. 달인 물로 상처 난 곳이나 아픈 곳을 씻기도 한다.

대부분 약은 하루 세 번 밥 먹은 뒤에 먹는다. 하지만 보약은 밥 먹기 전에 먹고, 구충약이나 설사약은 아침 빈속에 먹는 것이 좋다. 병이 위급할 때는 시간 따지지 않고 아무 때나 먹을 수 있다.

약으로 먹을 때는 나이나 체질에 따라 알맞은 양을 알맞은 때에 먹어야 한다. 같은 약이라도 받아들이는 사람에 따라 다른 반응을 보이기도 하기 때문에, 약을 잘 아는 사람의 도움을 받는 것이 좋다. 또 약과 함께 먹으면 안 되는 음식은 삼가고, 아기를 가진 엄마는 더더욱 조심해서 약을 먹어야 한다.

작두　　　　약연　　　　약탕기　　　약 짜는 기구　　　약장

참나리

Lilium lancifolium

참나리는 볕이 잘 드는 산기슭이나 들판에서 크는 여러해살이풀이다. 나리 가운데 으뜸이라고 이런 이름이 붙었다. 크기도 아주 큰 편이다. 사람이 가기 어려운 절벽 위나 계곡 바위 틈에서도 많이 보인다. 돌산에 많다. 산에서 핀다고 '산나리', 꽃에 난 까만 점 때문에 '호랑나리'라고도 한다. 참나리는 나물로도 먹거나 비늘줄기를 먹는다. 약으로도 쓴다. 꽃도 보기 좋아서 일부러 심어 길렀다. 나리 가운데 들과 산에서 저절로 자라고 크게 쓸모가 없는 다른 나리꽃을 흔히 개나리라고 했다. 지금은 봄에 노란 꽃이 피는 개나리 나무를 개나리라고 하지만 이 이름은 일제강점기부터 사용되었다는 기록이 있다.

참나리는 탁구공만 하고 통마늘처럼 생긴 비늘줄기가 있다. 비늘줄기는 얇은 비늘이 겹겹이 뭉쳐 있는데 양파 껍질처럼 벗겨진다. 비늘줄기 머리에도 잔뿌리가 잔뜩 나고 밑동에서도 난다. 줄기는 새끼손가락만 한 굵기로 꼿꼿하게 쑥 올라와 어른 키만큼 크다. 가지를 치지 않고 자란다. 줄기에는 검은 자줏빛 점이 잔뜩 나 있고, 잎은 대나무 잎처럼 길쭉하고 끝이 뾰족하다. 사방여기저기를 향해 다닥다닥 어긋난다. 까만 콩알 같은 열매를 손끝으로 툭 건드리면 힘없이 굴러 떨어지는데, 땅에 떨어져서 나중에 싹이 난다. 여름 무더위가 시작될 때 줄기와 가지 끝에서 큼지막한 주황색 꽃이 땅바닥을 보고 핀다. 꽃잎은 여섯 장이고 꽃잎 끝이 새우등처럼 둥그렇게 뒤로 말린다. 꽃잎에는 짙은 자줏빛 점이 주근깨처럼 잔뜩 나 있다. 암술과 수술대가 길게 밖으로 나온다.

참나리 비늘줄기는 가을이나 봄에 캔다. 비늘줄기를 깨끗이 씻어 끓는 물에 살짝 데치거나 뜨거운 김으로 찐 뒤 햇볕에 잘 말려서 약으로 쓴다. 신경이 쇠약해져서 잠을 못 자고 가슴이 두근거리며 불안할 때 먹으면 좋다. 폐결핵이나 마른기침이 자꾸 날 때나 근육통, 신경통에도 쓴다. 아기를 낳은 엄마가 몸조리할 때 먹어도 좋다. 물에 넣고 달여서 먹는다.

하늘말나리, 말나리, 털중나리, 땅나리 같은 나리 종류는 모두 알뿌리라고 하는 비늘줄기가 있다. 산이나 들판에서 어렵지 않게 볼 수 있다. 비늘줄기는 거의 먹을 수 있고, 약으로도 쓴다.

✼ 여러해살이풀	**다른 이름** 산나리, 호랑나리, 나리, 알나리	
ⓘ 100~200cm	**나는 곳** 산기슭, 볕이 잘 드는 들판.	
✼ 7-8월	**특징** 비늘줄기를 약으로 쓴다.	
⏱ 9월	**쓰임새** 어린순은 나물로 먹는다. 비늘줄기는 삶거나	
🧺 가을, 봄	구워 먹거나 죽을 쑤어 먹는다.	
	약재 이름 백합	

백합

키가 2m 가까이 커서 어른 키만하게 자란다. 줄기는
가지를 치지 않고 꼿꼿하게 올라온다. 잎은 사방으로
다닥다닥 어긋난다. 잎겨드랑이에 까만 콩알 같은
열매가 달린다.

2007.07 충북 제천

1. 하늘말나리 *Lilium tsingtauense*

2. 말나리 *Lilium distichum*

3. 털중나리 *Lilium amabile*

4. 땅나리 *Lilium callosum*

맥문동

Liriope platyphylla

맥문동은 산기슭이나 숲 속 그늘에서 자라는 늘푸른여러해살이풀이다. 길가나 공원 꽃밭에도 많이 심는다. 한겨울에도 잎이 누렇게 시들지 않고 푸릇푸릇하게 겨울을 난다. 그래서 겨울에 산에 가면 눈에 쉽게 띈다. '겨우살이풀'이라고도 한다.

맥문동은 뿌리줄기가 땅속으로 구불구불 뻗다가 군데군데에서 땅콩만 하게 덩어리가 진다. 이렇게 덩어리 진 것을 약으로 쓴다. 뿌리줄기에서는 가느다란 수염뿌리가 잔뜩 난다. 뿌리에서 잎들이 무더기로 돋아 수북하게 자란다. 잎은 난 잎처럼 좁게 길쭉하고 부드럽게 휜다. 봄이 되면 무성한 잎 사이로 꽃대 하나가 어른 무릎쯤까지 꼿꼿이 올라온다. 꽃대 위 마디마다 동글동글한 꽃망울이 다다귀다다귀 달렸다가 툭툭 터지면서 꽃이 핀다. 가을이 되면 까만 구슬처럼 동글동글한 열매가 달린다.

맥문동은 꽃이 피기 전이나 지고 난 뒤에 뿌리를 캐서 살진 덩어리를 약으로 쓴다. 살진 덩어리는 안에 있는 딴딴한 심을 빼고 햇볕에 잘 말려서 약으로 쓴다. 잘 말린 약재는 노르스름하고 말랑말랑한데 물에 넣고 달여 먹는다.

맥문동은 몸이 허약할 때 보약으로 많이 먹는다. 또 가래를 삭이고 기침을 멈추게 한다. 목이 아프거나 입안이 마르고 목마를 때, 폐결핵, 당뇨병에도 좋다. 엄마 젖이 잘 나오지 을 때나 똥이 굳어 안 나올 때에도 먹는다. 또 심장을 튼튼하게 하고 혈압도 낮춰 준다.

소엽맥문동은 산에 그늘진 자리에서 자란다. 사철 잎이 푸르다. 잎이 맥문동보다 좁고 짧다. 맥문동처럼 뿌리줄기가 옆으로 뻗으면서 자란다. 덩이뿌리를 약으로 쓴다.

✿ 늘푸른여러해살이풀	**다른 이름** 겨우살이풀, 알꽃맥문동, 넓은잎맥문동	
❶ 30~50cm	**나는 곳** 숲 속 그늘진 곳	
✿ 5~8월	**특징** 뿌리를 캐서 약으로 쓴다.	
◐ 10~11월	**쓰임새** 길가나 꽃밭에 많이 심는다.	
▨ 가을, 봄	**약재 이름** 맥문동	

맥문동

2002.08 경기 고양

키는 50cm쯤 크기도 한다. 겨울에도 잎이 푸르다.
잎이 좁고 길쭉하다. 뿌리줄기는 땅속으로 구불구불
뻗는다. 봄부터 꽃대 위 마디마다 꽃이 달려 핀다.
꽃잎은 여섯 장이다.

소엽맥문동 *Ophiopogon japonicus*

삼

Cannabis sativa

삼은 줄기에서 실을 뽑아 옷감을 짜려고 밭에서 심어 기르는 한해살이풀이다. 삼실로 짠 천을 '삼베'라고 한다. 원래 중앙아시아에서 자라던 풀인데 아주 오래전부터 우리나라에서 길렀다.

불과 수십 년 전만 해도 베를 짜느라 전국 어디서나 삼을 널리 심어 길렀다. 지금은 잎과 줄기로 마약을 만든다는 이유만으로 재배하는 것을 법으로 막고 있다. 예전에는 마을마다 삼을 기르고 집에서 삼베 길쌈을 하는 것이 흔한 풍경이었다. 기르기도 쉬워서 별달리 손이 많이 가지 않아도 금세 쑥쑥 자란다.

삼으로는 옷감뿐 아니라 종이도 만들 수 있다. 삼을 재배해서 펄프 원료로 쓰면 지금처럼 나무를 많이 베어내지 않아도 된다고 한다. 나무는 자라는 데에 오래 걸리지만 삼은 그렇지 않다. 그리고 씨에는 여러 가지 영양소가 골고루 들어 있다. 사람이 먹기에도 아주 좋고, 예전에는 집짐승 먹이로도 삼았다. 기름도 짠다. 삼씨와 기름은 요즘 따로 약으로 만들어서 많이 판다. 외국에서 만든 것을 들여온다. 삼은 이처럼 쓰임새가 많고 재배하기 좋고 약효도 뛰어나다.

삼은 대나무처럼 쭉쭉 곧게 자란다. 뿌리도 곧게 뻗는데 잔뿌리가 없어서 쑥쑥 잘 뽑힌다. 줄기를 만져 보면 모가 졌고 가운데 골이 파여 있다. 줄기 아래에서는 잎이 마주나고, 위에서는 어긋나는데, 아래 잎은 잎자루가 길고 잎이 5~9장으로 갈라진다. 위 잎은 잎자루가 짧고 세 갈래로 갈라진다. 갈라진 작은 잎은 버들잎처럼 길쭉하고 양끝이 뾰족하다. 잎 가장자리에 톱니가 나 있고, 잎맥이 빗금을 그은 것처럼 뚜렷하다. 한여름에 꽃이 피는데, 삼은 암꽃과 수꽃이 서로 딴 그루에서 피는 암수딴그루이다. 수그루에서는 연한 풀빛 수꽃이 가지 끝 잎겨드랑이에서 원뿔 모양으로 달려 피고, 암그루에서는 줄기 끝 잎겨드랑이에서 짧은 보리이삭꼴로 암꽃이 달린다. 바람이 불어야 수꽃 꽃가루가 암꽃에 날아가 열매를 맺을 수 있다.

삼씨는 약효가 뛰어나서 집집마다 씨를 말려 두었다가 약으로 썼다. 베를 짜지 않는 집에도 흔히 삼씨가 있었다. 가을에 열매가 익으면 베어서 말린 뒤에 두드려서 씨를 얻는다. 똥이 굳어 안 나올 때나 엄마 젖이 안 나올 때, 혈압이 높을 때 먹으면 좋다. 진통제로 많이 쓴다. 하지만 너무 많이 먹으면 토하고 설사하고 정신이 오락가락해지는 부작용이 나타난다.

✱ 한해살이풀 **다른 이름** 대마, 마, 역삼, 역마, 대마초

❶ 100~300cm **나는 곳** 밭

✱ 7~8월 **특징** 재배가 쉽고 예전에는 어디서나 길렀다.

◐ 10월 **쓰임새** 줄기에서 실을 뽑아 감을 짠다. 펄프 원료도 된다.

▨ 가을 씨로 기름을 짠다. 씨와 기름을 약으로 쓴다.

약재 이름 화마인

화마인

줄기는 대나무처럼 쭉쭉 곧게 자란다. 어른 키를
훌쩍 넘겨 큰다. 뿌리도 곧게 뻗는다. 줄기는 모가 져
있고 가운데에 골이 나 있다. 잎은 아래에서 마주나고,
위에서 어긋난다. 꽃은 한여름에 핀다.

2009.09 전북 전주

모시풀

Boehmeria nivea

모시풀은 밭에서 기르는 여러해살이풀이다. 줄기에서 실을 뽑아 모시를 짠다. 원래는 따뜻한 동남아시아에서 자라던 풀이다. 우리나라에서는 삼국 시대부터 길렀다고 한다. 목화가 들어오기 전까지 모시풀로 옷을 해 입었다. 모시풀의 껍질을 벗긴 다음 삼베를 짤 때와 마찬가지로 실을 짓는다. 모시베라고 한다. 아주 가늘게 짠 모시베는 세모시베라고 한다. 충남 한산에서 나는 한산모시가 이름이 높다.

모시를 짤 때는 모시째기, 모시삼기, 모시날기, 모시매기, 꾸리감기, 모시짜기를 거친다. 순서대로 보면 줄기 껍질을 말린 다음 이것을 아주 가늘게 이로 한가닥한가닥 갈라 낸다. 그 다음 한 올씩 이어 붙이고, 날실 다발을 실뭉치로 만든다. 실뭉치를 팽팽하게 잡아 놓고 콩가루와 소금을 물에 풀어 만든 풋닛가루를 먹여서 매끄럽게 하면 베틀에 걸어 짤 수 있는 상태가 된다.

모시풀에서 즙을 짜내어 쌀가루나 밀가루와 섞어 모시떡이나 모시국수를 만들기도 하고, 잎으로 전을 부쳐 먹기도 한다. 일본에서는 많이 먹는다.

모시풀은 키가 어른 키를 훌쩍 넘어 크기도 한다. 잎은 들깻잎과 닮았는데 가장자리에 거친 톱니가 나 있고, 잎끝은 꼬리처럼 길쭉하게 빠져 있다. 여름이 되면 줄기 아래에는 수꽃이 피고, 위에는 암꽃이 핀다. 누르스름한 수꽃은 잎겨드랑이에서 짧은 꽃대가 올라와 자글자글 달린다. 푸르스름한 암꽃은 둥글둥글 모여 핀다. 가을에 둥그스름한 열매가 여문다.

모시풀 뿌리는 나무뿌리처럼 딱딱하고, 오징어 다리처럼 여러 갈래로 갈라져 구불텅구불텅 뻗는다. 가을에 뿌리를 캐서 약으로 쓴다. 열을 내리고 독을 풀어 주고 피 나는 것을 멎게 해 준다. 또 오줌을 시원하게 누게 하고 아기가 엄마 배 속에서 편안하게 있도록 한다. 내장에서 피가 날 때, 열이 나면서 목이 탈 때, 오줌이 안 나올 때, 열이 나서 살갗에 열꽃이 피고 부스럼이 날 때도 먹는다.

쐐기풀은 모시풀보다 잎 가장자리 톱니가 크고 거칠다. 가시가 나 있는데, 찔리면 쐐기한테 쏘인 것처럼 아프다. 순을 나물로 먹고 껍질에서 실을 얻는다. 약으로도 쓴다. 모시물통이는 모시풀과 닮았지만 물기가 많아서 붙은 이름이다. 순을 먹는다.

✿ 여러해살이풀	**다른 이름** 남모시, 모시, 남모시풀
❶ 100~200cm	**나는 곳** 밭이나 길가
✿ 7~8월	**특징** 뿌리를 약으로 쓴다.
⬤ 9~10월	**쓰임새** 줄기 껍질로 모시를 짠다.
⊟ 가을	**약재 이름** 저근마

273

저근마

2004.09 전북 고창

어른 키만큼 곧게 자라고, 가지를 조금 친다. 뿌리
가까이는 나무처럼 딱딱하고 온몸에 잔털이 나 있다.
잎 뒤에 흰 털이 있어서 허옇다. 들깨잎과 비슷해
보이지만 잎 가장자리 톱니무늬가 더 뚜렷하고 잎이
쭈글쭈글하다.

1
2

1. 쐐기풀 *Urtica thunbergiana*
2. 모시물통이 *Pilea mongolica*

할미꽃

Pulsatilla cernua var. *koreana*

할미꽃은 사방이 탁 트여 햇볕이 잘 드는 산기슭이나 들판에 피는 여러해살이풀이다. 산에 가면 무덤가에서 많이 자란다.

할미꽃은 뿌리가 땅속 깊이까지 뻗어 내린다. 뿌리로 겨울을 난다. 줄기는 따로 자라지 않고 봄에 민들레처럼 잎이 무더기로 뭉쳐나온다. 잎은 작은 잎으로 갈라지고, 작은 잎은 또 깊게깊게 갈라진다. 꽃대가 아기 무릎만치 여러 대 올라온다. 꽃대 끝에서 붉은 자줏빛 꽃이 고개를 푹 숙이고 핀다. 꽃잎처럼 생긴 건 사실 꽃받침 잎이다. 바깥에는 하얀 털이 복슬복슬 났지만 안에는 털이 없고 노란 암술과 수술이 잔뜩 있다. 꽃이 지면 명주실처럼 반짝반짝 윤이 나는 허옇고 가느다란 실이 북실북실 늘어진다. 이때 꽃대가 다시 꼿꼿이 선다. 바람이 불어오면 기다란 실에 매달린 씨가 바람을 타고 더펄더펄 날아간다.

할미꽃은 독이 있는 풀이다. 할미꽃 뿌리를 짓찧어서 뒷간에 뿌리면 드글드글 끓던 구더기도 싹 사라진다. 그만큼 약효가 강한 것이라 약으로 쓸 때도 조심해야 한다.

약으로 쓸 때는 가을부터 봄 사이에 뿌리를 캐서 쓴다. 잔뿌리를 다듬고 물에 씻어 햇볕에 말린다. 쓰기에 앞서서 잘게 썬다. 뿌리는 열을 내리고 염증이나 나쁜 병균을 없애 준다. 배탈이 나고 물똥을 좍좍 쌀 때나 똥구멍에서 피가 나거나 코피가 날 때 뿌리를 달여 먹는다. 열이 나고 머리가 아플 때, 뼈마디가 쑤실 때 먹어도 좋다. 달인 물로 무좀이나 부스럼 난 곳을 씻으면 잘 낫는다.

할미꽃에는 여러 종류가 있다. 거의 모두 약으로 쓴다. 분홍할미꽃은 잎이 가늘고 길다. 한 포기의 크기도 작다.

✽	여러해살이풀	**다른 이름**	노고, 호왕사자, 야장인, 나하, 가는할미꽃
❶	30~40cm	**나는 곳**	볕이 잘 드는 산기슭, 들판
✽	4~5월	**특징**	몸에 독이 있다.
⬡	5~6월	**쓰임새**	잔뿌리를 다듬어서 약으로 쓴다.
⛏	가을, 봄	**약재 이름**	백두옹

2006.04 경기 수원

백두옹

뿌리에서 잎이 무더기로 뭉쳐나오고 줄기는 따로
안 자란다. 잎은 깊게 갈라진다. 뿌리는 땅속 깊이까지
뻗어 내린다. 온몸에 흰털이 덥수룩하게 난다. 봄에
꽃대가 올라와서 자줏빛 꽃이 피는데 고개를 숙인다.

분홍할미꽃 *Pulsatilla dahurica*

양귀비

Papaver somniferum

양귀비는 약으로 쓰려고 심어 기르는 한두해살이풀이다. 원래 지중해 둘레와 소아시아에서 자라던 풀이었는데, 인도와 중국을 거쳐 우리나라까지 전해졌다. 중국 당나라 때 미인이었던 양귀비에 견줄 만큼 꽃이 아름답다고 해서 붙은 이름이다.

양귀비는 어른 무릎에서 가슴께까지 큰다. 가느다란 줄기가 굵은 철사처럼 꼿꼿하게 자라고 때로는 구무럭구무럭 휘기도 한다. 꽃을 보려고 심는 것은 약효가 없는데 줄기에 흰 털이 많이 나 있다. 양귀비 잎은 어긋나고 잎 밑이 줄기를 반쯤 돌려 감싼다. 꽃은 봄부터 핀다. 꽃봉오리일 때는 고개를 푹 숙이고 있다가 꽃이 필 때는 하늘을 본다. 꽃잎 넉 장이 모두 크고 하늘하늘 얇다. 아침에 폈다가 저녁에 시든다. 열매는 둥글고 딴딴하고, 다 익으면 열매꼭지에 있는 구멍에서 씨가 나와 퍼진다.

양귀비는 열매가 익으면 따서 씨를 받고 껍질을 햇볕에 잘 말려서 약으로 쓴다. 아픈 것을 멎게 해 주고 오래된 기침이나 설사, 이질에 약으로 쓴다. 덜 여문 열매에 상처를 내서 허연 진물을 받아 말려서 약으로 쓰기도 한다. 이것을 '아편'이라고 한다. 아픈 것을 멎게 하는 힘이 세서, 죽을 만큼 아플 때 응급약으로 썼다. 예전에는 양귀비를 통째로 베어서 솥에 삶아서 졸인 다음 약으로 썼다. 잎과 대를 삶아 마시기도 했다. 아편은 물에 달여 먹거나 가루를 내어 먹는다. 중독성이 있어서 많이 먹거나 오래 먹으면 안 된다. 점점 약을 많이 먹어야 비슷한 효과가 나게 되고, 약을 안 먹으면 기운이 없고 맥이 빠진 것 같은 사람이 된다. 아편은 지금은 마약으로 분류해 나라에서 따로 관리를 하고, 재배하거나 약으로 사용하는 것이 거의 없지만, 의사들은 한결같이 약효가 대단히 좋다고 인정한다.

두메양귀비는 이름처럼 높은 산에서 자란다. 온몸에 털이 나 있다. 개양귀비는 꽃을 보려고 심는데, 약으로도 쓴다. 양귀비를 닮아서 애기아편꽃이라고도 한다.

❋ 한두해살이풀
❶ 50~150cm
❋ 5~6월
⏾ 가을
🧺 가을

다른 이름 아편꽃, 앵속, 약담배
나는 곳 밭
특징 마약의 원료로 쓰여서 허가를 얻어야 기를 수 있다.
쓰임새 통증을 다스리는 약으로 오래전부터 집집마다 썼다.
약재 이름 앵속각

앵속각

2009.06 서울대 약초원

키는 1m가 넘게 자라고, 줄기가 꼿꼿하다.
잎은 어긋난다. 잎 가장자리로 깊게 톱니가 나 있다.
봄부터 빨갛거나 흰 꽃이 핀다. 열매는 둥글고
단단하다. 다 익으면 열매꼭지에 있는 구멍에서
씨가 나온다.

1

2

1. 두메양귀비 *Papaver coreanum*

2. 개양귀비 *Papaver rhoeas*

애기똥풀

Chelidonium majus var. *asiaticum*

애기똥풀은 산기슭이나 길가나 빈터 눅눅한 곳에서 흔히 보는 두해살이풀이다. 줄기나 잎을 똑 끊으면 노란 물이 나오는데, 이 노란 물이 꼭 아기 똥 같다고 이런 이름이 붙었다. 또 엄마 젖 같다고 '젖풀'이라고도 한다. 노란 물에 코를 대고 냄새를 맡아 보면 아주 고약한 냄새가 난다. 이 물에는 독이 있어서 함부로 먹어서는 안 된다. 예전에는 이 즙으로 옷감을 노랗게 물들였다. 특히, 뿌리는 독성이 세어서 조심해야 한다.

애기똥풀은 종아리에서 허리춤까지 큰다. 줄기가 올라오다가 가지를 몇 개 친다. 줄기에는 드문드문 하얀 털이 길게 나 있다. 잎은 어긋나는데, 긴 잎자루에 예닐곱 장 되는 작은 잎이 붙는다. 작은 잎은 삐죽빼죽 톱니가 나면서 깊게 파인다. 잎 앞쪽은 녹색이지만 뒤쪽은 하얗다. 봄부터 줄기나 가지 끝에서 노란 꽃이 활짝 핀다. 꽃잎은 넉 장이다. 꽃이 지면 길쭉한 꼬투리가 달리는데, 다 여물면 톡 터지면서 까만 씨앗이 튀어나온다.

애기똥풀은 꽃이 피었을 때 베어다 그늘에서 잘 말려 약으로 쓴다. 잘게 썰어서 쓴다. 생풀을 짓이겨서 쓰기도 한다. 기침과 아픔을 멎게 하고, 오줌이 잘 나오게 해서 몸에 쌓은 독을 몸 밖으로 빼 준다. 위가 아프거나 위에 문제가 생겼을 때도 약으로 쓴다. 간이 나빠져서 얼굴이 누렇게 될 때도 먹는다. 물에 달여 먹는다. 독이 있으니까 함부로 먹어서는 안 된다. 살갗이 헐거나 버짐이 피거나 무좀이나 벌레 물린 곳에는 애기똥풀을 짓이겨 바른다. 몹시 따갑지만 잘 낫는다. 요즘은 아토피나, 알러지처럼 환경 오염이나 유독한 화학 물질 때문에 생기는 병에도 애기똥풀을 쓴다. 어린순을 나물로 먹기도 하는데, 너무 많이 먹어서는 안 된다.

매미꽃은 애기똥풀 무리에 든다. 꽃만 보고 애기똥풀과 헷갈리기도 하는데, 잎은 아주 다르게 생겼고, 땅에서 잎과 꽃대가 따로 나온다. 매미꽃도 줄기에서 물이 나오는데 붉은 기가 돈다. 피나물이라고도 하는 노랑매미꽃이 더 흔하다.

✿ 두해살이풀	**다른 이름** 아기똥풀, 젖풀, 까치다리, 씨아동	
❶ 30~100cm	**나는 곳** 길가, 빈터, 산기슭	
✿ 5~9월	**특징** 줄기를 끊으면 노란 물이 나온다.	
◔ 6~10월	**쓰임새** 즙으로 천에 노란 물을 들인다.	
⛄ 여름	**약재 이름** 백굴채	

백굴채

2003.08 경기 광명

키는 어른 무릎 높이쯤 큰다. 줄기에 흰 털이 나 있다.
가지를 몇 번 치면서 자란다. 잎은 어긋나고 깃꼴
겹잎이다. 봄부터 줄기나 가지 끝에서 노란 꽃이 핀다.
꽃이 지면 길쭉한 꼬투리가 달린다.

매미꽃 *Coreanomecon hylomeconoides*

오이풀

Sanguisorba officinalis

오이풀은 햇볕이 잘 드는 산기슭이나 풀밭, 논둑, 밭둑에서 자란다. 여러해살이풀이다. 산에 올라 풀밭이 펼쳐진 등성이를 따라 걷다가 흔히 본다. 잎을 뜯어 손으로 비비면 오이 냄새가 난다고 오이풀이라고 한다. 수박 냄새나 참외 냄새가 난다고 '수박풀', '외풀'이라고도 한다. 어린순을 나물로 먹는다. 차로도 끓여 마신다. 꽃으로 옷감에 물을 들이기도 한다.

오이풀은 뿌리줄기가 옆으로 뻗으면서 여러 뿌리로 갈라진다. 뿌리는 굵고 딱딱하고 겉은 검고 속은 빨갛다. 줄기가 곧게 올라가다가 위에서 가느다란 가지를 이리저리 친다. 어른 허리춤께까지 큰다. 줄기 아래 잎은 모여 나는데 잎자루가 길고 작은 잎이 다섯 장에서 열한 장쯤 아까시나무 잎처럼 달린다. 작은 잎은 길쭉한 타원꼴이고 잎 가장자리에 톱니가 있다. 줄기 위에 난 잎은 쪼그맣고 잎자루가 짧고 잎도 적게 달린다. 한여름부터 가을 들머리까지 가느다란 가지와 줄기 끝에 풀빛 꽃 뭉치가 달리고, 위부터 아래로 검붉은 꽃이 핀다. 자잘한 꽃들이 이삭처럼 모여 피는 것이다.

오이풀은 가을이나 이른 봄에 뿌리를 캐서 잔뿌리를 다듬고 햇볕에 잘 말려서 약으로 쓴다. 약으로 쓸 때는 잘게 썰어서 물로 달여 먹거나, 가루로 빻아 먹는다. 상처나 습진에는 가루를 뿌린다. 오이풀 뿌리는 피를 멈추게 해 준다. 쇠붙이에 베인 상처나 똥에 피가 섞여 나오거나 폐결핵에 걸려 피를 토하거나 아기를 낳고 피가 안 멈출 때 피를 멎는 약으로 쓴다. 물똥을 싸거나 배가 아플 때도 우려 먹는다. 또 뜨거운 물이나 불에 덴 화상에 오이풀 뿌리를 짓찧거나 즙을 내서 바르면 신통할 만큼 잘 낫는다. 습진이나 종기나 옴이나 버짐에도 즙을 바르면 좋다.

가는오이풀이나 긴오이풀도 산등성이에서 많이 보인다. 긴오이풀이 물기를 조금 더 좋아한다. 이 둘은 오이풀과 섞어서 약으로도 쓰고 나물로 먹는다. 산오이풀은 높은 산에서 자란다. 어린순을 나물로 먹는다.

✿ 여러해살이풀
다른 이름 수박풀, 외순나물, 외풀, 지우

ⓘ 100cm쯤
나는 곳 볕이 좋은 산기슭, 들, 밭둑

✿ 7~9월
특징 잎을 비비면 오이 냄새가 난다.

◔ 9월
쓰임새 어린잎은 나물로 먹고, 잎과 꽃은 차로 마신다.

🌼 가을, 봄
약재 이름 지우

지유

2006.08 강원 삼척

줄기는 곧게 올라와서 가지를 여러번 친다. 잎은
아래에서는 보여나고 위쪽으로는 마주난다. 뿌리는
굵고 딱딱하다. 속이 빨갛다. 여름에 가지와 줄기
끝에 검붉은 꽃이 핀다.

1. 가는오이풀 *Sanguisorba tenuifolia*

2. 산오이풀 *Sanguisorba hakusanensis*

3. 긴오이풀 *Sanguisorba longifolia*

감초

Glycyrrhiza uralensis

감초는 추운 곳에서 잘 자라는 여러해살이풀이다. 북녘이나 중국, 시베리아에서 잘 자란다. 한약을 지을 때 흔히 들어가는 약재이다. 그래서 어디에나 잘 끼는 사람을 빗대어 '약방의 감초같다'고 한다. 감초는 단맛이 나는 풀이라는 뜻이다. 감초를 칡뿌리처럼 질겅질겅 씹으면 달짝지근한 물이 나오는데, 옛날에 아이들이 군것질거리로 먹기도 했다. 한때는 단맛을 내는 양념으로 쓰기도 했다.

감초는 키가 어른 허리춤께까지 큰다. 뿌리는 땅속으로 길게 뻗고, 줄기와 잎자루에는 털이 빽빽이 난다. 잎은 서로 어긋나는데, 아까시나무 잎처럼 긴 잎자루에 작은 잎이 7~17장 붙는다. 여름이 되면 잎겨드랑이에서 꽃대가 올라와 자줏빛 꽃이 핀다. 가을이 되면 꼬투리가 달리는데 꼬투리는 누렇게 익고 안에 씨앗이 들어 있다.

감초는 함께 들어가는 다른 약초의 성질이 서로 잘 어울리게 만들어 준다. 열을 너무 많이 내는 약은 열을 덜 내게 하고, 거꾸로 너무 차게 하는 약은 찬 기운이 줄어들게 한다. 감초는 봄과 가을에 뿌리를 캐서 햇볕에 잘 말린 뒤 어슷하게 썬다. 물에 달여 먹는다.

감초 달인 물은 소화가 잘 안 될 때나 마른기침을 자주 할 때 먹으면 좋은 약이 된다. 또 열을 내려 주고 농약이나 약물에 중독되었을 때 몸에 쌓인 독을 풀어 준다. 그래서 대추와 함께 넣고 끓여서 졸여 먹으면 환경오염이 심하거나 독한 화학 물질에 시달리는 사람의 몸에서도 독을 풀어 준다. 또 아이가 밤에 오줌을 쌀 때도 약으로 쓴다. 아토피 피부염이 있을 때는 쑥과 감초를 함께 달인 물로 목욕을 하면 좋다. 요즘에는 감초가 전립선암이나 유방암을 예방한다는 연구도 나와 있다. 신장병이나 고혈압이 있을 때는 감초를 너무 오래 먹거나 많이 먹지 않는다.

✽ 여러해살이풀   **다른 이름** 미초, 국노, 서북감, 동북감, 신강감

◐ 100cm쯤   **나는 곳** 추운 북쪽 지방, 물기가 적은 땅.

✿ 6~7월   **특징** 뿌리에서 단맛이 난다.

⬤ 가을   **쓰임새** 음식에 단맛을 내려고 넣는다.

▩ 가을, 봄   **약재 이름** 감초

감초

줄기는 곧게 뻗는다. 털이 빽빽이 난다.
잎은 어긋난다. 깃꼴 겹잎이다. 뿌리는 밑으로
길게 뻗는다. 번식을 하는 뿌리는 옆으로 뻗는다.
가을에 누런 꼬투리가 달린다.

2006.06 경기 수원

황기

Astragalus penduliflorus var. dahuricus

황기는 뿌리를 약으로 쓰려고 밭에서 기르는 여러해살이풀이다. 가끔 산기슭에서 자라기도 하지만 매우 드물다. 옛날에는 황기를 인삼, 방풍, 감초와 더불어 네 가지 영약초 가운데 하나로 생각했고, 보약초 가운데 으뜸으로 쳤다. 요즘은 면역력을 높이고, 기운을 돋우는 약으로 널리 알려져 많이 쓰인다. 그래서 저절로 자라는 것을 구하기는 어렵고 많이 재배를 한다. 외국에서 들여오는 것도 많다. 흔히 여름에 삼계탕을 끓여 먹을 때 같이 넣어 끓인다.

황기는 줄기가 곧추서고 가지를 많이 친다. 어른 무릎에서 허리춤까지 큰다. 온몸에는 자잘한 털이 나 있다. 줄기를 따라 아까시나무 잎처럼 긴 잎줄기가 서로 어긋난다. 잎줄기에는 작은 잎이 여섯에서 많게는 열한 쌍까지 마주 달린다. 끝에는 꼭지 잎이 하나 달린다. 작은 잎은 둥그스름하고 가장자리가 밋밋하다. 여름이 되면 줄기 끝이나 잎줄기 겨드랑이에서 꽃대가 쭉 올라와 노란 꽃이 많이 핀다. 꽃이 활짝 피면 꼭 나비가 날개를 펼친 것 같다. 가을이 되면 콩꼬투리처럼 생긴 열매가 어른 엄지손가락만 하게 달린다.

황기는 가을이나 이른 봄에 뿌리를 다치지 않게 잘 캐서 그늘에 말린 뒤 뿌리꼭지를 떼 내고 껍질을 벗긴다. 잘게 썰어 쓰거나 꿀물이나 소금물에 재웠다가 불에 볶아서 쓴다. 뿌리가 곧고 길며 겉이 하얀 것이 좋다. 줄기가 돋는 꼭지는 떼 내고 약으로 쓴다. 맛이 달고 독이 없다.

황기는 땀 나는 것을 멎게 해 주고 기운이 솟게 해 준다. 그래서 찌는 여름날 더위를 이기려고 먹는 삼계탕에 황기를 함께 넣고 끓여 먹는다. 밥맛이 없고 몸이 지칠 때 먹어도 좋다. 또 오줌이 시원하게 잘 나오도록 해 주고 설사를 멎게 해 주고 혈압을 낮춰 준다. 면역력을 높이고 기운을 돋우는 힘도 뛰어나고, 항산화작용도 잘 한다. 당뇨를 치료할 때에도 쓴다.

고삼은 꽃이 황기와 닮았다. 뿌리를 말려서 약으로 쓴다. 맛이 쓰지만 인삼 같은 약효가 있다고 이런 이름이 붙었다. 꽃이나 잎을 달여서 벌레를 쫓는 데에도 쓴다. 활량나물은 어린순을 나물로 먹는다. 뿌리는 피를 멎게 하는 약으로 쓴다.

✿ 여러해살이풀	**다른 이름** 단삼, 기, 단너삼
◐ 40~70cm	**나는 곳** 밭에 심어 가꾼다.
✿ 7~8월	**특징** 춥고 물이 잘 빠지는 땅에서 잘 자란다.
⚬ 10~11월	**쓰임새** 달여서 차로도 마신다.
⬛ 가을, 봄	**약재 이름** 황기

황기

2003.08 강원 정선

줄기가 곧게 서서 무릎 높이까지 자란다. 온몸에
흰빛이 도는 부드러운 잔털이 있다. 잎은 어긋나고
깃꼴 겹잎이다. 뿌리는 아래로 길게 뻗는다.
가을에 콩 꼬투리처럼 열매가 달린다.

1

2

1. 고삼 *Sophora flavescens*

2. 활량나물 *Lathyrus davidii*

쌍떡잎식물
대극목
대극과

피마자

Ricinus communis

피마자는 밭둑이나 길가에서 기르는 한해살이풀이다. 시골 어른들은 흔히 '아주까리'라고 한다. 예전에는 씨에서 짜낸 기름으로 등불을 켜거나 머리에 발라 멋을 내거나 화장품으로 썼다.

피마자는 어른 키보다 크게 자라고 나무처럼 가지를 친다. 줄기는 둥그렇고 양초처럼 매끈하고 띄엄띄엄 마디가 진다. 줄기에 허연 가루가 더께처럼 덮여 있다. 손으로 만지면 먼지처럼 쓱 닦인다. 마디에서 잎자루가 길게 뻗어 나와 그 끝에 커다란 잎이 달린다. 잎몸은 여러 개로 갈라지고 가장자리에는 톱니가 나 있다. 한여름부터 줄기 끝에서 꽃이 핀다. 밑에 달린 노란 꽃은 수꽃이고, 위에 달린 빨간 꽃이 암꽃이다. 가을에 둥그런 열매가 맺히는데, 거무스름하게 익으면서 겉이 터실터실 터진다. 열매 겉에는 뾰족한 가시가 잔뜩 나 있다. 하지만 손으로 만져 보면 따갑지 않고 부들부들하다. 열매 속에는 호박씨처럼 생긴 씨가 들어 있다. 씨는 단단하고 검은 무늬가 얼룩덜룩 나 있다.

가을에 잘 여문 씨를 거두어서 기름을 짠다. 이 기름을 약으로 쓴다. 속이 더부룩하고 체했거나 똥이 딱딱하게 굳어 안 나올 때, 열이 날 때 약으로 먹는다. 또 살갗이 헐거나 종기나 부스럼이 난 곳에는 기름을 바르면 잘 낫는다. 아기를 낳은 엄마는 손바닥에 아주까리를 짓찧어서 붙이면 몸을 빨리 회복할 수 있다. 씨를 말렸다가 갈아서 알약을 만들거나 생으로 짓찧어 쓰기도 한다. 씨는 특이한 냄새가 나는데, 떫고 씹으면 매운 맛이 난다. 하지만 독성이 강해서 약으로 쓸 때는 껍질을 벗기거나 하는 식으로 독성을 줄이는 제대로 된 방법을 따라야 한다. 특히 어린아이나 배 속에 아기를 가진 엄마는 조심해야 한다.

어린순을 나물로 먹는데, 삶은 피자마 잎을 잘 말려서 묵나물로도 먹는다. 먹을 때는 쓴맛을 우려내고 무쳐 먹는다.

* 한해살이풀
200~300cm
8-9월
10월
가을

다른 이름 피마주, 아주까리, 피마, 비마자, 대마자
나는 곳 밭둑, 길가
특징 어린순을 나물로 먹는다.
쓰임새 기름을 짜서 등불을 켜거나 머릿 기름으로 썼다.
기름을 비누나 인주를 만들 때 넣는다.
약재 이름 피마자

피마자

어른 키보다 더 높게 자란다. 둥글고 굵은 줄기가 쭉
뻗는다. 줄기에 흰 가루가 덮여 있다. 잎이 아주 크다.
손바닥 모양으로 갈라진다. 가장자리에 톱니가 나
있다. 여름에 줄기 끝에서 꽃이 핀다.

2002.10 경기 수원

봉선화

Impatiens balsamina

봉선화는 마당이나 뜰, 울타리나 담장 밑에 심는 한해살이풀이다. 꽃 생김새가 봉황이라는 새를 닮았다고 '봉선화'라는 이름이 붙었다. 한 번 씨를 심어 기르기 시작하면 같은 씨앗이 떨어져서 해마다 풀이 난다. 꽃을 오래 보고 싶으면 씨를 심을 때 시간을 두고 나눠서 심는다. 물이 잘 빠지는 자리에 심는 게 좋다.

봉선화 줄기는 곧게 자란다. 어른 무릎 높이보다 더 큰다. 줄기는 딴딴하지 않아서 손톱으로 누르면 옴폭 파인다. 잎은 어긋나는데 버들잎처럼 날렵하면서 뾰족하고 가장자리에 톱니가 나 있다. 줄기 끝에서는 잎이 촘촘하게 난다. 여름이 되면 잎겨드랑이마다 사시랑이 꽃대가 갈고리처럼 밑으로 살짝 처지면서 꽃이 두세 송이씩 달린다. 빨간색, 흰색, 분홍색, 자주색 꽃이 핀다. 꽃잎은 하늘하늘 얇고 부드럽다. 아래 꽃잎 두 장이 크고 넓적하다. 꽃 통 끝은 생쥐 꼬랑지처럼 동그랗게 말린다. 여름부터 갸름한 달걀꼴 열매가 아래로 축축 처지며 달린다. 열매에는 짧은 털이 보슬보슬 나 있다. 열매가 다 여물면 살짝 손만 대도 톡톡 터지면서 동글동글하고 누런 밤색 씨가 여기저기로 튄다.

봉선화는 가을에 씨를 털어서 껍질을 벗겨 잘 말린 뒤 약으로 쓴다. 씨를 달여 먹으면 피가 잘 돌아서, 피멍이나 응어리를 풀어 주고 뼈마디가 아픈 것을 낫게 한다. 손톱과 발톱 무좀이나 습진, 벌레나 독뱀에 물렸을 때 봉선화 잎을 짓찧어 바르거나 씨를 가루내서 발라도 좋다. 씨에는 독이 있기 때문에 아이를 가진 엄마는 먹으면 안 된다.

물봉선은 산골짜기나 산속 물기가 많은 곳에서 자란다. 잎과 줄기를 약으로 쓴다. 종기가 나거나 뱀에 물렸을 때 쓴다. 노랑물봉선화는 물봉선에 견주어서 여리여리하고, 털이 없다. 어린순을 나물로 먹는데, 끓는 물에 데친 다음, 며칠 동안 물을 갈면서 우려내고 먹는다.

✽ 한해살이풀   **다른 이름** 봉숭아, 금봉화, 보웅화, 지갑

❶ 60cm쯤   **나는 곳** 마당, 길가, 담장 밑

✽ 7~9월   **특징** 마당에 꽃밭을 가꿀 때 많이 심는다.

⏱ 8~10월   **쓰임새** 잎과 꽃으로 손톱에 발간 물을 들인다.

🧺 가을   **약재 이름** 급성자

급성자

2006.09 경기 파주

줄기는 곧게 자라고 아이들 키만큼 자란다. 잎은
어긋나고 가장자리에 톱니가 있다. 여름부터 가을까지
잎겨드랑이에 꽃이 달린다. 붉은색, 흰색, 분홍색,
자주색 꽃이 핀다. 꽃이 진 자리에 열매가 아래로 축축
처지며 달린다.

1

2

1. 노랑물봉선 *Impatiens nolitangere*

2. 물봉선 *Impatiens textori*

제비꽃

Viola mandshurica

제비꽃은 봄이 되면 길가나 빈터, 산기슭, 밭둑 어디서나 꽃을 볼 수 있는 여러해살이풀이다. 꽃 모양이 제비가 나는 모습을 닮았다고 제비꽃이라고도 하고, 봄에 제비가 날아올 때 꽃이 핀다고 제비꽃이라는 이름이 붙었다고도 한다. 꽃송이가 뒤로 툭 튀어 나온 모양을 보고 오랑캐꽃이라는 이름이 붙었다고도 한다. 꽃을 따서 물을 들이는 데에 쓰기도 한다.

제비꽃은 줄기 없이 뿌리에서 잎만 수북하게 난다. 어른 발목쯤까지 크는데, 키가 작아서 '앉은뱅이꽃'이라고도 한다. 잎은 길쭉한 삼각꼴이고 가장자리에 톱니가 나 있다. 사오월이 되면 잎 사이에서 사시랑이 꽃대 몇 개가 제법 꼿꼿하게 올라온다. 꽃대 끝이 갈고리처럼 살짝 휘면서 자주색 꽃이 하늘을 바라보며 핀다. 꽃잎은 다섯 장이다. 맨 위 꽃잎 두 장은 뒤으로 살포시 말려서 넘어가고, 양옆 꽃잎은 서로 마주 보고 맨 아래 꽃잎은 혓바닥을 쭉 내민 것처럼 보인다. 6월이 되면 꽃이 지고 타원꼴 열매가 달린다. 열매 안에는 좁쌀보다도 훨씬 작은 동그란 씨앗이 줄줄이 들어 있는데, 열매가 여물면 세 갈래로 탁 터지면서 씨앗이 튀어나온다. 개미가 제비꽃 씨를 물어다 날라서 씨를 옮기기도 한다.

제비꽃은 어린순을 나물로 해 먹는다. 맛이 좋아서 무쳐도 먹고 데쳐서도 흔히 먹는다. 어릴 때는 뿌리까지 잘게 썰어서 함께 먹기도 한다. 약으로 쓸 때는 여름에 뿌리째 캐서 햇볕에 잘 말린 뒤에 물에 달여 먹는다. 열을 내리고 나쁜 독을 풀어 주고 염증을 없애 준다. 몸에 열이 나면서 생기는 부스럼이나 두드러기, 살갗이 헐고 벌겋게 되면서 화끈거릴 때 약으로 쓴다. 또 전립선이나 오줌보나 뼈마디에 염증이 생겨 아플 때 먹어도 좋다. 부스럼이나 독사에 물린 상처에는 생풀을 짓찧어 붙이기도 한다.

제비꽃은 종류가 아주 많다. 어린순으로 나물을 해 먹는 것이 많고 약으로도 쓴다. 지역에 따라 종이 다른 제비꽃이 살기도 한다. 서울제비꽃은 들판이나 집 가까이 살고, 잎이 길쭉하다. 노랑제비꽃은 산에 산다. 잎이 세모낳게 둥글다. 털제비꽃은 낮은 산에 햇볕이 잘 드는 자리에서 난다. 흰제비꽃은 땅이 메마르지 않고 축축한 곳에서 산다. 흰 꽃이 핀다.

✿ 여러해살이풀	**다른 이름** 오랑캐꽃, 병아리꽃, 외나물,	
◐ 10cm쯤	앉은뱅이꽃, 장수꽃, 씨름꽃	
✿ 4~5월	**나는 곳** 길가, 산기슭, 밭둑	
◐ 6월	**특징** 같은 무리에 드는 제비꽃이 여러 종류이다.	
〰 여름	**쓰임새** 이른 봄에 어린순을 뿌리와 함께 나물로 먹는다.	
	약재 이름 자화지정	

자화지정

2003.05 경기 고양

뿌리에서 잎만 여러 장 난다. 잎은 길쭉하게 세모난
모양이다. 봄에 꽃대가 꼿꼿하게 올라와 꽃이 핀다.
꽃대 끝이 살짝 흰다. 꽃잎은 다섯 장이다. 여름에 꽃이
진 자리에 열매가 달린다. 씨는 좁쌀보다 작다.

1. 서울제비꽃 *Viola seoulensis*
2. 털제비꽃 *Viola phalacrocarpa*
3. 노랑제비꽃 *Viola orientalis*
4. 흰제비꽃 *Viola patrinii*

인삼

Panax ginseng

인삼은 모든 약초 가운데 으뜸으로 치는 약초이다. 옛날부터 못 고치는 병이 없을 만큼 약효가 뛰어나다고 했다. 산삼은 인삼보다 약효가 훨씬 뛰어나지만 아주 드물고 귀하다. 깊은 산속에서 자란다. 예로부터 우리나라에서 나는 인삼 약효가 뛰어나서, 다른 나라에까지 소문이 자자했다. 강화도, 풍기, 금산, 개성이 인삼으로 유명하다.

인삼은 산삼 씨앗을 밭에 뿌려 기른 것이다. 인삼은 그늘을 좋아해서 밭에 비스듬하게 그늘막을 쳐 준다. 뿌리 생김새가 사람을 닮았다고 인삼이라는 이름이 붙었다. 뿌리는 옆으로 누워 자란다. 뿌리에서 줄기 하나가 쭉 올라와 어른 무릎께까지 큰다. 줄기 끝에는 잎이 다섯 장 달린 잎줄기가 빙 둘러난다. 그 한가운데에서 꽃대가 길게 올라오고 연한 풀빛 꽃이 둥그스름하게 모여 핀다. 여름이 되면 콩알 같은 열매가 당글당글 맺는데, 처음에는 풀빛이다가 가장자리부터 빨갛게 익는다.

인삼은 4~6년쯤 자란 뿌리를 캐서 약으로 쓴다. 인삼은 흙을 털어 내고 날것으로 쓰기도 하고, 햇볕에 말리거나 찐다. 날뿌리는 '수삼'이라 하고, 껍질을 벗겨 햇볕에 말리면 딱딱하고 하얀 '백삼'이 되고, 껍질째 한 번 쩌서 말리면 색깔이 불그스름한 '홍삼'이 된다. 약재로 만드는 방법에 따라 효능도 다르고 성분도 달라진다고 한다.

인삼은 한 가지 병을 고치는 약이라기보다, 두루두루 몸을 튼튼하고 건강하게 해 준다. 사람 기운을 북돋우고, 면역력을 높이며, 몸속에 쌓인 독을 풀어 준다. 하지만 몸에 좋다고 해서 계속 달아서 먹을 만한 약은 아니다. 기운을 늘 북돋는 작용 때문에 몸에 부담이 되고, 다른 음식을 먹고 싶은 생각이 줄어들게도 한다. 특히 흥분제와 비슷한 효과를 내기 때문에 몸에 열이 많을 때나 잠을 잘 못 잘 때, 염증이 생겼을 때는 안 먹는 게 좋다.

✽ 여러해살이풀
🛈 60cm쯤
✽ 3~4월
◉ 6~7월
🧺 심은 지 3~6년

다른 이름 심, 삼, 고려삼, 산삼, 야삼, 고려인삼, 조선인삼

나는 곳 밭에 심어 가꾼다.

특징 산삼 씨앗을 밭에 뿌려 기른 것이다.

쓰임새 뿌리로 차를 우려 마신다.

약재 이름 인삼

인삼

2006.04 경기 수원

줄기가 하나 어른 무릎 높이까지 올라와 큰다.
줄기 끝에 작은 잎이 다섯 장 달린 겹잎이 빙 둘러서
난다. 뿌리가 사람 모양을 닮았다. 옆으로 누워 자란다.
여름에 콩알 같은 열매가 맺혀서 점점 빨갛게 익는다.

나팔꽃

Ipomoea nil

나팔꽃은 꽃밭이나 길가에 일부러 심어 기르는 한해살이 덩굴풀이다. 원래는 따뜻한 열대 아시아 지방에서 자라던 식물이다. 꽃이 나팔처럼 생겼다고 '나팔꽃'이라고 하고, 칠월칠석 견우와 직녀가 만나는 때에 핀다고 '견우화'라고도 한다. 천 년쯤 전에 약으로 쓰려고 들여왔다가 온 나라로 퍼졌다고 한다.

나팔꽃은 자기 혼자 힘으로는 못 크고 받침대나 다른 나무를 타고 자란다. 가느다란 줄기가 시계 방향으로 다른 물체를 뱅뱅 감으면서 뻗는다. 줄기에는 하얀 털이 빽빽하게 난다. 잎은 어긋나고 잎자루가 길다. 잎은 세 갈래로 갈라지고 밑이 궁둥이처럼 옴폭 파여 있다. 잎이 안 갈라지고 둥근 것은 둥근잎나팔꽃이다. 여름과 가을 사이에 잎겨드랑이에서 꽃이 핀다. 보라색 꽃이 가장 많이 피는데 붉은색, 흰색, 분홍색, 파란색 꽃도 핀다. 도르르 말려 있던 꽃이 스르르 풀리면서 나팔처럼 활짝 핀다. 아침 일찍 피었다가 햇볕이 뜨거운 점심때가 되면 시든다. 꽃이 지면 꽃받침 속에 둥근 열매가 맺힌다. 열매가 여물면 쩍 벌어진다. 열매 속에는 송편처럼 생긴 까만 씨앗이 들어 있다.

나팔꽃은 여문 씨를 받아 햇볕에 말려서 약으로 쓴다. 쓸 때에는 물에 담가 부풀리거나 냄비에 넣고 볶아 쓰기도 한다. 나팔꽃씨는 똥을 무르게 하고 오줌이 잘 나가게 하고 몸속에 있는 벌레를 없앤다. 부기를 가라앉히는 약으로도 쓴다. 그래서 변비로 오랫동안 똥이 안 나오거나, 몸이 붓고 배에 물이 차거나, 배 속에 기생충이 있을 때 달여 먹거나 가루를 내서 먹는다. 씨앗에는 독이 있어서 조심해서 써야 한다. 아기를 가진 엄마나 위가 약한 사람은 먹으면 안 된다.

나팔꽃과 비슷한 꽃으로 메꽃이 있다. 메꽃 종류는 꽃은 눈에 쉽게 띄어도 열매는 보기 어렵다. 주로 땅속줄기로 번식한다. 메꽃은 나팔꽃보다 조금 작다. 어린순을 나물로 먹고 땅속줄기도 삶아서 먹는다. 땅속줄기에는 녹말이 있어서 먹을 게 모자랄 때 밥 대신으로도 먹었다. 애기메꽃은 꽃자루에 날개가 있다. 애기메꽃이 좀 더 흔하게 볼 수 있다. 갯메꽃은 잎이 둥글둥글하다.

✾ 한해살이풀	**다른 이름** 금령이, 나발꽃, 견우화
❶ 200~300cm	**나는 곳** 마당, 길가에 심어 가꾼다.
✾ 7~9월	**특징** 꽃밭을 가꿀 때 많이 심는다. 다른 나무를 타고 자란다.
⬤ 8~10월	
⬢ 8~10월	**쓰임새** 꽃을 보려고 심는다.
	약재 이름 견우자

견우자

2003.09 경기 수원

다른 나무나 받침대를 감고 자란다. 가느다란 줄기가
시계 방향으로 감아 돌면서 올라간다. 줄기에는 흰
털이 빽빽하게 나 있다. 잎은 어긋나고 크게 세 갈래로
갈라진다. 꽃은 아침 일찍 피었다가 한낮에 시든다.

1. 메꽃 *Calystegia sepium*

2. 애기메꽃 *Calystegia hederacea*

3. 갯메꽃 *Calystegia soldanella*

1   2   3

배초향

Agastache rugosa

배초향은 햇볕이 잘 드는 자갈밭에서 잘 자라는 여러해살이풀이다. 남쪽 지방에서는 양념채소로 흔히 쓴다. 방아라고 한다. 찌개에도 넣고, 국수나 부침개를 할 때에도 쓴다. 열무김치를 담글 때에 넣기도 한다. 집집마다 마당에 심어 기른다. 풀이 우거진 들판이나 길섶에서도 볼 수 있다. 풀에서 솔향기 같기도 하고 깻잎 냄새 같기도 한 냄새가 난다. 잎을 손으로 비벼 보면 냄새가 더 진하게 난다.

배초향은 어른 무릎에서 허리춤까지 큰다. 줄기는 꼿꼿이 서다가 위에서 가지를 많이 친다. 대는 네모낳다. 줄기 따라 잎이 서로 마주난다. 잎몸은 둥그스름하지만 끝이 뾰족하고 가장자리에는 톱니가 둔하게 나 있다. 잎맥이 뚜렷하고 잎몸은 쪼글쪼글하다. 여름부터 자줏빛 꽃이 피는데 여름 더위가 물러날 때쯤에 더 활짝 핀다. 줄기나 가지 끝에서 작은 꽃들이 오밀조밀 모여서 꽃방망이처럼 핀다. 가까이 들여다보면 작은 꽃은 통 모양인데 끝이 두 갈래로 갈라졌다. 윗입술 꽃잎은 작고 아랫입술 꽃잎은 다시 세 갈래로 갈라진다. 수술이 꽃 밖으로 길게 삐져나와서 꽃방망이가 터실터실하다.

배초향은 꽃이 필 때 베어다가 약으로 쓴다. 여름에 감기 걸려 열이 나고 머리가 아플 때 먹으면 좋다. 먹은 것이 체해서 토하거나 설사를 할 때 먹어도 좋다. 입맛이 없을 때 먹으면 밥맛이 돌아온다. 달인 물로 입을 헹구면 구린 입 냄새가 싹 가시고, 무좀이나 부스럼이 난 살갗을 씻으면 좋아진다.

꿀풀은 꽃 뭉치가 배초향과 비슷하다. 여름에 꽃이 피는데 꽃에 꿀이 많다. 이 꿀로 벌을 쳐서 모은 꿀을 하고초꿀이라고 한다. 예전에는 아이들이 꽃을 따서 꿀을 빨아 먹었다. 약으로도 쓰는데 약 이름이 하고초이다. 꽃향유는 가을에 꽃이 핀다. 꽃향유도 꽃에 꿀이 많고 향기가 진하게 난다.

❀ 여러해살이풀
ⓘ 40~100cm
❀ 7~9월
🌰 9~10월
🧺 6~7월

다른 이름 방아풀, 깨풀, 중개풀, 방아잎

나는 곳 마당, 길가

특징 잎에서 향긋한 냄새가 난다.

쓰임새 어린잎은 나물로 먹는다. 잎을 차를 달여 마시거나 향신료로 김치, 찌개, 부침개에 넣어 먹는다.

약재 이름 곽향

곽향

어른 허리께까지 큰다. 줄기는 위쪽에서 가지를 많이
친다. 몇 포기씩 뭉쳐 난다. 대는 모가 나 있다. 잎은
마주나고 들깨잎을 닮았는데 작고 길쭉하다. 줄기나
가지 끝에서 자줏빛 꽃이 핀다.

2005.09 서울대 약초원

1   2

1. 꿀풀 *Prunella asiatica*

2. 꽃향유 *Elsholtzia splendens*

익모초

Leonurus japonicus

익모초는 길가나 밭둑이나 냇가에서 자라는 두해살이풀이다. 땅이 바짝 마르는 자리에서는 잘 자라지 못한다. 익모초는 '엄마에게 좋은 풀'이라는 뜻이다. 예전에는 집집마다 익모초를 잘 말려 두었다가 엄마가 애를 낳고 나면 달여 주었다고 한다. 제비쑥은 옛날에 '눈비얏'이라고 했 는데, 익모초가 제비쑥과 닮아서 '암눈비얏'이라는 이름이 붙었다고 한다.

익모초는 가을에 돋은 잎이 방석처럼 땅에 착 달라붙어서 겨울을 나고, 봄이 되면 대가 올라 와 어른 가슴팍까지 큰다. 줄기는 네모지고 하얀 털이 나 있다. 잎은 마주나는 데 길쭉하게 세 갈 래로 갈라지고, 갈라진 잎이 또 두세 갈래로 갈라진다. 잎 가장자리에는 톱니가 있다. 한여름에 줄기 위 잎겨드랑이마다 분홍빛 꽃이 줄기를 빙 둘러서 층층이 핀다. 꽃은 위아래로 갈라지고 아 래 꽃잎은 다시 세 갈래로 갈라지는데, 가운데 것이 가장 크고 붉은 줄이 나 있다. 가을에 씨가 여문다. 씨는 세모지며 검은빛이 난다.

익모초는 여름에 풀을 베어다가 햇볕에 잘 말린 뒤 썰어서 달여 먹는다. 씨를 쓸 때는 가을에 여물면 털어서 받는다. 엿을 고거나 가루로 빻아 알약을 만들어 먹기도 한다. 생즙으로도 먹는 다. 엄마가 아기를 낳고 나서 배가 아프고 피가 나고 몸이 부을 때 먹는다. 또 아기를 가지려고 하 는 엄마에게도 좋다. 달거리가 고르지 거나 달거리 할 때마다 배가 아픈 여자가 먹으면 좋다. 익 모초씨도 약으로 쓴다. 익모초와 약효가 비슷하지만 눈 아픈 것을 낫게 하고, 눈을 밝게 하는 데 더 좋다고 한다. 여름에 더위를 먹어 입맛이 없을 때는 생물을 뜯어다 즙을 내어 마신다. 맛은 아 주 쓰지만 신기하게도 밥맛이 돌아온다. 즙을 떠먹을 때는 꼭 나무숟가락을 써야 한다. 쇠숟가락 이 닿으면 약효가 떨어진다.

익모초는 잎이 긴 것을 보고 알지만, 송장풀이나 석잠풀도 익모초를 닮았다. 송장풀은 꽃이 희다. 냄새가 안 좋아서 이런 이름이 붙었다. 개속단, 개방아, 산익모초라고도 한다. 꿀을 모으기 에 좋다. 약으로도 쓴다. 석잠풀은 꽃이 마디 사이에서 돌려난다. 어린순을 나물로 먹고, 잎과 줄 기를 약으로 쓴다.

---

* 두해살이풀
* 100~150cm
* 7~8월
* 9~10월
* 여름, 가을

다른 이름 야천마, 충율, 암눈비얏, 임모

나는 곳 길가, 밭둑, 냇가

특징 아기를 낳은 엄마에게 약으로 쓴다.

쓰임새 생물로 즙을 내어 먹는다.

약재 이름 익모초(전초), 충위자(씨)

익모초(전초)

충위자 (씨)

2005.09 경기 수원

가을에 난 잎은 방석 모양으로 겨울을 난다.
봄에 대가 올라와 어른 키만큼 큰다. 줄기는 모가 나
있고 흰 털이 있다. 잎은 마주나는데 충충이
돌아가면서 난다. 잎이 깊게 갈라진다.

1   2

1. 송장풀 *Leonurus macranthus*

2. 석잠풀 *Stachys japonica*

수세미오이

Luffa cylindrica

수세미오이는 집 가까운 빈터나 담장, 울타리에 일부러 심어 기르는 한해살이 덩굴풀이다. 수세미는 설거지할 때 그릇을 닦는 물건이다. 지금은 돈을 내고 사서 쓰지만 예전에는 그물처럼 얼기설기 얽힌 수세미오이 열매 속을 수세미로 썼다. 그릇을 닦는 것 말고도 다른 살림도구를 만드는 데에도 쓰였다. 어린 수세미 열매는 먹고, 씨로 기름도 짰다. 그래서 예전에는 오이나 호박만큼 흔하게 많이 심었다. 수세미를 쓸 때는 다 익은 열매를 물에 담가 두었다가 껍질을 벗기고, 씨를 골라내서 쓴다.

수세미오이는 줄기에서 덩굴손이 나와서 기둥이나 담을 타고 올라간다. 줄기는 튼튼하고 만져 보면 모가 나 있다. 잎은 서로 어긋나고, 덩굴손은 잎과 마주난다. 잎은 어른 손바닥만큼 넓적하고 다섯 갈래로 갈라진다. 한여름부터 잎겨드랑이에서 노란 꽃이 핀다. 수세미오이는 암꽃과 수꽃이 따로 핀다. 수꽃은 여러 송이가 모여 피지만 암꽃은 홀로 핀다. 호박이나 박처럼 암꽃 씨방이 불룩불룩 커지면서 열매가 된다. 처음에는 오이 같다가 나중에는 길쭉한 호박처럼 커진다. 열매가 익으면 그 속이 실로 짠 그물처럼 촘촘하게 얽힌다.

수세미오이 열매를 달여 먹거나 즙을 짜 마시면, 열을 내리고 기침을 멈추고 가래를 삭인다. 또 머리나 배가 아프거나 젖이 잘 안 나올 때, 치질에 걸렸을 때 마셔도 좋다. 열매나 줄기에서 즙을 짜내 화장수로 쓰면 살결이 고와진다. 또 땀띠나 살이 트거나 헌 데, 불에 덴 상처에 발라도 좋다. 가을에 따거나 서리를 맞은 다음 따서 말린다. 열매즙을 짜서 마시기도 한다. 생것을 짓찧어 바르기도 한다.

여주는 수세미오이나 오이와 비슷하게 생겼지만 열매 겉에 돌기가 도돌도돌 나 있다. 잘라 보면 속이 빨갛다. 약으로도 쓰고 음식에 넣어서 먹기도 한다.

✽ 한해살이풀
ⓘ 400~800cm
✽ 8~9월
⬦ 10월
🗕 가을

다른 이름 수과, 사과등, 사과자, 수과락, 수세미외, 수세외, 천락사

나는 곳 밭. 울타리에 심어 가꾼다.

특징 열매 속이 실로 짠 그물처럼 얽혀 있다.

쓰임새 열매 속을 수세미로 쓰고, 바구니나 모자를 짠다.

약재 이름 사과락

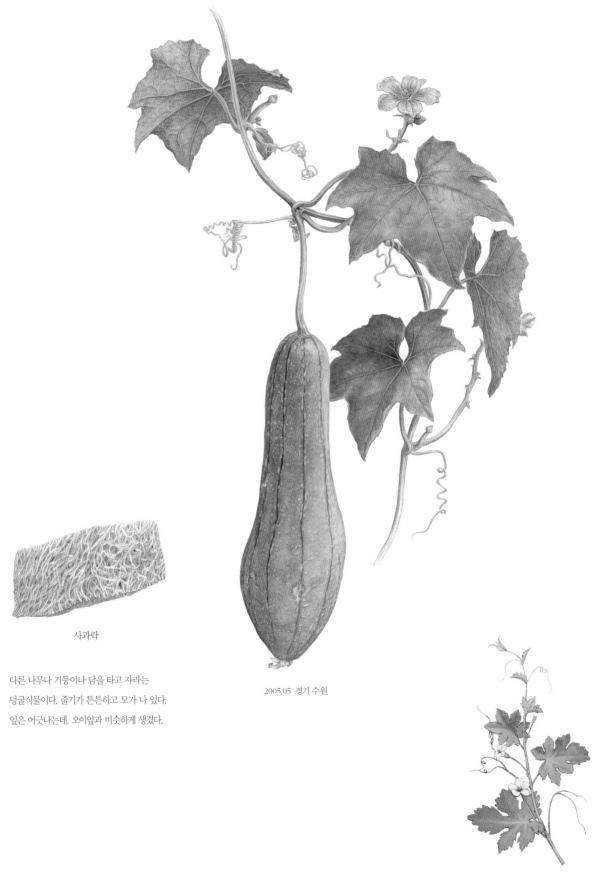

사과락

다른 나무나 기둥이나 담을 타고 자라는
덩굴식물이다. 줄기가 튼튼하고 모가 나 있다.
잎은 어긋나는데, 오이잎과 비슷하게 생겼다.

2005.05 경기 수원

여주 *Momordica charantia*

도라지

Platycodon grandiflorum

도라지는 햇볕이 잘 드는 산과 들에 피는 여러해살이풀이다. 요즘에는 밭에서 많이 기른다. 도라지밭에 가면 알싸한 도라지 냄새가 폴폴 난다. 뿌리를 반찬으로 많이 먹고 약으로도 쓰는데, 오래 묵은 도라지 뿌리는 인삼에 버금가는 약효를 지녔다고 한다.

도라지는 어른 허리춤쯤 키가 큰다. 줄기는 곧게 크고 위에서 가지를 친다. 줄기를 꺾어 보면 끈적끈적한 하얀 물이 나온다. 잎은 어긋나거나 마주 붙고 서너장이 돌려붙기도 한다. 잎은 달걀 꼴이고 끝이 뾰족하며 가장자리에 톱니가 나 있다. 여름부터 가지 끝마다 보라색 꽃이 하늘을 바라보고 핀다. 꽃봉오리가 공처럼 부풀어 오르다가 톡 터지며 꽃잎이 활짝 핀다. 꽃은 다섯 갈래로 얕게 갈라진다. 하얀꽃이 피면 '백도라지'라고 하고, 꽃이 겹으로 피면 '겹도라지'라고 한다. 가을에 열매가 맺는데, 열매 속에 검은 밤색 씨가 많이 들어 있다.

도라지 뿌리는 인삼을 닮았다. 도라지 뿌리에는 사포닌이 들어 있어서 씹어 보면 씁쓸하고 아리다. 뿌리가 5년 넘게 커야 약효가 좋다고 한다. 감기에 걸려 열나고 기침 나고 가래가 끓을 때 물에 달여 먹으면 썩 잘 낫는다. 또 숨이 가쁘고 가슴이 답답할 때나 목이 아프고 쉬었을 때도 먹는다. 폐렴이나 폐결핵에 걸렸을 때나 배가 아프고 물똥을 쌀 때 먹어도 좋다. 가루를 빻아 먹거나 솥에서 오랫동안 고아 내기도 한다.

더덕은 도라지보다 뿌리가 굵고 크다. 줄기는 덩굴져 자란다. 산에서 더덕을 캘 때는 멀리서도 더덕 냄새를 맡고 찾아서 캔다. 어린잎을 삶아서 나물로 먹기도 한다. 더덕 뿌리로 고추장장아찌, 생채, 자반, 구이, 누름적, 정과, 술 따위를 만든다. 더덕구이는 특히 맛이 좋은데, 햇더덕을 얇게 저며 칼등으로 자근자근 두들겨서 찬물에 담가 우려낸다. 그 다음 참기름을 무치고 양념장을 골고루 발라 석쇠에 구워 먹는다. 약으로도 쓴다. 만삼도 덩굴로 자란다. 깊은 산에서 자라는데 향이나 맛이 더덕과 비슷하다. 더덕보다 더 낫다고도 한다. 도라지모시대는 깊은 산 풀숲에서 자란다. 어린순을 나물로 먹고 뿌리는 약으로 쓴다. 요즘은 많이 드물어져서 보기 어렵다.

✿ 여러해살이풀	**다른 이름** 도래, 돌가지, 백약, 도랏,	
❶ 40~100cm	산도라지, 백도라지, 약도라지	
✿ 7-9월	**나는 곳** 볕이 잘 드는 산과 들. 밭에도 심어 가꾼다.	
⚬ 10월	**특징** 가까이 가면 도라지 냄새가 난다.	
▥ 가을, 봄	**쓰임새** 뿌리를 나물이나 장아찌나 묵나물로 먹는다.	
	어린잎은 나물로 먹는다.	
	약재 이름 길경	

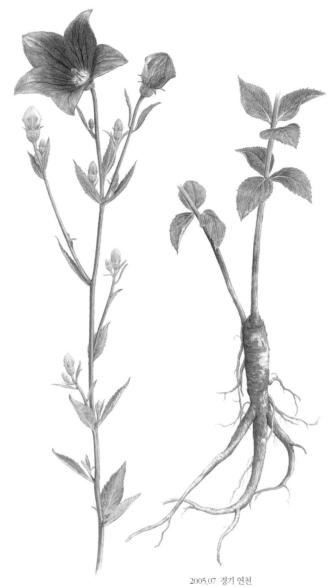

길경

2005.07 경기 연천

줄기는 곧게 크고 위쪽에서 가지를 친다.
잎은 어긋나기도 하고 마주나기도 한다. 아래쪽에서는
석 장이 돌려나기도 한다. 꽃봉오리가 풍선처럼
부풀다가 터지듯 꽃이 핀다. 뿌리는 인삼 모양이다.

1. 더덕 *Codonopsis lanceolata*

2. 만삼 *Codonopsis pilosula*

3. 도라지모시대 *Adenophora grandiflora*

구절초

Dendranthema zawadskii var. latilobum

구절초는 볕이 잘 드는 산속 풀밭에서 자라는 여러해살이풀이다. 산등성이에서 많이 자라고, 들에서도 볼 수 있다. 꽃을 보려고 일부러 집에서 기르기도 한다. 쑥부쟁이, 개미취, 감국 따위와 함께 그냥 들국화라고 많이 한다. 구절초라는 이름은 '마디가 아홉 번 꺾어지는 풀'이라는 뜻이 있다. 또 음력 '9월 9일에 꺾어서 약으로 쓰는 풀'이라는 뜻도 있다. 이 때쯤에 구절초 꽃이 만발한다.

구절초는 땅속줄기가 옆으로 뻗으면서 무더기로 자라는데, 키가 어른 무릎만큼 자란다. 줄기는 곧게 서고 가지가 갈라진다. 뿌리잎과 줄기 아래 잎은 달걀꼴이거나 넓은 달걀꼴이고 움푹움푹 깊게 갈라진다. 줄기잎은 작고 조금 깊게 갈라진다. 꽃은 서리가 내리고 오슬오슬 추워질 때 핀다. 가운데가 노랗고 가장자리 꽃잎이 하얗거나 불그스름하다. 다른 들국화보다 꽃이 큼지막하고 가지 끝에 하나씩 핀다. 꽃향기는 좋지만 줄기와 잎에서는 국화 특유의 씁쓰름한 냄새가 난다. 가을에 열매가 익는데 아래쪽이 살짝 굽는다.

구절초는 음력 9월 9일 무렵에 줄기째 베어다가 그늘에서 잘 말린 뒤 약으로 썼다. 생즙을 졸여서 조청을 만들어 먹어도 된다. 맛이 씁쓸하기 때문에 꿀을 타 먹어도 좋다. 예로부터 시집간 딸이 친정에 와서 아기를 낳고 나면 어머니가 달여 주었다. 여자들 손발이 차고 아랫배가 차서 배가 아플 때, 아기를 낳은 뒤 몸이 아플 때 달여 먹는다. 또 몸이 차서 아기가 들어서지 않을 때 오랫동안 먹으면 아기를 가질 수 있다. 또 감기나 몸살이나 소화가 안 될 때도 먹는다.

쑥부쟁이는 구절초보다 일찍 꽃이 핀다. 들과 산에서 가을 국화가 피기 시작할 때 흔히 보이는 것이 쑥부쟁이이다. 그러고 나면 구절초가 핀다. 쑥부쟁이는 산백국이라고 해서 기침이 나거나 염증이 있는 데에 쓴다. 달여 먹거나 찧어낸 즙을 마신다. 벌에 쏘이거나 뱀에 물렸을 때도 짓찧어서 붙인다. 봄에 나물로 먹는데 아주 맛이 좋다. 개쑥부쟁이는 연한 보랏빛 꽃이 핀다. 기침이 나거나 오줌을 잘 누게 하는 약으로 쓴다.

✽ 여러해살이풀

🛈 50cm쯤

✽ 9~11월

⏱ 10~11월

🧺 가을

다른 이름 들국화, 선모, 산구절초, 산선모초

나는 곳 볕이 잘 드는 산속 풀밭.

특징 흔히 들국화라고 하는데, 그 가운데 꽃이 큰 편이다.

쓰임새 꽃을 베개 속에 넣거나 술을 담가 먹는다

약재 이름 구절초

구절초

2003.10 경기 수원

무더기로 모여 자란다. 줄기는 곧게 서고 가지를
여러 번 친다. 뿌리잎과 줄기 아래 잎은 움푹하고
깊게 갈라져 있다. 줄기 위쪽 잎은 작다. 꽃은 서리가
내릴 때가 다 되어야 핀다. 가운데가 노랗고
가장자리 꽃잎은 희거나 불그스름하다.

1. 개쑥부쟁이 *Aster meyendorfii*
2. 쑥부쟁이 *Aster yomena*

1   2

쌍떡잎식물
국화목
국화과

감국

Dendranthema indicum

감국은 산기슭이나 집 근처나 밭둑에 많이 피는 여러해살이풀이다. 흔히 '들국화'라고 하는 꽃들 가운데 하나이다. 감국이라는 이름은 '단맛이 나는 국화'라는 뜻이다. 옛날에는 감국으로 여러 가지 요리를 만들어 먹어서 '요리국'이라고도 했다. 요즘은 말려서 차로 많이 마신다.

감국은 어른 허리춤쯤에서 가슴팍께까지 크고 줄기가 붉다. 줄기에는 하얀 털이 나 있고 가지가 많이 갈라진다. 잎은 어긋난다. 잎몸은 깊게 갈라지고 톱니가 뾰족뾰족 난다. 가을이 되면 가지 끝마다 노란 꽃이 다보록다보록 핀다. 산국은 감국과 아주 닮았는데 꽃이 더 작고 줄기에 흰 빛이 돈다.

감국은 가을에 꽃을 따서 약으로 쓴다. 끓는 물에 살짝 데친 뒤 그늘에서 말린다. 속이 비었을 때 먹는다. 열을 내리고 독을 풀어 주는 힘이 있다. 간을 튼튼하게 해 주고 눈도 밝게 해 준다. 감기에 걸려 열이 나면서 머리가 아프고 어지러울 때 먹으면 좋다. 눈이 빨갛게 충혈되었을 때에는 달인 물로 눈을 씻어 준다. 종기나 부스럼에는 생꽃을 짓찧어서 붙이면 잘 낫는다. 꽃은 향기가 좋아서 예로부터 잘 말려서 이불 한 귀퉁이나 베개 속에 넣었다. 은은한 꽃 냄새가 마음을 편하게 해서 잠을 잘 못 이루는 사람에게 좋은 약이 되었다. 머리가 자주 아프고 비듬이 많으면 감국 우린 물로 머리를 감으면 좋아진다. 더구나 머리카락이 빠지거나 하얗게 쇠는 것을 미리 막아 주고 머리카락도 튼튼해진다.

산국은 향엽국이라고 하는데. 두통이 있거나 가래가 있을 때, 어지러울 때 약으로 쓴다. 감국이 산국보다 따뜻한 곳에 살아서 남부 지방에서 흔히 보이는 들국화라면, 산국은 중부 지방까지 전국 어디서나 볼 수 있다. 공기가 맑고 늘 물기가 적당한 땅에서 살기 때문에 산국이 사는 곳이라면 사람이 살기에도 알맞다. 늦은 가을에 꽃이 피고, 더러 서리가 내릴 때까지 꽃이 남아 있기도 한다. 쑥방망이는 약으로 쓸 때는 참룡초라고 하는데, 벌에 쏘이거나 뱀에 물렸을 때 쓴다. 모두 봄에 어린순이 나올 때는 나물로 먹는다.

✿ 여러해살이풀	**다른 이름** 들국화, 단국화, 산황국,
❶ 60~150cm	황국화, 요리국, 신감국
✿ 9~11월	**나는 곳** 집 근처, 밭둑, 산기슭
⏱ 10~11월	**특징** 들국화 가운데 단맛이 많이 난다.
👑 가을	**쓰임새** 차를 우리거나 술을 담근다.
	약재 이름 감국

감국

2006.10 경기 포천

여느 들국화처럼 뿌리줄기가 옆으로 뻗는다.
줄기는 여럿이 모여난다. 잎은 어긋나고 깃꼴로 깊게
갈라진다. 날이 추워질 무렵 줄기와 가지 끝에 노란
꽃이 모여 핀다. 향기도 좋게 난다.

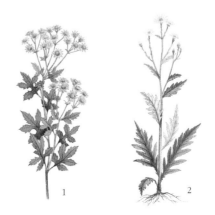

1. 산국 *Dendranthema boreale*

2. 쑥방망이 *Senecio argunensis*

1   2

쑥

Artemisia princeps

쑥은 길가나 빈터나 묵정밭이나 논두렁 밭둑 아무 곳에서나 잘 자라는 여러해살이풀이다. 쑥 쑥 큰다고 쑥이다. 쑥은 세계 여러 나라에서 오래전부터 흔한 먹을거리였고, 약으로도 썼다. 단군 신화에도 나올 만큼 우리나라 사람들도 오래전부터 쑥을 먹었다. 나물로도 먹고, 국을 끓여 먹 거나, 떡을 해 먹거나, 차를 끓여 먹기도 한다.

쑥은 뿌리가 옆으로 뻗으면서 군데군데에서 싹이 돋는다. 어른 가슴팍께까지 크는데 가지를 많 이 치고 덤부렁듬쑥하게 풀숲을 이룬다. 줄기는 세로로 골이 파여 있다. 온몸에 하얀 털이 잔뜩 덮여 있어서 희끄무레하다. 온몸에서는 씁쓰레한 냄새가 난다. 잎은 어긋나며 깊게깊게 갈라지고 톱니가 삐쭉삐쭉 난다. 뿌리에서 나온 잎과 줄기 밑에서 난 잎은 나중에 누렇게 말라 죽는다. 한 여름부터 불그스름한 꽃이 다다귀다다귀 모여서 핀다. 꽃은 보리알처럼 둥그렇고 자잘하다.

쑥은 단오 때 베어야 약효가 가장 좋다고 한다. 대를 다발로 묶어서 처마 밑 그늘에 매달아 말 린다. 바싹 말리지 말고 물기가 좀 남아 있게 말리는 게 좋다. 말린 잎을 물에 달여 먹으면 여자 들 배를 따뜻하게 해서 여러 가지 병을 낫게 해 준다. 또 위를 튼튼하게 해 준다. 피가 나거나 상 처가 난 곳에는 생풀을 짓찧어서 붙이면 상처를 소독해 주고 잘 아물게 해 준다. 말린 쑥 잎으로 뜸을 뜨고, 달인 물로 목욕을 하면 살갗에 난 부스럼이나 종기를 낫게 해 준다.

쑥은 여러 종류가 있다. 떡쑥은 온몸에 흰 털이 나 있다. 순을 나물로 먹거나 떡에 넣어 먹는 다. 차로도 마신다. 산쑥은 산에 햇볕이 잘 드는 풀밭에서 자란다. 약으로 쓸 때는 산애라고 하는 데 당뇨병이나 감기에 쓴다. 뜸쑥으로도 쓴다. 사철쑥은 냇가 모래땅에서 흔히 자란다. 오줌을 잘 누게 하고, 황달에 쓴다. 개똥쑥은 빈 땅이나 길가에서 흔히 보는 쑥이다. 줄기에 털이 없다. 감기에 걸렸거나 소화가 잘 안 될 때 쓴다. 참쑥은 산에 풀밭에서 자란다. 잎은 배가 차거나 설사 를 하는 데에 쓰고, 열매는 눈을 밝게 하는 데에 쓴다.

❋ 여러해살이풀	**다른 이름** 사재발쑥, 약쑥, 타래쑥, 바로쑥	
ⓘ 60~120cm	**나는 곳** 길가, 묵정밭. 논둑, 밭둑.	
❋ 7~9월	**특징** 온몸에서 씁쓰레한 쑥향이 진하게 난다.	
⦶ 가을	**쓰임새** 어린 쑥은 뜯어다가 국을 끓여 먹거나	
⛁ 4~7월	떡을 해 먹는다.	
	약재 이름 애엽	

애엽

뿌리가 옆으로 뻗으면서 드문드문 싹이 돋는다.
겨울에는 땅바닥에 붙어 있다가 봄부터 자란다.
온몸에 흰 털이 잔뜩 덮여 있다. 잎은 어긋나고
깊게 갈라진다.

2006.08 인천 강화

1. 떡쑥 *Pseudognaphalium affine*

2. 산쑥 *Artemisia montana*

3. 사철쑥 *Artemisia capillaris*

4. 개똥쑥 *Artemisia annua*

5. 참쑥 *Artemisia dubia*

민들레

Taraxacum platycarpum

민들레는 길가나 빈 땅이나 논, 밭, 산기슭 어디에서나 흔히 볼 수 있는 여러해살이풀이다. 하지만 도시에서 흔히 보는 민들레는 거의 서양민들레이다. 서양민들레는 다른 나라에서 들어와 우리 땅에 뿌리내린 풀이다. 꽃을 받치고 있는 꽃받침 잎이 뒤로 젖혀지면 서양민들레고, 뒤로 안 젖혀지고 꽃을 감싸고 있으면 토박이 민들레이다. 흰민들레는 흰 꽃이 핀다. 흰민들레도 토종 민들레이다. 민들레를 나물로 먹는 곳에서는 어린순을 도려서 먹는다. 쌉싸름한 맛이 난다. 잎으로 쌈을 싸 먹기도 하고, 차로도 끓여 마신다.

민들레는 줄기가 따로 없다. 톱날같이 삐죽빼죽한 잎이 뿌리에서 곧장 나온다. 잎을 자르면 끈끈한 하얀 즙이 나온다. 봄이 되면 가느다란 대궁이 아이 무릎께까지 쭉 올라오고 그 끝에 노란 꽃이 핀다. 사실 꽃 한 송이처럼 보이지만 작은 꽃들이 많이 모여 핀 것이다. 가까이서 들여다보면 꽃잎 한 장 한 장은 암술과 수술이 달린 꽃 한 송이다. 꽃이 지면 하얀 솜털이 둥그렇게 달린다. 솜털 끝에 씨가 하나씩 매달려 있다. 바람이 불면 솜털이 씨를 매달고 둥실둥실 날아간다. 겨울이 되면 잎이 땅바닥에 딱 붙어서 겨울을 난다.

민들레는 꽃이 피었을 때 뿌리째 캐어다 약으로 쓴다. 소화가 잘 되지 않거나, 위염에 좋아서 예전부터 배가 아플 때는 민들레를 달여 먹었다. 열을 내리고 기침을 멈추게 하고 가래도 삭여 준다. 몸속에 쌓인 나쁜 독도 풀어 준다. 또 아기를 낳은 엄마가 젖이 안 나올 때 민들레를 달여 먹으면 젖이 잘 나온다고 한다. 곪거나 부스럼이 생긴 살갗에 잎을 짓찧어서 붙이면 상처가 잘 낫고, 살갗에 난 사마귀를 없애 주기도 한다. 흰민들레가 약효가 더 낫다고도 한다.

✿	여러해살이풀	**다른 이름**	포공, 황화지정, 앉은뱅이, 문들레
❶	20~30cm	**나는 곳**	길가, 빈 땅, 밭둑, 산기슭
✿	3~5월	**특징**	도시에서 보는 것은 거의 서양민들레이다.
⏱	5~6월	**쓰임새**	잎을 나물로 먹는다.
🧺	봄, 여름	**약재 이름**	포공영

포공영

2007.05 충북 제천

줄기는 따로 나지 않고 뿌리에서 잎이 곧장 나온다.
잎은 톱날같이 삐쭉하고 길쭉하다. 잎을 자르면
흰 즙이 나온다. 겨울에는 땅바닥에 달라붙어 있다.
봄에 꽃대가 자라서 노란 꽃이 핀다.

1

2

1. 서양민들레 *Taraxacum officinale*

2. 흰민들레 *Taraxacum coreanum*

바다나물

바다나물

6_1 바다나물 하기와 기르기

바닷말 가운데 먹을 수 있는 것은 '바다나물'이라고도 한다. 바닷말은 차가운 물을 좋아해서 대부분 쌀쌀한 늦가을에 나기 시작해 추운 겨울과 이른봄까지 한창 자라는 제철이다. 바다로 둘러싸인 덕분에 우리나라 사람들은 봄부터 가을까지는 땅에서 나는 제철 먹을거리를 먹을 수 있고, 겨울에는 바다에서 나는 바다나물을 먹을 수 있다.

바닷말은 사는 곳에 따라 색깔이 다르다. 갯바위부터 수심 1m쯤 되는 얕은 바다에 사는 바닷말은 햇빛이 잘 들기 때문에 몸에 지닌 푸른 엽록소만으로 영양분을 만들 수있다. 색깔이 푸르다고 '녹조류'라고 한다. 갯바위에 흔하게 돋는 파래나 얕은물에 사는 청각이 녹조류에 든다.

파래보다 더 깊은 바다에 사는 미역이나 다시마는 햇빛이 덜 들기 때문에 엽록소말고도 갈색 색소를 지녀야 영양분을 만들어 낸다. 색깔이 갈색이어서 '갈조류'라고 한다. 갈조류 가운데 사람 키를 훌쩍 넘어 몇 미터까지 자라는 모자반은 바닷속에서 우거져 숲을 이루기도 한다.

햇빛이 거의 들지 않는 깊은 바다에 사는 바닷말은 붉은빛을 내는 색소를 몸에 지닌다. 색깔이 붉다고 '홍조류'라고 한다. 그런데 홍조류는 사는 범위가 넓어서 바닷가 얕은 데서부터 깊은 바닷속까지 널리 퍼져서 산다. 우리 밥상에 자주 올라오는 김이나 묵을 만들어 먹는 우뭇가사리가 홍조류다.

바다나물은 추운 때에 많이 난다. 미역은 가을부터 봄까지 많이 하고, 김은 겨울에, 모자반이나 톳도 겨울에서 초봄 사이에 많이 난다. 여름에는 말린 것을 쓴다. 농사를 지어 먹는 채소들은 대개 여름에서 가을 사이에 많이 나는데, 겨울이 되면 바다나물이 제철 음식으로 난다.

바닷가에서 나는 것을 흔히 갯것이라 하고, 갯것 하러 가는 것을 두고는 개발하러 간다고 한다. 갯바위들은 온갖 것을 길러낸다. 철 따라 파래, 김, 가시리, 톳, 우뭇가사리가 난다. 바닷가 사람들은 그것을 매러 수시로 드나든다. 미역은 낫으로 베고, 파래는 손으로 뜯고, 톳은 칼로 벤다. 김은 쇠솔이나 전복 껍질로 긁어 모은다. '다시마는 고려에서만 난다'거나, 신라에서 좋은 바다나물이 난다는 기록이 있었을 만큼 우리나라 사람들은 오래전부터 바다나물을 했다.

미역이나 다시마가 가장 오래전부터 해 온 바다나물이다. 옛부터 바다에서 자라는 미역이나 다시마를 거두는 방법은 지금까지 많이 달라지지는 않았다. 물가 바위에서 자라는 것은 그대로 낫으로 베고, 배를 타고 나가서 미역을 하기도 했다. 긴 장대 끝에 낫을 달아서 물속에 있는 미역을 베어낸 다음 그것을 끌어 올렸다. 미역이 많이 자라는 곳에서는 끌개로 긁어서 미역을 감아올리듯 배 위로 끌어 올리기도 했다. 물속에 들어가 자맥질을 해서 미역을 따는 일도 많았다. 자맥질을 하는 것은 특히 남해나 제주도에서 많이 했다.

바다나물을 따로 길러서 먹기 시작한 것도 아주 오래되었다. 미역과 다시마, 김 따위를 길렀다. 미역은 씨가 바위에 붙을 수 있도록 양식장에 돌을 조절해 주는 일부터 했다. 미역이 잘 자라는 곳의 바닥모래나 자갈 위에 표면이 꺼슬꺼슬한 돌멩이들을 넣어 주어서 미역 양식밭을 만들었다. 또 미역이 원래부터 잘 자라는 바위는 개닦기를 해서, 해마다 미역을 거둘 수 있도록 했다. 개닦기는 미역 씨라고 할 수 있는 포자들이 잘 붙어살도록 바윗돌들을 수세미나 다른 도구를 써서 닦아 주는 것이다.

미역 씨를 옮겨와 퍼뜨리는 방법도 썼다. 우선 미역귀와 작은 미역을 얻어내어 그것을 조건이 보다 좋은 다른 양식장으로 옮기는 것이다. 농사지을 때 모종을 내어 옮기는 것과 비슷하다. 미역 포자를 얻을 때는 미역귀를 떼내어 그늘 속에서 말려 얻었다. 이렇게 얻은 포자를 밧줄이나 천을 댄 종자받이틀에 붙여 키웠다. 다시마도 미역과 비슷한 방법으로 한다. 오래전부터 해 오던 것은 개닦기와 돌넣어주기 방법들을 쓰고, 종자를 받아 옮겨 기르는 방법도 썼다.

김도 오래전부터 길렀다. 김을 기를 때는 섶이나 발을 내리고 거기에 씨를 묻혀 키운다. 왕대나 나뭇가지를 수직으로 꽂아서 하는 수직 양식법과 발을 만들어 수평으로 하는 수평 양식법이 있다. 수평으로 하는 방법이 오래전부터 하던 것이었다. 여기에 쓰인 떼발은 '염(簾)'이라고 했다.

김을 해 와서 말릴 때는 맨 먼저 김 발장을 만든다. 산에서 띠풀을 해와서 발장을 한 장씩 짠다. 발장에 바위를 타면서 긁어 온 물김을 민물에 씻어서 물에 풀어 놓는다. 그 물에 발장을 띄우고 네모난 김틀을 살짝 올려 놓는다. 손가늠으로 그 틀 안에 김을 올리고 손으로 편다. 고르게 너는 것이 어렵다. 두께가 다르면 김이 오그라들어 붙는다. 그렇게 한 다음 볕에 널어 말렸다가 먹는다.

바다에서 저절로 난 것을 거둔 것이나, 따로 기른 것이나 바다나물을 한 다음에는 말려서 보관하는 것이 많다. 말려 두면 오랫동안 두고 먹을 수도 있고, 이것을 들고 나가 살림에 필요한 다른 양식이나 물품과 바꿔 쓰기에도 좋았다.

파래

Enteromorpha

파래는 바닷가 바위나 돌에 붙어서 자라는 흔한 바닷말이다. 민물이 흘러들어 오는 곳에서 잘 자라고, 바닷가 물웅덩이에서 넓게 무리를 짓기도 한다. 김이 나는 곳에 섞여서 나는 것도 볼 수 있다. 김 양식장에서는 파래가 섞여 나지 않도록 애를 쓴다. 파래는 많이 먹는 바다나물이고 종류도 여러가지다. 흔히 잎이 넓은 갈파래와 실오라기처럼 가늘고 긴 잎파래로 나눈다. 잎파래가 맛이 더 좋다. 겨울에서 봄 사이가 제철이지만, 물이 잘 흐르는 곳에서는 1년 내내 볼 수 있다. 양식도 한다. 늦가을에 새로 돋은 파래를 깨끗이 씻어서 무를 채 썰어 넣고 새콤하게 무치면 입맛을 돋워 준다. 파래는 된장국도 끓이고 부침개도 해 먹는다. 말렸다가 밑반찬을 만들어 먹거나 김과 섞어서 파래김도 만든다.

가시파래는 흔히 감태라고 한다. 남해 뻘밭에서 난다. 무척 가늘고 길며 드물게 난다. 쌀쌀한 늦가을에 돋기 시작해 겨울에 잠깐 나온다. 김 양식장에서도 볼 수 있다. 갯마을에서는 가시파래를 '감태'라고 하고, 물이 빠졌을 때 뻘밭에서 가시파래를 뜨는 것을 '감태를 맨다'고 한다. 추운 겨울에 허리를 구부려서 뜨다 보니 김매는 것처럼 힘들다고 이런 말이 생겼다. 감태는 뜯어서 바닷물과 민물에 씻은 뒤 타래처럼 말아 낸다. 소금과 풋고추를 넣고 '감태김치'를 만들어 먹는다. 김처럼 말려서 밥을 싸 먹기도 한다. 바닷말을 분류하는 학자들이 '감태'라고 이름 붙인 것은 전혀 다른 종류이다.

매생이는 파래와 달리 매생이과다. 바다나물 가운데 가장 가늘다. 남해 뻘밭에서 자라고 자갈이나 바위에 붙어서 살기도 한다. 양식도 한다. 11월 중순쯤 돋기 시작해서 이듬해 1~2월이면 다 자란다. 검푸른 빛에 윤이 나고 촘촘하며, 만지면 미끌미끌하다. 비슷하게 생긴 가시파래보다 조금 늦게 나온다. 김 양식장에서 김발에 붙어 자라기도 한다. 매생이는 바위나 양식줄에 붙어 있는 것을 훑어서 거두기 때문에 '매생이 훑는다'고 한다. 매생이는 훑어서 바닷물과 민물에 잘 씻은 뒤 한줌씩 크게 말아 낸다. 이 한 뭉치를 '재기'라고 한다. 매생이로 국을 끓이면 감칠맛이 나고 향긋하다. 무척 부드럽고 서로 엉켜서 풀어지지 않는다. 굴이나 돼지고기와 함께 끓이기도 한다. 차게해서 먹어도 갯내가 안 나고 구수하다. 맛이 좋아서 숨겨 놓고 혼자만 먹는다는 말도 있다.

🛈 10~20cm

🧺 겨울, 봄

다른 이름 포래, 물포래, 청태, 싱기

나는 곳 갯바위

특징 흔하고 많이 먹는 바다나물이다.

쓰임새 나물로 먹고,

김과 섞어서 파래김도 만든다.

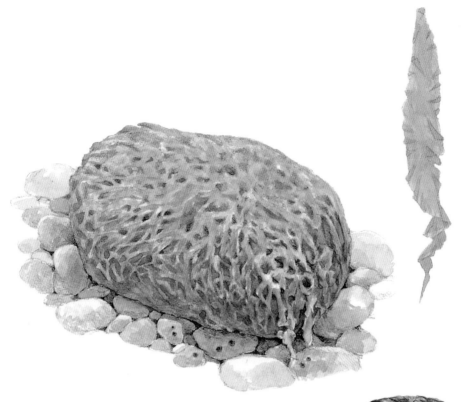

2003.02 경남 통영

물 위로 건져 놓은 것은 파래나 감태나 매생이나
실타래같은 모양새를 한다. 빛깔도 차이가 있지만
굵기를 보면 쉽게 가릴 수 있다. 파래는 굵고 거칠고,
매생이는 아주 가늘고 매끈하다. 감태가 둘 사이
중간쯤이다.

다른 바닷말과 섞여서 자라는 파래

1   2003.12 서울 노량진시장   2   2004.01 서울 노량진시장

1. 가시파래 *Ulva prolifera*

2. 매생이 *Capsosiphon fulvescens*

미역

Undaria pinnatifida

미역은 바닷속 바위에 붙어서 자란다. 동해와 남해와 제주도에서 많이 난다. 부산 기장과 전남 완도는 미역 양식을 많이 하는 곳이고, 강원도 삼척이나 제주 돌미역도 유명한데, 전남 조도와 그 일대에서 나는 미역은 '진도곽'이라고 해서 오래전부터 첫손으로 꼽았다.

미역은 흔하고 영양이 많아서 아주 즐겨먹는 바다나물이다. 양식도 많이 한다. 다시마처럼 잎과 줄기와 뿌리로 되어 있고 길이는 1~2m쯤 된다. 뿌리 바로 위에 쭈글쭈글하게 생긴 미역귀가 있는데 여기에서 미역 씨가 나온다. 미역을 딸 때 미역귀를 남겨 두면 다음에 또 자라난다. 양식을 할 때는 미역 씨를 밧줄에 끼워 바닷물에 담궈 둔다. 100일쯤 지나서 거둔다. 갯바위에서 키우는 돌미역은 일이 더 많다. 겨울에는 미역이 붙어 자랄 갯바위를 닦는다. 갯닦기라고 하는데 두세 달 꼬박 걸리기도 한다. 김매기와 비슷해서 미역 자랄 바위에 다른 바닷말이 자라는 것을 닦아 내는 것이다. 여름에는 높은 자리에 자라는 미역이 마르지 않도록 한낮에 물을 주어 적신다. 이렇게 자란 미역은 양식해서 기른 미역보다 거칠지만 견줄 수 없이 깊은 맛이 난다.

미역은 말렸다가 국을 끓여 먹는다. 피를 맑게 하고 젖이 잘 나오게 도와주기 때문에 아기를 낳은 엄마는 미역국을 많이 먹는다. 줄기는 볶아 먹고 미역귀는 따로 모아서 말렸다가 튀겨 먹는다.

다시마는 미역과 달리 다시마과다. 물이 차고 맑은 동해에서 많이 난다. 바닷속 바위에 단단히 붙어 자란다. 몸은 잎과 줄기와 뿌리로 되어 있는데, 미역보다 훨씬 두껍고 미끌미끌하며 무척 길다. 보통 잎길이는 2~6m인데, 큰 것은 10m나 되는 것도 있다. 다 자란 다시마는 커다란 띠처럼 생겼고 색깔은 밤색이고 윤이 난다. 잎 가장자리는 물결 같은 주름이 져 있다. 잎 가운데는 두껍고 주름진 변두리는 얇다. 뿌리는 둥글게 얽혀서 바위에 달라 붙는다. 겨울에는 덜 자라서 크기가 작고, 5~6월이 제철이다. 다시마는 말려서 많이 쓴다. 국물을 내어 먹거나 튀겨 먹는다. 데쳐서 쌈을 싸 먹기도 한다. 양식도 많이 하고 전복을 기르는 데에 먹이로도 쓴다. 다시마처럼 색깔이 갈색인 바닷말을 '갈조류'라고 한다. 녹조류보다 깊은 물에서 자라고, 길이가 길다. 데치면 질겨져서 못 먹는다. 몇미터나 되는 것이 많아서 바닷속에서 숲을 이루기도 한다.

ⓘ 1~2m
🧺 겨울, 봄

다른 이름 감곽
사는 곳 얕은 바닷속 바위
특징 미역국을 많이 끓여 먹는다.
쓰임새 국을 끓여 먹거나 날로 먹는다.
튀겨 먹기도 한다.

2003.01 경남 통영

미역은 겉보기에는 뿌리, 줄기, 잎이 뚜렷하게 나뉘어
있다. 뿌리는 나뭇가지 모양이고, 미역귀는 주름진
형태가 여러 겹이다. 여기에서 포자를 만든다. 잎은
깃 모양으로 갈라져서 길게 자란다. 탱탱하고 윤기가
난다. 다시마는 미역보다 잎이 더 두껍다.

다시마 *Saccharina japonica*

톳

Sargassum fusiforme

톳은 갯바위에 무더기로 붙어서 자란다. 남해와 제주도에서 많이 난다. 톳이나 모자반이나 나는 곳이나 때가 비슷하다. 씹으면 탱탱하면서도 쫄깃하고 바다 냄새가 난다. 일본에서 많이 먹어서 우리나라에서 나는 톳이나 모자반이 일본으로 많이 팔린다. 톳은 가을에 돋기 시작해서 봄에는 갯바위를 뒤덮기도 한다. 보통 1m까지 자란다. 겨울부터 이른 봄까지 여러번 뜯을 수 있다. 양식을 할 때는 봄에서 초여름까지 뜯는다. 뜯어서 며칠 볕에 말렸다가 낸다. 오래전부터 나물로 많이 먹어서 '톳나물'이라고도 한다. 톳은 이른 봄에 입맛을 돋워 준다. 누런 밤색인데 데치면 푸르게 변한다. 데친 뒤 으깬 두부를 넣어 새콤하게 무쳐 먹으면 통통한 줄기가 톡톡 터지면서 씹는 맛이 좋다. 말린 톳은 단단해지기 때문에 가마솥에 넣고 푹 삶거나, 압력솥에 삶는다. 삶아서 들깨 간 것을 넣어 구수한 톳나물을 해 먹는다. 갯마을에서는 톳을 넣어 '톳나물밥'을 지어 먹기도 한다.

지충이는 갯바위에서 무리를 지어 붙어 자란다. 쥐총나물이라고도 하는데, 겨울에 돋기 시작한다. 갯마을에서는 지충이가 아주 많이 나는 곳을 '지충이밭'이라고 한다. 톳과 섞여 나기도 한다. 지충이는 연할 때 뜯어서 데쳐 먹는다. 데친 지충이에 된장을 넣고 팔팔 끓여서 밥에 비벼 먹어도 맛있다. 옛날에 양식이 귀할 때는 알곡은 조금 넣고 지충이는 많이 넣어서 '지충이밥'을 해 먹기도 했다. 파도에 쓸려온 지충이는 집짐승을 먹이거나 거름으로도 쓴다.

모자반은 햇빛이 잘 드는 맑은 바닷속 바위에 붙어 자란다. 크게 자라서 바닷속에서 숲을 이루는 게 많다. 모자반은 줄기에 구슬 같은 공기주머니가 붙어 있어서 몸을 곧게 지탱하거나 햇빛을 받기 좋다. 바위에 붙어 자라다가 떨어져 나가면 이 공기주머니 덕분에 물에 뜬다. 모자반은 가을에 싹이 나서 겨울과 봄에 우거진다. 키가 10m까지 자라기도 한다. 모자반이 무리지어 자란 바닷속은 마치 넝쿨이 우거져 있는 숲 속 같다고 한다. 몰이라고도 하고, 제주도에서는 몸, 몰망이라고 한다. 메밀가루를 넣어서 몸국을 끓여 먹는다. 모자반이 우거진 곳에는 바닷속 동물들이 많이 산다. 먹을 것을 얻거나 알을 낳고 새끼를 키우기에 좋기 때문이다. 모자반은 어린 줄기를 잘라서 먹는다. 데치면 푸르게 되는데, 말렸다가 오래 두고 먹는다.

🛈 30~300cm
🧺 겨울, 이른 봄

다른 이름 톳나물, 톨, 따시래기, 흙배기
나는 곳 서해, 남해, 제주도 갯바위
특징 톳나물 밥을 지어 먹는다.
쓰임새 나물로 많이 뜯어 먹는다.

2003.01 경남 통영

톳이나 모자반은 돌나물처럼 잎이 물기를 머금고
탱글탱글하다. 모자반은 동글동글한 공기주머니도
달려 있다. 손가락 모양 뿌리에서 길다란 줄
모양으로 줄기가 여러 개 나온다. 지충이는 작은
잎이 줄기를 덮듯이 난다. 씹으면 거칠거칠하다.

1   2003.03 경남 통영

1. 지충이 *Sargassum thunbergii*

2. 모자반 *Sargassum fulvellum*

김

Porphyra tenera

김(참김)은 바닷가 바위나 돌에 이끼처럼 붙어 자란다. 바위에 누덕누덕 붙는다고 '누덕나물'이라고도 한다. 찬바람 부는 늦가을에 점점이 돋기 시작해서 한겨울에 바위를 뒤덮는다. 빛깔은 검붉고 줄기가 따로 없이 얇고 부드러운 막처럼 생겼다. 뜯으면 며칠 있다가 같은 자리에 또 돋는다. 파래와 섞여 나기도 한다. 김은 우리나라에서 가장 먼저 양식을 한 바다나물이다. 경남 하동에서 양식을 시작했다는 기록이 있다. 광양제철소가 들어서기 전까지는 섬진강 하구에서 나는 김이 첫손에 꼽혔다. 김은 거의 대부분을 양식을 해서 얻는다. 김이 언제나 물에 잠겨 있도록 하는 부레식이 있고, 옛날 방식으로 지주를 세워서 기르는 지주식이 있다. 지주식으로 기르면 물이 빠지는 썰물 때에는 김이 물 밖으로 나온다. 김 양식장에는 다른 바다풀이 달라 붙을 때가 많은데, 특히 파래가 붙으면 김 농사를 망치기 쉽다. 그래서 다른 풀이 자라지 못하게 염산을 쓴다. 요즘은 양식을 하는 방식도 옛날처럼 지주식으로 하면 염산을 쓰지 않고 김 양식을 하는 곳이 조금씩 늘고 있다.

김은 향긋하고 고소하다. 아이들도 아주 잘 먹는다. 영양도 높다. 1~2월에 나오는 햇김이 맛이 더 좋다. 구워서 많이 먹고, 무쳐 먹거나 국을 끓여 먹기도한다. 김이나 우뭇가사리처럼 붉은 빛이 도는 바닷말을 두루 '홍조류'라고 한다. 홍조류 무리는 크기가 작은 편이고, 녹조류나 갈조류보다 사는 곳이 넓어서 바닷가 얕은 데서부터 깊은 바닷속까지 널리 퍼져서 산다.

우뭇가사리는 김과 달리 우뭇가사리목 우뭇가사리과다. 맑은 바닷속 바위나 돌에 붙어서 자란다. 흔한 바닷말로 남해와 제주도에 많다. 색깔은 붉은 보랏빛이고, 길이는 10~30cm로 짧은 편이다. 얇고 가는 줄기가 여러 갈래로 갈라져 있다. 봄과 여름에 많이 뜯는데, 뿌리를 남겨 두면 또 돋아난다. 뿌리가 짧아서 작은 파도에도 뿌리째 뽑혀 나올 때가 많다. 파도에 밀려온 것을 줍기도 한다. 우뭇가사리가 많이 나는 곳을 '천초밭'이라고 한다. 늦가을쯤에는 밑동만 남고 녹아 없어진다. 우뭇가사리는 묵을 만들어 먹는다. 붉은 우뭇가사리를 허옇게 될 때까지 비도 맞히고 햇볕도 쬐어 바짝 말린다. 이것을 푹 끓여서 식히면 우무묵이 되는데 '한천'이라고도 한다.

🛈 15~30cm
🧺 겨울, 이른 봄

다른 이름 짐, 해우, 해이, 누덕나물, 돌김
사는 곳 갯바위
특징 말려서 구워 먹는다.
쓰임새 무쳐 먹거나 국을 끓여 먹기도 한다.

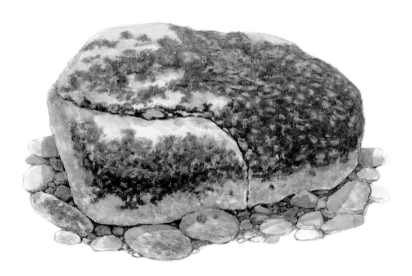

2003.01 경남 통영

몸은 긴 타원 모양 또는 줄처럼 생긴 달걀 모양이다.
빛깔이 검붉고 줄기가 따로 없이 얇고 부드러운
막처럼 생겼다. 반쯤 투명하다.
흔히 네모난 틀에 부어서 종이처럼 얇게 말린다.
우뭇가사리는 빛깔이 붉고, 마른 나뭇가지 모양을
하고 자란다.

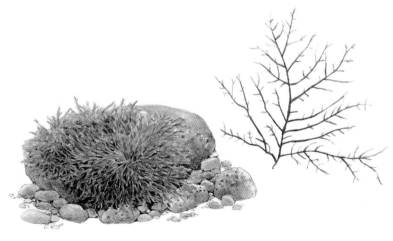

2003.03 경남 통영   우뭇가사리 *Gelidium elegans*

버섯

6_1 우리나라의 버섯

버섯은 흔히 식물이라고 생각하는 경우가 많지만, 살아가는 방식, 양분을 섭취하는 법, 세포를 구성하는 물질 따위가 식물과는 아주 다르다. 생물은 크게 식물, 동물, 미생물로 나누는데 버섯은 동물도 식물도 아닌 미생물, 그 가운데 하나인 균류에 든다. 이 무리를 곰팡이류라고도 하는데, 여기에 드는 생물들은 포자를 만들어 자손을 퍼뜨린다. 곰팡이, 효모와 같은 무리인 것이다.

균류는 죽은 동식물의 몸, 낙엽, 배설물 들을 썩히거나, 살아 있는 동식물에 붙어살면서 양분을 얻고, 남은 찌꺼기는 잘게 부수어서 물, 이산화탄소, 암모니아 들로 만들어 땅과 공기 속으로 돌려보낸다. 자연에서 나오는 유기물 쓰레기를 분해해서 다시 다른 생명체가 쓸 수 있도록 하거나, 무기물로 만들어 내는 것이다. 그래서 균류를 분해자 또는 환원자라고도 한다. 버섯은 균류 가운데 가장 진화한 것으로 눈으로 알아볼 수 있을 만한 크기이다.

버섯은 포자를 만들어 자손을 퍼뜨리는데, 철이 맞고 적당한 날씨가 되면 며칠 사이에 금세 자라나는 버섯이 많다. 자라난 버섯 하나는 수십억에서 수백억, 때로는 수천억 개가 넘는 포자를 떨어뜨린다. 하루에만 30억 개가 넘는 포자를 날리기도 한다. 포자가 다 떨어지는 데 6개월이 걸리는 버섯도 있다. 그러나 이 많은 포자 가운데 다시 버섯으로 자라는 것은 수십 개에 지나지 않는다.

버섯은 오래전부터 우리나라 사람들이 즐겨 먹고 귀하게 여겼다. 영양이 풍부하고, 약효가 뛰어난 버섯도 여러 종류이다. 《동의보감》에는 표고, 송이, 불로초, 동충하초, 목이 들을 약으로 쓰는 법이 적혀 있다. 다만 버섯은 생김새가 비슷한 것이 많고, 함부로 따 먹어서는 안 되는 독버섯도 많다. 그래서 버섯을 먹을거나 약으로 쓰려면 버섯을 잘 구분할 줄 아는 사람의 도움을 얻어야 한다.

흔히 독버섯을 구별하는 방법으로 알려져 있는 것은 거의 모두 예외가 있다고 할 수 있을 만큼 버섯은 독버섯의 종류가 많고 다양하다. 우리나라에 있는 독버섯만도 160종이 넘는 것으로 알려져 있다. 생김새를 잘 살피고, 베거나 문질러 봐서 색이 변하는지, 변하면 어떻게 변하는지도 두루 살펴야 한다. 하지만, 버섯을 하러 산에 다니다 보면, 고사리 같은 산나물을 하거나, 냇가에서 다슬기를 잡거나 할 때처럼 눈 앞에 있는 것에 아주 몰두하게 되어서 평소에 알고 있던 독버섯을 보고도 헷갈릴 수 있다. 혹시라도 독버섯을 잘못 먹어 중독 증상이 일어나면, 먼저 먹은 것을 게워 내게 한 다음 남은 버섯이나 토한 것을 가지고 빨리 병원에 가야 한다.

6_2 버섯 따기와 기르기

　나무가 우거진 숲에서 난 버섯은 맛이나 향이 아주 좋다. 영양도 풍부하다. 곡식이나 채소, 고기로 얻기 힘든 영양소도 많아서 약으로도 귀한 대접을 받는다. 요즘은 재배하는 버섯도 여러 종류가 있지만, 그래도 버섯은 산에서 저절로 나는 것이 맛도 좋고 더 귀한 대접을 받는다. 산에서 자라는 버섯은 저마다 나는 자리가 있다. 특히 송이나 향버섯(능이)처럼 귀한 버섯은 아무에게도 버섯 나는 자리를 알려 주지 않는다고 하는데, 그만큼 버섯 따기에서 중요한 것은 버섯이 날 만한 자리를 얼마나 잘 알아보는가 하는 것이다. 오랫동안 산을 찾아다녀야만 이런 것을 몸에 익힐 수 있다.

　먹을거리나 약으로 좋은 버섯은 따로 포자를 받아다가 오래전부터 기르기 시작했다. 처음에는 참나무를 잘라 산에 쌓아 두거나, 말똥을 동굴에 쌓아 놓고 포자가 저절로 달라 붙어 균사가 퍼지도록 했다. 그러나 이렇게 해서는 길러 낼 수 있는 버섯 양이 적어서 다른 방법을 찾았다. 요즘은 버섯에서 종균을 떼어 내 나무줄기, 톱밥, 폐솜 따위에 심어 대량으로 재배한다. 이렇게 재배하는 버섯은 원래 자연에서 자라는 버섯보다는 맛과 향이 조금 덜 하지만 이렇게 해서 먹는 버섯도 아주 좋은 먹을거리이다.

　우리나라에서는 조선 시대에 이미 버섯을 길러 먹었고 조선 후기에는 표고를 기르는 방법을 적은 책도 나왔다. 종균을 이용한 대량 재배는 1935년 일본에서 표고 종균을 들여오면서 시작했다. 지금은 표고, 느타리, 팽나무버섯(팽이버섯), 만가닥버섯, 잎새버섯, 목이 같은 식용 버섯뿐만 아니라 노루궁뎅이, 동충하초 같은 약용 버섯들도 널리 재배하고 있다.

　버섯을 재배할 때는 버섯이 양분으로 삼을 수 있는 나무나 톱밥을 마련한 다음, 미리 준비해 둔 종균을 놓는다. 다른 잡균이 섞이지 않게 조심해야 한다. 버섯이 자라는 동안에는 빛과 습도, 온도를 잘 조절해야 한다. 버섯 재배는 이런 조건을 까다롭게 맞춰야 하는 것이 여느 농사와 크게 다른 점이다. 잡균이 조금만 들어와도 버섯을 망치기 쉽고, 축축한 곳에서 기르다 보면 곰팡이가 생기기도 쉽다.

　아직까지 살아 있는 나무뿌리와 공생하는 송이, 향버섯(능이), 꾀꼬리버섯 같은 버섯들은 재배할 수 있는 방법을 모른다. 산에서 자라는 것을 채취하는 것도 산나물보다 어려운 경우가 많다. 그래서 이런 버섯들은 아주 귀하고 값도 비싸다.

표고

Lentinula edodes

한 해에 두 번, 봄과 가을에 죽은 상수리나무, 졸참나무, 너도밤나무 같은 넓은잎나무의 줄기나 나뭇가지, 그루터기에 홀로 나거나 무리 지어 난다. 봄에 나는 표고가 가을에 나는 것보다 살이 단단하고 맛이 좋다. 봄에 나는 버섯 가운데 갓이 거북등처럼 갈라져서 하얀 속살이 많이 드러나 희게 보이는 표고를 백화고라고 한다.

표고는 햇볕에 말리면 비타민 D가 많이 생기고 향이 더 짙어진다. 항암 성분이 있어 약재로도 쓴다. 요즘은 송이를 가장 귀하게 치지만, 표고를 재배하는 게 어려웠던 때에는 송이보다 표고를 더 귀하고 좋은 버섯으로 대접했다.

우리나라 사람들이 즐겨 먹는 버섯으로 조선시대 부터 길러 먹었다는 기록이 있다. 중국에서는 천 년 전쯤 부터 표고를 재배했다고 한다. 표고를 재배할 때는 한 해 전에 베어서 그늘에 말린 참나무를 쓴다. 버섯나무에 한 뼘 간격으로 구멍을 뚫고 이른 봄에 종균을 놓는다. 그 다음 그늘진 자리에 나무를 쌓아 놓고 물을 뿌려서 축축하게 한 채로 둔다. 늦가을이나 이듬해 봄에 나무를 세우면 봄과 가을에 버섯이 자라 나온다. 한 번 종균을 놓고 나무를 세우면 대여섯 해 버섯이 난다. 표고를 기르는 동안에는 너무 더워지거나 건조해지지 않게 돌봐야 한다. 참나무 종류는 거의 다 기를 수 있는데, 굴참나무는 껍질이 두꺼워서 버섯은 덜 나지만 아주 좋은 버섯이 난다.

요즈음은 참나무 톱밥 재배도 하는데, 맛과 향이 자연에서 저절로 난 것이나 나무에 기른 것만 못하다. 하지만 재배 기간이 1/3 정도로 줄고, 아주 무거운 통나무를 들어 옮기지 않아도 되어서 점차 늘어나고 있다. 나무에 기를 때보다는 습도나 햇볕을 조절하는 것이 더 까다롭다.

갓은 둥근 산 모양이고 가장자리가 강하게 안쪽으로 말려 있으나 자라면서 판판해진다. 갈색이나 흑갈색이고 겉에는 실 모양 비늘 조각이 덮여 있다. 때로 거북등무늬처럼 갈라지기도 한다. 가장자리에는 하얀 솜털이 붙어 있다가 곧 없어진다. 살은 흰색이며 마르면 연한 노란색이 된다. 두껍고 탱탱하며 짙은 향이 난다. 대는 원통형이며 밑동 부분은 가늘거나 한쪽으로 구부러져 있다. 흰색이며 아래로 가면서 갈색을 띤다. 포자는 타원형이며 매끈하다. 포자 무늬는 흰색이다.

⊙ 중형

🍄 4~13cm

↕ 2~9cm

◐ 분해균

다른 이름 향심, 마고, 백화고

나는 곳 참나무 같은 넓은잎나무 줄기나 그루터기

특징 한 해에 두 번 난다.

분포 우리나라, 동아시아, 유럽, 뉴질랜드

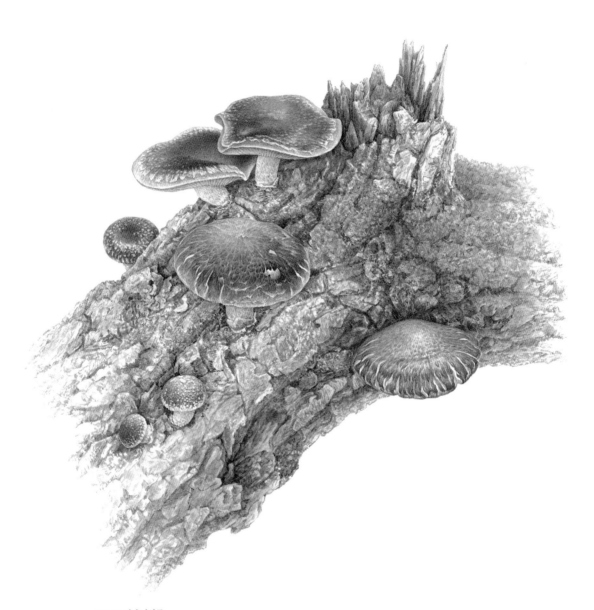

2015.09 경기 남양주

팽나무버섯

Flammulina velutipes var. *velutipes*

팽나무버섯은 팽이버섯이라고도 한다. 늦가을부터 이듬해 봄까지 팽나무, 미루나무, 버드나무, 감나무, 뽕나무, 무화과 같은 넓은잎나무의 베어 낸 나무줄기, 그루터기나 죽은 나뭇가지에 뭉쳐 나거나 무리 지어 난다. 버섯 가운데 가장 낮은 온도에서 자라는 것으로 알려져 있다. 그래서 한겨울이더라도 조금만 날씨가 따뜻하면 버섯이 나기도 한다.

달콤한 향이 나고 맛도 부드러워 즐겨 먹는 버섯이다. 우리가 흔히 먹는 팽이는 팽나무버섯을 흰색으로 키워 낸 것이다. 잘 구운 빵처럼 황갈색을 띤 둥글넓적한 야생종과는 달리 재배종은 갓이 작고 콩나물같이 길쭉하다. 둘이 아주 다른 버섯처럼 생겼다.

재배종은 맛과 향이 야생종을 따라갈 수는 없지만 오래 두고 먹을 수 있어서 좋다. 처음에는 나무에다 재배했으나 지금은 톱밥을 써서 병 재배를 한다. 톱밥은 넓은잎나무의 톱밥을 많이 쓰지만 소나무 톱밥을 쓰기도 한다. 톱밥에 쌀겨나 밀기울을 섞어서 버섯을 기른다. 대규모로 버섯을 기르는 곳에서는 온도, 습도, 이산화탄소 농도까지 조절하면서 버섯을 기른다. 습도가 낮으면 버섯이 잘 자라지 않고, 반대로 습도가 조금 높으면 곰팡이나 다른 잡균이 많이 생기기 때문이다.

재배를 하는 버섯은 다른 곡식이나 채소처럼 여러 가지 품종을 자꾸 만들어 낸다. 팽나무버섯은 한 동안 일본에서 만든 품종으로 재배를 했지만 지금은 우리나라에서 만든 품종으로 재배를 한다. 요즘은 야생종처럼 갓이 갈색을 띠는 재배종도 점차 늘고 있다.

갓은 어릴 때는 둥근 산 모양이고 자라면서 판판해진다. 가장자리는 어릴 때는 안쪽으로 말려 있으나 다 피면 위로 젖혀지면서 구불구불해진다. 황갈색이나 밤색이고 가장자리는 색이 연하다. 살은 연하고 두껍다. 대는 길며 위아래 굵기가 비슷하다. 황갈색 또는 암갈색인데 위쪽은 색이 연하다. 겉은 짧은 털이 빽빽하게 덮고 있다. 속은 차 있으나 차차 빈다. 포자는 타원형이고 매끈하다. 포자 무늬는 흰색이다.

⊙ 소형

☂ 2~6cm

↕ 2~8cm

◑ 분해균

다른 이름 팽이

나는 곳 팽나무, 미루나무, 버드나무, 감나무 같은 나무의 죽은 줄기나 그루터기

특징 겨울철에서도 난다.

분포 전 세계

2014.10 충북 단양

나무줄기의 썩은 부분이나 베어 낸 그루터기에
뭉쳐나거나 무리 지어 난다. 둥글넓적하고
반들거리는 황갈색 갓은 잘 구운 빵처럼 생겼다.

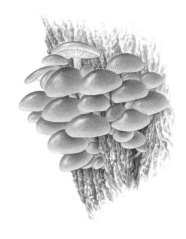

느타리

Pleurotus ostreatus

미루나무에서 많이 난다고 미루나무버섯이라고도 한다. 느타리는 늦가을과 봄에 두 번 난다. 팽나무버섯과 함께 겨울에 볼 수 있는 대표적인 버섯이다. 흔히 넓은잎나무의 죽은 나뭇가지나 그루터기, 쓰러진 나무줄기에 무리 지어 나거나 여럿이 겹쳐 난다.

산에서 하는 버섯 가운데 쉽게 눈에 띄는 편이다. 향버섯은 고기를 잘 소화시켜서 소화제로도 쓰이는데, 느타리도 고기 먹은 것의 소화를 잘 도와준다. 오래 두고 먹을 때는 끓는 물에 데쳐서 보관한다. 화경버섯과 비슷하다.

느타리는 맛과 향이 좋고 씹는 맛이 고기처럼 쫄깃해서 우리나라 사람들이 즐겨 먹는 버섯이다. 우리나라에서 재배하는 버섯 가운데 가장 많이 재배되는 버섯으로 버드나무, 오리나무, 벚나무 같은 넓은잎나무에 재배한다. 나무에 재배할 때는 한 해 전 겨울에 나무를 베어서 쓴다. 표고처럼 나무를 길게 잘라서 구멍을 내고 종균을 놓기도 하지만, 나무를 한 뼘 길이로 토막을 내고 자른 면에 종균을 바르듯이 해서 기르는 경우가 많다. 표고는 한 번 나무를 마련하면 5~6년을 쓰지만, 느타리는 3~4년 쯤 쓴다. 요즈음에는 톱밥이나 볏짚, 폐솜을 이용하여 병 또는 상자에 재배하는데, 맛이 야생종이나 원목에 기른 버섯만 못하다.

갓은 어릴 때는 둥근 산 모양이고 가장자리가 안으로 말려 있다. 자라면서 반원이나 조개 모양이 되는데, 가운데가 움푹 들어가 깔때기 모양이 되기도 한다. 가을에 나는 것은 갓이 회색빛을 띤 파란색인데 어린 것은 검은색에 가깝다. 자라면서 색이 연해져 회갈색, 회색으로 변하고 거의 흰색이 되기도 한다. 겉은 매끈하고 약간 축축한 느낌이 있다. 살은 흰색이며 두껍고 탱탱하다. 대는 갓에 살짝 옆으로 붙어 있고 아주 짧다. 때로 없는 것도 있다. 흰색이며 밑동에는 짧고 가는 균사가 털처럼 빽빽하게 붙어 있다. 속은 차 있다. 포자는 원통형이고 매끈하다. 포자 무늬는 흰색 또는 연분홍색이다.

◉ 중대형

☂ 5~15cm

↕ 1~4cm

◐ 분해균

다른 이름 미루나무버섯

나는 곳 미루나무 같은 넓은잎나무 죽은 줄기나 그루터기

특징 나는 철에 따라 갓 색이 다르다.

분포 전 세계

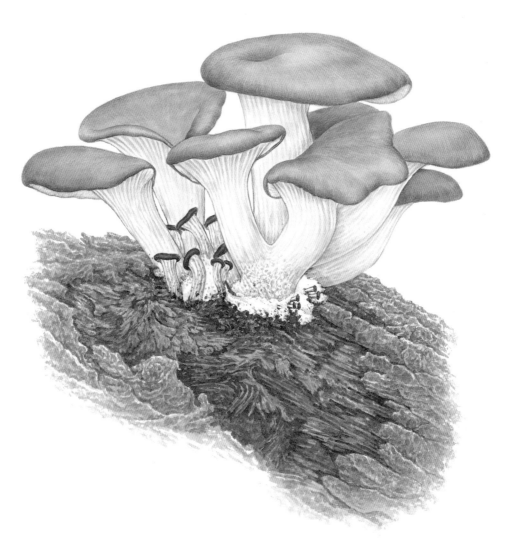

2014.11 제주 한라산

송이

Tricholoma matsutake

송이는 이름 그대로 소나무에서 나는 버섯이다. 가을에 소나무 숲 속 땅 위에 흩어져 나거나 무리 지어 난다. 커다랗게 버섯고리를 이루기도 한다. 흔히 20년이 더 된 소나무 둘레에 나는데, 소나무 나이가 50년을 넘으면 그 둘레로는 거의 자라지 않는다. 드물게 곰솔, 솔송나무, 좀솔송나무, 눈잣나무, 분비나무 둘레에 나기도 한다. 특히 산이 가파르고 물이 잘 빠지는 땅일수록 송이를 보기가 쉽다.

맛도 뛰어나지만 소나무 향을 닮은 독특한 향 때문에 우리나라와 일본 사람들이 특히 좋아하는 버섯이다. 아주 오래전부터 송이를 먹은 기록이 있다. 조선시대에는 진흙이나 소금을 이용해서 송이를 저장했다고 한다.

송이는 살아 있는 소나무와 서로 물과 양분을 주고받으면서 자라기 때문에 인공 재배를 할 수 없어 더 귀하게 여긴다. 송이는 소나무 뿌리 끝에 균근이라는 버섯뿌리를 만들고 균사를 멀리 뻗어 자란다. 균사로만 자라는 데에 문제가 없으면 500년 까지 살다가 땅 위로 버섯이 나지도 않고 그대로 죽기도 한다. 적당한 나이의 소나무 숲에서는 이렇게 자라는 것이 방해를 받는데, 송이는 그제서야 포자를 만들려고 버섯으로 자라 나온다. 흔히 송이를 하는 사람들이 송이는 한번 난 자리에는 다시 나지 않는다고 하는 것도 땅 밑에서 둥글게 퍼지며 자라다가 버섯으로 올라오기 때문이다. 하지만 포자를 제대로 만들기 전에 조심스럽게 송이를 따면 그 자리에서 다시 송이가 올라오기도 한다. 그래서 송이를 할 때는 작년에 났던 자리를 더듬고 주위를 살핀다.

갓은 어릴 때는 공처럼 둥글고 가장자리는 안쪽으로 말려 있다. 갓이 피면서 둥근 산 모양을 거쳐 판판해지는데, 갓이 대에서 살짝 떨어지는 때가 송이 맛이 가장 좋다고 한다. 갓은 더 자라면 가장자리가 위로 젖혀지는데, 연한 노란색 또는 갈색이고 겉에는 황갈색 또는 적갈색을 띤 실모양 비늘 조각이 있다. 비늘 조각은 오래되면 흑갈색이 되고 우산살 모양으로 찢어져 속살이 드러나기도 한다. 살은 흰색이고 두껍다. 대는 위아래 굵기가 비슷하며 위나 아래가 가는 것도 있다. 속은 차 있고 단단하다.

◎ 중대형

☂ 6~25cm

↕ 6~20cm

◐ 공생균

다른 이름 소낭초기, 버랭이, 송심

나는 곳 솔숲 땅 위

특징 독특한 향이 나고 맛이 아주 좋은 버섯이다.

분포 우리나라, 일본, 중국, 유럽

2009.09 경기 양주

불로초

Ganoderma lucidum

불로초는 중국 이름인 '영지'로 널리 알려져 있다. 북녘에서는 장수버섯, 만년버섯으로도 불린다. 진시황이 찾고자 했던 불로장생의 약이 이 버섯이라고 전해질 만큼 중국에서는 오랜 옛날부터 귀한 약재로 여겼다.

여름부터 가을까지 죽은 나무 밑동 또는 베어 낸 그루터기나 뿌리에 홀로 나거나 무리 지어 난다. 밤나무, 신갈나무, 배나무 같은 나무에 흔히 나는데, 남쪽을 바라보는 산등성이에 많다. 따뜻하고 습기가 많은 축축한 곳을 좋아한다. 산에서 불로초를 할 때는 거의 참나무 썩은 것을 보고 다녀서 찾는다. 버섯을 딸 때는 통째로 뽑지 않고 밑동을 조금 남긴다. 그러면 다음 해에도 버섯이 난다.

불로초는 약용 버섯으로 면역력을 높여 주고 피를 맑게 하며 항암 성분이 있다고 알려졌다. 약재로 쓰기 위해 참나무 원목이나 톱밥을 써서 널리 재배하는데, 원목을 써서 재배한 것이 더 좋다고 한다. 재배를 할 때는 한 뼘 굵기의 참나무를 짧게 잘라서, 종균을 놓은 다음 여러 단으로 나무를 쌓는다. 충분히 습하고 눅눅한 상태로 몇 달을 두었다가 알맞은 때가 되면 나무 토막을 하나씩 떼어서 땅에 묻는다. 나무를 세워 묻은 다음에는 버섯이 자라는 것을 보아 적당히 솎아 주고 기른다. 불로초는 기르는 동안에 습도나 온도를 맞춰 주는 것이 아주 까다롭다.

갓은 어릴 때는 공처럼 생겼고 자라면서 판판해져 둥그런 접시나 납작한 콩팥 모양이 된다. 처음에는 연한 노란색이다가 차차 갈색이나 적갈색이 된다. 자실체 전체가 단단한 껍질로 싸여 있고 옻칠을 한 것처럼 반들거린다. 윗면에는 나이테 같은 얕은 홈이 있고, 우산살 모양으로 흐릿하게 주름져 있다. 살은 나무처럼 단단하고 이층으로 되어 있는데, 위층은 희고 부드러우나 아래층은 연한 갈색이고 단단하다.

대는 갓과 같은 색이거나 검은색에 가깝다. 갓이 둥근 것은 가운데, 콩팥 모양인 것은 한쪽으로 치우쳐 붙는다. 때로 대가 없는 것도 있다. 포자는 알 모양이고 매끈하다. 포자 무늬는 황갈색이다.

◎ 중대형

⌒ 5~15cm

↕ 2~10cm

◐ 분해균

다른 이름 영지, 장수버섯, 만년버섯

나는 곳 밤나무, 참나무 따위의
죽은 나무 밑동이나 그루터기

특징 온몸이 옻칠을 한 것처럼 반들거린다.

분포 전 세계

2009.09 경기 양주

그루터기에 난 어린 불로초

향버섯

Sarcodon aspratus

향이 진해서 향버섯이라는 이름이 붙었다. 오랫동안 버섯을 딴 사람들은 향버섯이 많이 자란 가까이에 가면 냄새만으로도 버섯을 찾는다고 할 만큼 향이 좋고 진하다. 흔히 능이라고 부른다.

가을에 넓은잎나무 숲 속 땅 위에 홀로 나거나 무리 지어 난다. 흙이 부슬부슬하고 물이 잘 빠지는 곳에 많다. 신갈나무나 물참나무 둘레에 많이 나지만, 가까이에 넓은잎나무가 없는 곳에서 나기도 한다. 꽤 높은 산에 올라가야 능이를 찾기 쉬운데, 그 해에 비가 얼마나 왔는지에 따라 능이가 크게 자란 곳도 조금씩 달라진다. 송이를 하는 때와 비슷한 때에 능이도 한다. 바람이 잘 부는 산비탈에 많이 나고, 해마다 같은 자리에서 다시 날 때가 많다.

향이 독특할 뿐만 아니라 쫄깃쫄깃하고 맛도 좋아 아주 인기 있는 버섯이다. 하지만 향버섯도 송이처럼 재배가 안 되는 버섯이다. 지금처럼 표고를 재배하기 전에는 송이보다 표고를 더 귀하게 여겼는데, 능이는 표고보다도 더 좋은 버섯으로 쳤다.

버섯을 딴 다음에는 쉽게 상하기 때문에 살짝 데쳐서 냉동하거나 잘게 찢어 말려서 사계절 내내 두고 먹는다. 요리를 할 때는 물에다 우려서 떫은 맛을 빼낸다. 곧바로 향버섯을 끓이면 물이 검게 된다. 날로 먹어서는 안 된다.

향버섯은 단백질을 분해하는 효소가 많이 들어 있어 고기 요리와 잘 맞는다. 향버섯 달인 물은 고기를 먹고 체했을 때에 소화제로 마시기도 한다. 소고기와 함께 끓이면 소고기가 금세 잘게 부서지는 것이 보일 정도이다.

갓은 어릴 때는 판판하거나 가운데가 약간 오목한 둥근 산 모양이다. 다 자라면 가운데가 움푹하게 파여 깔때기 모양이 되는데, 가운데 난 구멍이 밑동까지 뚫리기도 한다. 어릴 때는 연한 갈색 또는 연한 붉은빛을 띠다가 차차 흑갈색이 된다. 겉에는 솔방울 모양 비늘 조각이 퍼져 있는데 가운데 있는 것은 크고 거칠다. 가장자리는 크게 물결치듯 구불거리며 안으로 말려 있다. 살은 연분홍색이고 아주 단단하다. 마르면 흑갈색이 되고 향이 더 진해진다. 대는 뭉툭하고 갓보다 조금 연한 색이다. 종종 밑동까지 침 모양 돌기가 붙어 있다. 속은 비어 있다. 포자는 둥글며 돌기가 있다. 포자 무늬는 연한 갈색이다.

◎ 중대형

☂ 7~25cm

↕ 3~6cm

◐ 공생균

다른 이름 능이

나는 곳 높은 산 넓은잎나무 숲 속 땅 위

특징 마르면 향이 더 진해진다.

분포 우리나라, 일본, 중국

2014.10 충북 단양

찾아보기

학명 찾아보기

분류 순서로 찾기

참고 자료

참고한 책

《세밀화로 그린 보리 어린이 갯벌 도감》 2007, 보리

《세밀화로 그린 보리 어린이 나무 도감》 2008, 보리

《세밀화로 그린 보리 어린이 풀 도감》 2008, 보리

《세밀화로 그린 보리 어린이 약초 도감》 2012, 보리

《세밀화로 그린 보리 큰도감 버섯 도감》 2016, 보리

이 책은 위에 적은 다섯 책을 바탕으로 엮었으며, 여기에 표시된 참고 문헌은 따로 적지 않았다.

《강대인의 유기농 벼농사》, 강대인, 2005, 들녘

《고농서의 현대적 활용을 위한 온고이지신》 제1-10권, 2008-2013, 농촌진흥청

《나무생태도감》, 윤충원, 2016, 지오북

《나무탐독》, 박상진, 2015, 샘터사

《나뭇잎 도감》, 이광만·소경자, 2013, 나무와문화

《내 손으로 받는 우리 종자》, 안완식, 2007, 들녘

《내가 좋아하는 곡식》, 이성실·김시영, 2011, 호박꽃

《내가 좋아하는 나무》, 박상진·손경희·김준영, 2010, 호박꽃

《농사짓는 시인 박형진의 연장 부리던 이야기》, 박형진, 2015, 열화당

《먹는 나물 먹는 꽃 도감》, 제갈영, 2011, 혜성출판사

《무농약 유기벼농사》 이나바 미쓰쿠니, 2013, 들녘

《바다의 채소 해조류》, 완도군청, 2015, 성하Books

《벼과 사초과 생태도감》 박수현·조양훈·김종환, 2016, 지오북

《뿌웅 보리방귀》, 도토리·김시영, 2003, 보리

《산나물 들나물 대백과》, 이영득, 2010, 황소걸음

《식물 학습 도감》, 윤주복, 2013, 진선아이

《씨앗 받는 농사 매뉴얼》, 오도·장은경, 2013, 들녘

《약 안 치고 농사짓기》, 민족의학연구원, 2012, 보리

《열두달 우리농사》, 김종만, 2006, 온누리

《우리 주변식물 생태도감》, 강병화, 2013, 한국학술정보

《우리 학교 텃밭》, 바람하늘지기·노정임·안경자·노환철, 2012, 철수와영희

《임원경제지 관휴지》 서유구, 2010, 소와당

《임원경제지 만학지》 서유구, 2010, 소와당

《임원경제지 본리지》 서유구, 2009, 소와당

《제초제를 쓰지 않는 벼농사》, 민간벼농사연구소, 2001, 들녘

《조선반도의 농법과 농민》, 타카하시 노보루, 2008, 농촌진흥청

《지리산의 야생화 약용식물》, 정연옥·곽준수·하태광·박종수, 2013, 푸른행복

《텃밭 속에 숨은 약초》, 김형찬, 2010, 그물코

《텃밭백과》, 박원만, 2007, 들녘

《토종 곡식》, 백승우·김석기, 2012, 들녘

《한국 식물 생태 보감 1》, 김종원, 2013, 자연과생태

《한국의 나무》, 김태영·김진석, 2011, 돌베개

《한국의 농업세시》, 정승모, 2012, 일조각

《한국의 산나물》, 자연을 담는 사람들, 2014, 문학사계

《한국토종작물자원도감》, 안완식, 2009, 이유

《호미 아줌마랑 텃밭에 가요》, 장순일·안철환, 2012, 보리

〈월간 자연과 생태〉

〈월간 전라도닷컴〉

참고한 누리집

환경부 국립생물자원관 : https://www.nibr.go.kr

국가생물종지식정보시스템 : http://www.nature.go.kr/index.jsp

국립수목원 : http://www.forest.go.kr/

국립농업과학원 : http://www.naas.go.kr/

농업과학도서관 : http://lib.rda.go.kr/

저자 · 감수자

그림

권혁도
1955년 경북 예천에서 태어났다. 추계예술대학교에서 동양화를 공부했다. 1995년부터 우리 자연 속에서 사는 동식물을 세밀화로 그리는 일을 하고 있다. 《세밀화로 그린 보리 어린이 곤충 도감》, 《세밀화로 그린 보리 큰도감-동물 도감》, 《세밀화로 그린 보리 큰도감-버섯 도감》들을 그렸고, 산과 들에 나가 관찰하고 작업실에서 곤충을 기르면서 쓰고 그린 그림책으로 《배추흰나비 알 100개는 어디로 갔을까?》, 《세밀화로 보는 사마귀 한살이》, 《세밀화로 보는 호랑나비 한살이》들이 있다.

박신영
이화여자대학교에서 서양화를 전공했다. 세밀화를 꾸준히 그리고 있다. 충남 옥천에서 집을 짓고 살면서 들판의 풀꽃을 관찰하고 그림으로 표현하고 있다. 《세밀화로 그린 보리 어린이 풀 도감》, 《웅진 세밀화 식물도감》, 《내가 좋아하는 풀꽃》, 《풀꽃》, 《봄 여름 가을 겨울 풀꽃과 놀아요》에 그림을 그렸다.

백남호
1977년 경기도 가평에서 태어나 경민대학교에서 만화를 공부했다. 어릴 적부터 자연과 둘도 없는 친구였고, 지금은 생태 그림을 그리면서 우정을 이어 가고 있다. 《소금이 온다》, 《야, 미역 좀 봐》, 《둠벙마을 되지빠귀 아이들》, 《일하는 우리 엄마 아빠 이야기》, 《영차영차 그물을 올려라》에 그림을 그렸다.

손경희
1966년에 서울에서 태어났다. 동덕여자대학교 산업디자인과에서 공부했고, 《빨간 열매 까만 열매》, 《내가 좋아하는 나무》, 《세밀화로 그린 보리 어린이 도감-나무 도감》, 《나무 열매 나들이 도감》에 그림을 그렸다.

송인선
1966년 서울에서 태어나 서울산업대학교 응용회화과에서 공부했다. 《무슨 풀이야?》, 《무슨 꽃이야?》, 《세밀화로 그린 보리 어린이 풀 도감》에 그림을 그렸다.

안경자
충청북도 청원에서 태어났다. 대학교에서 서양화를 공부한 뒤 어린이들에게 그림을 가르쳤다. 지금은 식물 세밀화와 생태 그림을 그리고 있다. 《풀이 좋아》, 《세밀화로 그린 보리 어린이 풀 도감》, 《숲과 들을 접시에 담다》, 《콩이네 유치원 텃밭》, 《개미 100마리 나뭇잎 100장》, 《곤충 기차를 타요》, 《무당벌레가 들려주는 텃밭 이야기》, 《궁궐에 나무 보러 갈래?》, 《우리가 꼭 지켜야 할 벼》에 그림을 그렸다.

윤은주
1964년 서울에서 태어나 홍익대학교에서 서양화를 공부했다. 《무슨 풀이야?》, 《무슨 꽃이야?》, 《세밀화로 그린 보리 어린이 풀 도감》에 그림을 그렸다.

이원우
1964년 인천에서 태어나 추계예술대학교에서 서양화를 공부했다. 약초를 그리기 위해 산과 들에 나가 직접 눈으로 보고 취재해서 그림을 그렸다. 《고기잡이》, 《갯벌에 뭐가 사나 볼래요》, 《뻘 속에 숨었어요》, 《세밀화로 그린 보리 어린이 갯벌 도감》, 《갯벌 나들이도감》에 그림을 그렸다.

이제호
충청남도 부여에서 태어나 중앙대학교 회화과에서 공부했다. 나무와 풀을 좋아하고 별과 우주에도 관심이 많다. 쓰고 그린 책으로 《겨울눈아 봄꽃들아》이 있고, 《파브르 식물 이야기》, 《세밀화로 그린 보리 어린이 나무 도감》에 그림을 그렸다.

이주용
서양화를 공부하고 15년 전부터 동식물 생태를 주제로 하여 세밀화와 그림책을 그리고 있다. 《개구리밥의 겨울눈》《발가락 동그란 청개구리》를 쓰고 그리고, 《무슨 풀이야?》《무슨 꽃이야?》《세밀화로 그린 보리 큰도감-버섯 도감》《개구리와 뱀》《세밀화로 그린 보리 어린이 양서 파충류 도감》《버섯 먹고 맴맴》에 그림을 그렸다.

임병국
1971년 인천 강화에서 태어나 홍익대학교 회화과에서 공부했다. 보리 제 1회 세밀화 공모전에서 대상을 받았다. 《보리 어린이 첫 도감-산짐승》, 《세밀화로 그린 보리 큰도감-버섯 도감》, 《호랑이》에 그림을 그렸다. 잡지 〈개똥이네 놀이터〉에 토끼똥 아저씨의 동물 이야기를 연재했다.

장순일
경상북도 예천에서 태어나고 자랐다. 덕성여자대학교에서 서양화를 전공했다. 지금은 도시에 살면서 텃밭 농사를 지으며 아이들 책에 그림을 그리고 있다. 《똥 선생님》, 《호미아줌마랑 텃밭에 가요》, 《고사리야 어디 있냐》, 《도토리는 다 먹어》, 《세밀화로 그린 보리 어린이 풀 도감》, 《무슨 나무야》, 《무슨 풀이야》, 《무슨 꽃이야》, 《아이쿠 깜짝이야》에 그림을 그렸다.

글·감수

강병화
1947년에 경북 상주에서 태어나 고려대학교 대학원 농학과에서 공부했다. 고려대학교 생명과학대학 환경생태공학부 교수로 있으면서 잡초와 자원 식물을 두루 연구하고 있다. 2012년부터 '야생자원식물소재연구회'를 이끌고 있다. 《한국자원식물 총람》, 《한국생약자원 생태도감》을 냈다.

김창석
1965년에 전남 고흥에서 태어나 전남대학교 농과대학 농학과에서 공부했다. 1993년부터 농업과학기술원에서 연구사로 일하면서 잡초를 연구하고 있다. 쓴 책으로 《한국의 밭 잡초》(공저), 《외래 잡초 종자도감》(공저), 《한국의 잡초도감》(공저) 들이 있다.

박상진
1963년 서울대학교 임학과를 졸업하고 일본 교토대학교 대학원에서 농학박사 학위를 받았다. 산림과학원 연구원, 전남대학교와 경북대학교 교수를 거쳐 현재 경북대학교 명예교수로 있다. 쓴 책으로 《궁궐의 우리 나무》, 《문화와 역사로 만나는 우리 나무의 세계》, 《우리 문화재 나무 답사기》, 《나무에 새겨진 팔만대장경의 비밀》, 《역사가 새겨진 나무 이야기》, 《나무 살아서 천년을 말하다》, 《오자마자 가래나무 방귀 뀌어 뽕나무》, 《내가 좋아하는 나무》 들이 있다.

석순자
1965년 전남 해남에서 태어났다. 전남대학교에서 화학을 전공했고, 성균관대학교에서 식품생명자원학 석사 학위와 박사 학위를 받았다. 지금은 농촌진흥청 국립농업과학원에서 버섯을 연구하고 있다. 《버섯학》, 《야생버섯 백과사전》, 《자연버섯도감》, 《제주의 야생 버섯》 들을 펴냈다. 2013년 한국균학회에서 펴낸 《한국의 버섯 목록》 편집에 참여했고 균학 용어 심의 위원장을 맡고 있다.

안완식
서울대학교 농과대학을 졸업하고 강원대학교에서 농학박사 학위를 받았다. 농촌진흥청 연구사가 되어 세계의 식물자원연구소를 돌아보며 유전자원의 중요성을 깨달은 뒤, 한평생 '우리 땅에는 우리 씨앗을 심어야 한다'는 신념으로 살았다. 쓴 책으로 《우리가 지켜야 할 우리 종자》, 《내 손으로 받는 우리 종자》, 《한국토종작물자원도감》 들이 있으며, 사라져 가는 토종 씨앗을 모으고 알리는 '씨드림'을 이끌고 있다.